校企合作机电类专业系列丛书
互联网+创新型“十四五”精品教材

自动化控制技术

（微课版）

主　编◎李伟欣　张晋修　陈[illegible]
副主编◎王小方　张劲松
潘剑波　代元杰　郭[illegible]
何成梅

哈爾濱工程大學出版社
Harbin Engineering University Press

内 容 简 介

本书主要针对当前形势和自动化控制技术课程教学的需求编写而成。全书共8个项目，主要包括自动化控制技术的基本知识、电力系统及其自动化、自动化控制系统的硬件模块、电气设备的选择、电力线路、自动化控制系统应用过程中涉及的技术和装置、自动化控制与PLC技术、自动化控制系统的应用等内容。

本书既可作为应用型本科、职业院校、技工类院校电气自动化技术、机电一体化技术专业的教材，也可供对自动化技术感兴趣的个人自学参考。

图书在版编目（CIP）数据

自动化控制技术 : 微课版 / 李伟欣，张晋修，陈小江主编. -- 哈尔滨 : 哈尔滨工程大学出版社，2025. 6.

ISBN 978-7-5661-4781-3

Ⅰ. TM921.5

中国国家版本馆 CIP 数据核字第 2025T2C312 号

自动化控制技术（微课版）

ZIDONGHUA KONGZHI JISHU（WEIKE BAN）

选题策划 张林峰

责任编辑 章银武

出版发行 哈尔滨工程大学出版社

社　　址 哈尔滨市南岗区南通大街145号

邮政编码 150001

电　　话 0451-82519989

经　　销 新华书店

印　　刷 唐山唐文印刷有限公司

开　　本 787 mm×1 092 mm　1/16

印　　张 13.5

字　　数 346千字

版　　次 2025年6月第1版

印　　次 2025年6月第1次印刷

书　　号 ISBN 978-7-5661-4781-3

定　　价 49.80元

http://www.hrbeupress.com

E-mail:heupress@hrbeu.edu.cn

前　言

党的二十大报告指出，“坚持尊重劳动、尊重知识、尊重人才、尊重创造，实施更加积极、更加开放、更加有效的人才政策”“着力形成人才国际竞争的比较优势，加快建设国家战略人才力量”“深化人才发展体制机制改革……把各方面优秀人才集聚到党和人民事业中来”。

随着科技的飞速发展，电气工程与自动化控制技术在现代社会中扮演着越来越重要的角色。从工业生产到日常生活，从电力系统到航天领域，电气设备和自动化控制系统无处不在，它们的高效、稳定运行对于保障社会经济的正常运转至关重要。本书具有以下特点。

（1）全面覆盖，理论与实践相结合。本书不仅提供了电气工程与自动化控制技术的全面理论基础，还融入了大量的实践案例和任务指导，确保读者能够在理论学习的同时，获得丰富的实践经验，更好地应对实际工作中的挑战。

（2）注重创新，紧跟行业前沿。书中特别关注自动化控制技术的最新发展，包括软PLC技术、人工智能在航天领域的应用等，让读者能够接触到最前沿的技术趋势，激发创新思维，培养解决复杂问题的能力。

（3）培养综合能力，提升职业素养。除了专业技能的培养外，本书还设有专门章节讨论思政目标，旨在帮助读者树立正确的价值观，提高职业道德水平，成为既具有专业技术又具备良好人文素养的复合型人才。

本书由李伟欣（山东商务职业学院）、张晋修（山东理工职业学院）、陈小江（内蒙古机电职业技术学院）担任主编；由王小方（南京超净空调系统工程有限公司），张劲松（辽宁丰田金杯技师学院），吴慧娟（广州东华职业学院），潘剑波（东莞市机电工程学校），代元杰、郭小良（中煤科工集团重庆研究院有限公司），何成梅（广西南宁技师学院）担任副主编。本书的相关资料可扫封底二维码或登录 www.bjzzwh.com 下载获得。

编者在编写本书的过程中参考了大量资料，在此向相关人员表示感谢。由于编者水平有限，书中难免存在不足之处，恳请广大读者批评指正并提出宝贵意见。

编　者

目 录

CONTENTS

项目 1　自动化控制技术的基本知识

项目导读

随着经济全球化进程的加快和社会生产力的不断提升，自动化控制技术在现代工业生产和社会生活中扮演着越来越重要的角色。自动化控制系统不仅能够提高生产效率、减少人力成本，还能显著提升产品的质量和生产的灵活性。然而，当前我国自动化控制系统的发展仍面临不少挑战，如技术水平不高、建设成本高昂、专业人才短缺等问题。为此，本项目旨在深入探讨自动化控制技术的发展现状、面临的问题及解决策略，以期推动我国自动化控制技术的持续健康发展。

学习目标

◎知识目标

1. 了解自动化控制技术的基本概念和发展历程。
2. 熟悉自动化控制系统的组成和功能。
3. 掌握自动化控制技术的发展影响因素。

◎能力目标

1. 能够独立设计和实施简单的自动化控制系统。
2. 能够利用计算机技术对自动化控制系统中的数据进行分析和处理。
3. 掌握系统调试和故障排查的基本方法，确保系统的正常运行。

4. 掌握数据传输接口标准化的实际应用，确保系统间数据的高效交换。

◎素质目标

1. 培养学生严谨的科学态度和求实精神，使其具备扎实的专业基础知识和技能。

2. 使学生了解自动化控制技术的最新发展动态，保持对新技术的高度敏感性和学习热情。

3. 培养学生创新思维和创新能力，使其敢于尝试新技术、新方法。

思政目标

在电气工程学科领域，着重培育学生的责任意识与安全意识，将安全要素置于工程项目管理的核心位置，密切关注电气工程对公共安全的深远影响。同时，应强调科学精神与创新意识的培养，激发学生对于新技术的不懈追求与学习热情，以满足社会对电气工程技术日益增长的需求。

任务 1.1　自动化控制技术概述

任务描述

随着科技的不断进步，自动化控制技术正朝着更加智能化、集成化和高效化的方向发展。那么自动化控制系统有哪些优势呢？应当如何选择合适的控制系统呢？

任务分析

自动化控制系统不仅能够提高生产效率、减少人力成本，还能显著提升产品的质量和生产的灵活性。本任务将重点介绍自动化控制技术的基本知识和技能。

任务实施

自动化是一门研究电气工程相关领域的科学。我国的自动化控制系统经历了几十年的发展，如今的集散式控制系统（distributed control system，DCS）相较于早期的集中控制系统具有可靠、实时、可扩充的特点，而集成化的控制系统则更多地利用了新兴科学技术的发展成果，功能更为完备。自动化控制系统的功能主要有控制和操作发电机组，监控电源系统，以及对高压变压器、高低压厂用电源、励磁系统等进行操控。自动化控制系统可以分为 3 大类：定值控制系统、随动控制系统、程序控制系统，大部分自动化控制系统采用程序控制及采集系统。自动化控制系统对信息采集具有快速、准确的要求，同时对设备的自动保护装置的可靠性以及抗干扰性要求很高。自动化具有优化供电设计、提高设备运行与利用率、促进电力资源合理利用的优点。

自动化控制技术由网络通信技术、计算机技术以及电子技术高度集成，所以该项技术的覆盖面积相对较广，同时也对其核心技术——电子技术有着很强的依赖性。只有基于多种先进技术才能使其形成功能丰富、运行稳定的自动化控制系统。将自动化控制系统与工业生产工艺设备结合后可实现生产自动化。自动化控制技术在应用中具有较高的精确性，并且具有信号传输快、反应速度快等特点。如果自动化控制系统在运行阶段的控制对象较少且设备配合度高，则整个工业生产工艺的自动化程度便相对较高，这也意味着该种工艺下的产品质量可以提升至一个新的水平。现阶段基于互联网（Internet）技术和电子计算机技术而成的自动化控制系统，可以实现对工业自动化生产线的远程监控，通过中心控制室来实现对每一条自动化生产线运行状态的监控，并且根据工业生产要求随时对其生产参数进行调整。

自动化技术充分结合各项技术的优势，使自动化控制系统具有更多功能，能够更好地服务于社会大众。应用多领域的科学技术研发出的自动化控制系统，可以和很多设备产生联系，从而控制这些设备的工作过程。在实际应用中，自动化控制技术反应迅速，而且控制精度高。当自动化控制系统只需要负责控制相对较少的设备与仪器时，这个生产链便具有较高的自动化程度，而且生产出的商品或者产品的质量也会有所提高。在新时期，自动化控制技术充分利用计算机技术以及互联网技术的优势，可以对整个工业生产工艺流程进行监控，按照实际生产需要及时调整生产线数据，从而满足实际的需求。

1.1.1 电气工程自动化控制技术的要点分析

1. 自动化体系的构建

扫一扫

自动化体系的构建

自动化系统的建设对于电气工程未来的发展非常必要。我国电气工程自动化控制技术研发时间并不短，但实际使用时间不长，目前的技术水平还比较低，加之环境因素、人为因素、资金因素等多种因素的影响，使得我国的自动化建设更为曲折，对电气工程的影响较大。因此，需要建立一个具有中国特色的自动化体系，在排除影响因素和降低建设成本的情况下，还要提高工程的建设水准。另外，要有先进的管理模式，以保证自动化系统的有效发展。通过有效的管理，保证在构建自动化体系的过程中，避免存在滥竽充数的情况。

2. 实现数据传输接口的标准化

构建标准化的数据传输接口对于确保电气工程及其自动化系统的安全至关重要，是实现高效数据传输的必要条件。由于多种因素的干扰，系统设计与控制过程中可能会出现漏洞，这也是导致电气工程自动化水平提升受限的一个重要原因。因此，相关专业人员应保持积极的学习态度，学习国际先进的设计方案与控制技术，并善于借鉴这些方案，以实现数据传输接口的标准化。这样在实际应用中，程序界面能够实现无缝对接，从而提高系统的开发效率，并节约成本与时间。

3. 建立专业的技术团队

在电气工程操作过程中，很多问题都是由人员素质较低造成的，目前，在设备设计和安装过程中存在很多不安全因素，增加了设备损坏的概率，甚至可能导致严重故障和安全事故。所以，企业在管理过程中，一方面要以适当的方式强化时现有人员的专业技术水平的培训力度，如进行职前培训；另一方面也可以招收高质量、高水平的人才，为电气工程自动化控制技术提供可靠的保障，将人为因素导致的电气故障率降到最低。

4. 计算机技术的充分应用

在当今网络化时代，计算机技术的迅猛发展对各个行业都产生了深远的影响，并极大地改善了人们的生活。将计算机技术应用于电气工程自动化控制领域，能够促进电气工程向智能化方向的演进，推动集成化和系统化电气工程的实现。特别是在自动控制技术的数据分析与处理方面，计算机技术发挥着至关重要的作用，有效节约了人力资源，提升了工作效率，并实现了工业生产的自动化，显著提高了控制的精度。

1.1.2 自动化控制技术基本原理

自动化控制技术的基础是对其控制系统设计的进一步完善，主要设计思路是集中于监控方式，包括远程监控和现场总线监控两种。在自动化控制系统的设计中，计算机系统的核心作用是对所有信息进行动态协调，并实现对相关数据储存和分析的功能。计算机系统是整个自动化控制系统运行的基础。在实际运行中，计算机主要完成数据输入与输出数据的工作，并对所有数据进行分析处理。通过计算机快速完成对大量数据的一系列处理操作从而达到控制系统的目的。

在自动化控制系统中，启用方式是非常多的，当自动化控制系统功率较小时，可以采用直接启用的方式实现系统运行，而在大功率的自动化控制系统中，要实现系统的启用，必须采用星形或者三角形的启用方式。除了以上两种较为常见的控制方式以外，变频调速作为一种控制方式也在一定范围内得到应用。从整体上说，无论何种控制方式，最终目的都是保障生产设备安全稳定地运行。

自动化系统是将发电机、变压器组以及厂用电源等不同的电气系统的控制纳入 ECS

监控[①]范围，形成220 kV/500 kV的发变组断路器出口，实现对不同设备的操作和开关控制。自动化系统在调控系统的同时也能对其保护程序加以控制，包括励磁变压器、发电组和高厂变。其中发变组断路器出口用于控制自动化开关，除了自动控制，还支持对系统的手动操作控制。

一般集中监控方式不对控制站的防护配置提出过高要求，因此系统设计较为容易，设计方法相对简单，方便操作人员对系统的运行进行维护。集中监控是将系统中的各个功能集中到同一处理器中，然后对其进行处理，因为内容比较多、处理速度较慢，所以使得系统主机冗余降低、电缆的数量相对增加，这在一定程度上增加了投资成本。与此同时，长距离电缆容易对计算机引入干扰因素，这对系统安全造成了威胁，影响了整个系统的可靠性。集中监控方式不仅增加了维护量，而且有着复杂化的接线系统，这提高了操作失误的发生概率。

远程控制方式实现需要管理人员在不同地点通过互联网连接需要被控制的计算机。这种监控方式不需要使用长距离电缆，降低了安装费用，节约了投资成本。然而这种方式的可靠性较差，远程控制系统的局限性使得它只能在小范围内适用，无法实现全厂自动化系统的整体构建。

1.1.3 自动化控制技术现存的缺点

相较于之前的电气工程技术来说，如今的自动化技术有很大的突破，能够提高电气工程工作的效率和质量，增加了工作的精确性和安全性，在发生故障时可以立刻发出报警信号，并可以自动切断线路，所以自动化技术能够保证电网的安全性、稳定性以及可信赖性。自动化技术相较于之前的人工操作来说，大大节约了劳动力成本，也减轻了施工人员的工作任务量。而且，电气工程之中应用了GPS[②]技术，能够准确地找到故障所在处，很好地保护了电气系统，减少了损失。其优点还有很多，但仍不能忽视其缺点的存在。

1. 能源消耗现象严重

众所周知，电气工程是一项特别耗费能源的技术工程，因为没有能源的支撑就无法开展电气工程。但是在现代生活中，能源的利用率较低，这严重阻碍了电气工程的长效发展，所以电气工程必须提升能源的利用率，只有这样才能在节能的基础上保障自动化技术的发展。综观现在的工业企业在节约能源方面还存在欠缺，不论是在设计方面还是在技能方面都缺少节能意识。这是工程设计师亟须解决的问题。

2. 质量存在隐患

目前有不少企业都存在这样一个误区，即只重视生产结果而忽视质量的好坏。究其原

① ECS（elastic cornpate service）即弹性计算服务。ECS监控即弹性监控计算服务器。
② GPS（global positioning system）即全球定位系统。

因，也与我国自动化起步晚有关，因为不论是管理机制还是发展模式都不够健全，这使得电气行业发展停滞。现在随着人们安全意识的逐步提升，对质量安全的关注又成为焦点。对于一个企业来说，质量的优劣关乎其生存淘汰，尤其是质量安全事故频发的工业企业，设备的质量以及安全性对于企业的发展都起到至关重要的作用。

3. 工作效率偏低

生产力发展决定了企业生产的效率，生产力发展的水平对企业效益的影响是非常重要的。我国电气工程以及自动化技术在改革开放以来取得了非常优异的成绩，当然工作效率较低也是不可忽视的。导致工作效益的偏低主要因素来源于 3 个方面：生产力水平、使用方法以及应用范围。企业在电气工程自动化技术方面能否熟练操作直接影响到企业的经济效益以及企业能否长久地发展下去。

4. 尚未形成电气工程网络构架的统一标准

从目前的发展情况来看，电气工程与自动化技术二者实现高度融合已经是大势所趋，一旦有所突破将直接提升工业的生产效率以及精准度。但要想得到进一步的发展，还需要先建立统一的网络架构。由于不同企业之间存在很大的差异，并且各个生产厂家在生产软硬件设备时未进行规范性的程序接口的统一，导致很多信息数据不能共享，这也会给电气工程自动化技术的发展带来一定的负面影响，最终严重影响电气工程及其自动化作用的发挥。

1.1.4 加强自动化控制技术的建议

1. 自动化控制技术与地球数字化互相结合的设想

自动化工程与信息技术（information technology，IT）很好结合的表现方法就是地球数字化技术，这项技术中包含了自动化的创新经验，可以把大量的、高分辨率的、动态表现的、多维空间的和地球相关的数据信息融合成一个整体，成为坐标，最终成为一个自动化数字地球。将整理出的各种信息全部放入计算机，与网络互相结合，可使人们不管在任何地方，只要根据整理出的地球地理坐标，便可以知道地球任何地方关于自动化的数据信息。

2. 现场总线技术的创新使用，可以节省大量的自动化成本

自动化工程控制系统中大量运用了现场总线与以以太网（ethernet）为主的计算机网络技术，经过了系统运行经验的逐渐积累，电气设备的自动智能化飞速地发展起来。在这些条件的共同作用下，网络技术被广泛地运用到自动化技术中，现场总线技术也由此产生。基于现场总线技术的自动化工程控制系统在设计过程中更加凸显其目的性，为企业最底层

的设施之间提供了通信渠道，有效地将设施的顶层信息与生产信息结合在一起。其针对不一样的间隔会发挥不一样的作用，根据这个特点可以对不一样的间隔状况分别进行设计。

现场总线技术普遍运用在企业的底层，初步实现了管理部门到自动化部门存取数据的目标，同时也符合网络服务于工业的要求。其可以节约安装资金、节省材料，可靠性比较高，同时节约了大部分的控制电缆，从而最终实现节约成本的目的。

3. 加强自动化企业与相关专业院校之间的合作

鼓励企业到自动化专业的学校中去设立厂区、建立车间，进行职业技能培训、技术生产等，建立多种功能汇集在一起的学习形式的生产试验培训基地。鼓励学校走入企业进行教学，积极建设校外的培训基地，将实践能力和岗位实习充分结合在一起；扩展学校与企业结合的深广程度，努力培养订单式人才；按照企业的职业能力需求，制定出学校与企业共同研究培养人才的教学方案，以及进行相关理论知识的学习指导。

4. 改革自动化专业的培训体系

第一，在教学专业团队的协调组织下，对市场需求中的自动化系统的岗位群体进行科学研究，总结这些岗位群体需要具有的理论知识和技术能力。学校组织优秀的专业教师根据这些岗位群体反映的特点，设置与之相关的教学课程，这就是以工作岗位为基础形成的更加专业化的课程模式。

第二，将教授、学习、实践这 3 方面有机地结合起来，把真实的生产任务当作对象，重点强调实践的能力，对课程学习内容进行优化处理，专业学习中至少一半的学习内容要在实训企业中进行。教师在教学过程中，利用行动组织教学，让学生更加深刻地理解将来的工作程序。

随着经济全球化的不断发展和深入，自动化工程控制系统在我国社会经济发展中占有越来越重要的地位。本任务介绍了自动化工程控制系统的现状，自动化工程控制系统信息技术的集成化，使自动化工程控制系统维护工作变得更加简便，同时还总结了一些自动化系统的缺点，并根据这些缺点提出了使用现场总线的方法，这不仅节省了资金和材料，还提高了可靠性；指出自动化工程控制系统要想长远发展下去就要不断地创新，将自动化系统进行统一化管理，并且要采用标准化接口，还要不断进行自动化系统的市场产业化分析，保证安全地进行自动化工程生产，并在保证这些条件都合格的同时注重加强自动化系统设备操控人员的教育和培训。

此外，本任务还指出自动化专业人才的培养应该从学生时代开始，要加强校企之间的合作，使员工在校期间就能掌握良好的职业技能，只有这样的人才能为自动化工程所用，才能利用所学的知识更好地促进自动化行业的发展壮大，为社会主义市场经济的建设添砖加瓦。

任务 1.2 自动化控制技术的发展

任务描述

小李是一家大型汽车制造企业的工程师，负责生产线的自动化改造。为了进一步提高生产效率和产品质量，公司决定引入更先进的自动化控制技术。那么，作为一名工程师，小李需要了解哪些最新的自动化控制技术？这些技术有哪些优势？本任务将揭示自动化控制技术的重要性和未来发展方向。

任务分析

随着科技的不断进步和经济的快速发展，自动化控制技术在现代工业生产和社会生活中发挥着越来越重要的作用。本任务将重点介绍自动化控制技术的发展历程，分析当前的技术现状，展望未来的发展趋势。

任务实施

目前，随着我国人民生活水平的不断提高，人们越来越重视自动化控制系统的应用。自动化控制技术具有很多优点，如智能化、节约化、信息化等。自动化技术给人们的生活和工作带来了极大的便利，对社会经济的不断发展具有非常重要的作用。时代在进步，社会在发展，因此，为了满足市场发展的需求，我国政府应该加大对自动化控制系统的投入力度，使自动化控制系统功能变得更加强大，推动自动化控制系统朝着开放化、智能化的方向发展。

1.2.1 自动化控制系统的发展历程

20 世纪 50 年代初，英国钢铁研究协会（British iron and steel research association，BISRA）建立了电气设备弹跳方程和“设备刚度”的概念，将机器运行理论从单纯以经典力学知识为基础研究其变形规律转化为力学和自动控制理论相结合的统一研究，并建立了电气自动控制系统的数学模型，使得自动化控制研究从人工手动调节阶段进入了自动控制阶段，实现了自动化控制史的一次重大突破。该自动控制系统的推广，使得制作出的产品在几何精度上有了较大的提高，并在一段时间内被广泛使用。而后，随着计算机技术的飞速发展以及广泛应用，人们将计算机技术引入自动化控制中，再一次实现了自动化水平的飞跃，从此进入了计算机控制阶段。

如今，自动发电控制（automatic generation control，AGC）在自动化生产中已相当成熟，如基于模型参考自适应 Smith 预估器的反馈式 AGC 智能控制系统，可以很好地消除电气设备波动现象，从而提升了响应速度。还有学者将传统的比例–积分（proportional–integral，PI）控制与嵌入式重复控制相结合，提出新型复合控制方案，该方案也在自动化领域取得了很好的效果。

随着自动化控制系统的日臻完善以及板厚精度的不断提高，人工智能作为自动化控制的另一重要方面，面临着巨大的挑战。以工业轧机为例，20 世纪 60 年代，学者以斯通（M.D.Stone）的理论为基础，不断研究弹性基础理论及轧机液压弯辊技术，建立了板形自动控制（automatic flatness control，AFC）系统，并迅速发展起来。20 世纪 70 年代，日本研制出的 HC 轧机，以其优异的控制能力，广泛应用于冷轧领域中。同时，板形控制的研究还依赖于板形测量手段，这就需要先进的板形测量仪，目前我国自主研发的板形测量仪也已经达到国际领先水平。

20 世纪 70 年代，在国外学者将 AGC 和 AFC 结合，提出电气工程智能控制系统后，国内外诸多学者对此进行了大量研究。此智能控制研究领域涉及的理论知识繁多，难以建立精确模型，同时还需要一定的工艺知识等，这使得智能控制到目前为止还未达到理想的控制精度。但随着研究的深入、科技的发展，越来越多的理论被运用到其中，这让智能制造技术在自动化控制领域也取得不错的成绩。如借助粒子群优化（particle swarm optimization，PSO）算法的小波神经网络解耦比例–微分（proportional–derivative，PD）控制技术，使用小波神经网络解耦，然后用 PSO 算法优化 PD 控制器参数，该方法具有良好的抗干扰能力。随着现代控制理论和智能控制理论的发展，将两者结合运用到自动化控制系统中已经成为主流趋势，并且还在不断完善。

如今，自动化控制技术的发展前景十分明确，自动化控制技术已经成为企业生产的主要技术。除此之外，自动化控制技术还是现代自动化企业科学的核心技术，是企业现代化的物质基石，是企业现代化的重要标志。许多工厂、企业将生产产品需人工完成的或因环境危险而无法人工完成的部分用机器进行替代，工业的自动化控制技术节约了成本和时间，从一定程度上提高了工作效率，并提高了工作的可靠性、运行的经济性、劳动生产率，改善劳动条件等。它的使用把人从繁重的体力劳动转变为对机器的控制技术，完成了人工无法完成的工作。

随着我国市场经济的进一步成熟，电气化技术方面的竞争也越来越激烈。因此，我国电气化控制技术研发机构必须结合自身的实际情况，发挥出自身的优势，才能在行业当中抢占重要的位置。自动化技术能够最大限度地降低人工劳动的强度，提高检测的精准度，增强传输信息的实时性、有效性，保证生产活动的正常开展；同时，减少了发生安全事故的可能，确保设备能够正常地运行。

1. 自动化工程 DCS

DCS 是相对于集中控制系统而言的一种新兴的计算机控制系统。但随着 DCS 逐渐被应用，也显示出其存在的缺点。比如，DCS 受模拟混合体系限制，采用的仍然是模拟的传统型仪表，大大地降低了系统的可扩展性和兼容性，维修起来也比较困难；DCS 的生产厂家之间缺乏统一的标准，降低了维修的互换性。此外，就是价格非常昂贵。因此，在现代科技革命之下，必须进行技术上的创新。

2. 自动化控制系统的标准语言规范

自动化控制系统采用 IEC61131–3 标准编程语言。在自动化的发展领域，发展的主要流向已经演变成人机的界面。因为个人计算机（personal computer，PC）系统控制的灵活性以及容易集成的特性，其正在被越来越多的用户接受和使用；同时，自动化控制系统使用的标准系统语言，使其更加容易进行维护处理。

1.2.2 自动化控制系统的发展趋势

随着经济社会的发展、信息技术的进步以及网络技术的进一步发展，计算机在未来电气工程发展中的作用日益突出。当前 IEC 61131 标准体系已经成为重要的国际化标准，其中 IEC 61131–3 部分，即关于 PLC 编程语言的标准，被各大自动化控制系统厂商广泛采纳。与此同时，Internet 技术、以太网以及服务器体系结构等引发了自动化控制领域的一场场革命。由于市场需求的不断增大，自动化控制技术与 IT 平台不断融合，电子商务也不断普及，这又促使这一融合不断加快。在当前信息时代，多媒体技术以及 Internet 技术在自动化领域中具有非常广泛的应用前景。

电气企业的管理人员可以通过标准化的浏览器来存取企业的重要管理数据，而且也可监控当前生产过程中的动态画面，从而及时地了解准确而全面的生产信息。除此之外，视频处理技术以及虚拟现实技术的应用对将来的自动化产品如设备维护系统以及人机界面的设计产生非常重要的影响。这就使得相应的通信能力、软件结构以及组态环境的重要性日益突出，自动化控制系统中软件的重要性也逐渐提高。自动化控制系统将从过去单一的设备逐渐朝着集成化系统的方向转变。

1. 注重开放化发展

在自动化控制系统研究中，相关研究人员应该注重开放化发展。目前，随着我国计算机技术水平的不断发展，相关研究人员把自动化控制技术与计算机技术有效地结合在一起，不断开发新的计算机软件，使得自动化控制技术朝着集成化方向发展。与此同时，随着我国企业运营管理自动化的不断发展，企业资源规划（enterprise resource planning，ERP）系统集成管理理念引起了广泛的关注。ERP 系统集成管理主要指的是把所有的控制系统和电气控制系统互相连接起来，从而实现对系统信息数据的有效收集和整理。另外，自动化控制系统还有很多的优点，其不仅能够实现信息资源的共享，还能提高企业的工作效率，这在一定程度上体现了自动化控制的全面开放化发展。最后，以太网技术也给自动化控制系统带来了很大的改变，使得自动化控制系统在多媒体技术和网络的共同参与下拥有了更多的控制方式。

2. 加快智能化发展

自动化控制系统的广泛应用，给人们的生活和工作带来了很大的便利。目前，随着以太网传输速率的提高，自动化控制系统面临着更大的挑战和机遇。因此，为了保证自动化控制系统的可持续发展，相关研究人员应该重视对自动化控制系统的研究，加快智能化发展，从而满足目前市场的发展需求。与此同时，现在很多可编程控制器（programmable logical controllers，PLC）生产厂家都在研究和开发故障检测智能模块，这在一定程度上降低了设备故障发生的概率，提高了系统的可靠性和安全性。总之，很多自动化控制厂商也开始认识到自动化控制技术的重要性，推动自动化控制向着智能化的方向发展，为我国社会经济的不断发展奠定坚实的基础。

3. 加强安全化发展

对于自动化控制系统相关研究来说，安全控制应该是重点研究方向。为了保证电气用户能够在安全的情况下进行产品生产，相关研究人员应该重点加强安全与非安全系统控制的一体化集成，尽量减少成本，保证自动化控制系统的安全运行。除此之外，从目前我国自动化控制系统的发展现状来看，系统安全已经逐步从安全级别需求最大的领域向其他危险级别较低的领域转变，同时，相关研究人员也应该重视自动化控制系统的网络设施的发展，将研究从硬件设备向软件设备方向发展，提高网络技术水平，从而保证网络的安全性和稳定性。

4. 实现通用化发展

目前，自动化控制系统也正朝着通用化的方向发展。为了真正实现自动化系统的通用化，相关企业应该对自动化产品进行科学的设计、适当的调试，并不断提高对自动化产品的日常维护水平，从而满足客户的需求。除此之外，目前很多自动化控制系统普遍使用标准化接口，这样做的目的是保证办公室和自动化控制系统的资源数据共享，其摒弃以往电气接口的独立性，实现通用化，可为用户带来更大的便利。

用于过程控制的对象链接与嵌入（OLE for progress control，OPC）技术、IEC61131 及 Windows 平台，将在电气技术与计算机技术结合的过程中发挥不可替代的作用。市场的需求驱动着自动化控制技术和 IT 平台的融合，电子商务的普及将加速这一过程。自动化控制系统的高度智能化和集成化对研发制造人员及自动化控制系统相关岗位的操作人员的专业性提出了更高的要求。因此，对相关人员培训需要加强。对于自动化控制系统这一现代化技术装备，在进行安装的过程中就应该对岗位人员进行培训，让他们熟悉整个系统的安装流程，加深技术人员对于自动化控制系统的认知。特别是对于从未接触过这一新设备、新技术的企业和相关人员来说，这一培训显得更为重要。此外，企业应该注重对技术的人员操作水平的提升，让技术人员必须掌握操作系统硬件、软件的相关实际技术要点和保养维修知识，以提高系统工程的安全性与可靠性。

任务 1.3 影响自动化控制技术发展的因素

任务描述

自动化控制技术不仅能够提高生产效率，减少人力成本，还能显著提升产品的质量和生产的灵活性。然而现有的自动化控制技术虽然能够满足基本需求，但在某些方面仍然存在局限性。

任务分析

自动化控制技术的发展受到多种因素的影响，如电子信息技术的进步、物理科学技术的发展以及其他科学技术的进步。本任务主要介绍影响自动化控制技术的发展因素，帮助学生全面理解这些因素的作用和意义。

任务实施

1.3.1 电子信息技术的进步带来的变革

如今电子信息技术早已为人们所熟悉。它与自动化控制技术的发展的关系十分紧密。相应的软件在自动化控制领域中得到了良好应用，这能够让自动化控制技术更加安全可靠。我们现在所处的时代是一个信息爆炸的时代，需要尽可能构建起一套完整有效的信息收集与处理体系，否则就无法跟上时代的步伐。因此，自动化控制技术要想有突破性的进展就需要相关人员掌握新的信息技术，通过自己的学习将电子技术与今后的工作有效融合，找寻可持续发展的路径，让自动化控制技术可以有更加广阔的前景与发展空间。

信息技术的进步对自动化控制技术的发展有关键性影响。信息技术主要包括计算机、世界范围高速宽带计算机网络及通信技术，大体上讲就是指人类开发和利用信息所使用的一切技术手段，这些技术手段主要用来处理、传感、存储和显示各种信息。现代信息技术又称为现代电子信息技术，它建立在现代电子技术的基础上并以通信、计算机自动控制等现代技术为主体，对各个种类的信息进行获取、加工处理及利用。现代信息技术是实现信息的获取、处理、传输控制等功能的技术。信息系统技术主要包括光电子、微电子以及分子电子等有关元器件制造的信息基础技术，主要是用于社会经济生活各个领域的信息应用技术。信息技术的发展在很大程度上取决于自动化领域中众多学科领域的持续技术创新，信息技术对自动化领域的发展具有较大的支配性影响。此外，信息技术的进步也为自动化领域的技术创新奠定了更加先进的工具基础。

1.3.2 物理科学技术的发展所产生的影响

20 世纪后半叶，由于三极管的发明和大规模集成电路制造技术的发展，物理科学技术如固体电子学对电气工程领域的发展起到了巨大的推动作用。自动化领域与物理科学间的紧密联系与交叉仍然是其今后发展的关键，并且将拓宽到微机电、生物系统、光子学系统等领域。因为自动化控制技术的应用属于物理科学技术的范围，所以，物理科学技术的快速发展，对自动化控制技术的发展以及应用发挥着重大的、积极的促进作用。因此，要想使自动化控制技术获得更好的发展，政府以及企业的管理者应务必高度关注物理科学技术的发展状况，以免在自动化控制技术的发展过程中违背当前的物理科学技术的发展。

1.3.3 其他科学技术的发展所产生的影响

其他科学技术的不断发展，促进了电子信息技术的快速发展和物理科学技术的不断进步，进而推动了整个自动化控制技术的快速进步。除此之外，现代科学技术的发展以及分析、设计方法的快速更新，势必会推动自动化控制技术的飞速发展。

项目工单

【实训名称】

自动化控制系统实验

【实训目的】

1. 掌握系统的基本组成和功能。
2. 提高实际操作和故障排查的能力。

【实训步骤】

步骤一：系统组成认识

1. 观察并记录自动化控制系统的硬件组成，包括传感器、执行器、控制器等。
2. 了解系统的软件部分，如控制算法和数据处理程序。

步骤二：系统操作

1. 在实验室中操作一个简单的自动化控制系统，如温度控制系统或电机控制系统。
2. 学习如何启动和停止系统、设置控制参数。

步骤三：数据采集与处理

1. 使用数据采集设备采集系统运行中的数据。
2. 利用计算机软件对采集到的数据进行处理和分析，观察系统的响应情况。

步骤四：故障排查

1. 故意设置一些常见的系统故障，如传感器失灵、控制器故障等。

2. 学习如何诊断和排除这些故障，确保系统的正常运行。

【实训工单】

请学生在实训过程中认真对待每一项任务，并根据考核评价表内容进行自我评价和相互评价，以便更好地了解自身在实训中的表现和进步空间。教师将根据实训表现给出最终评价。考核评价表如表 1-1 所示。

表 1-1　考核评价表

项目名称	评价内容	分值	评价分数		
			自评	互评	师评
职业素养考核项目（40%）	提前预习相关理论知识，准备好实验材料	10 分			
	积极参与实验操作和讨论，记录实验数据和结果	10 分			
	组内成员分工明确，互相配合，共同完成任务	10 分			
	严格遵守实验安全操作规程，确保实验安全	10 分			
专业能力考核项目（60%）	系统组成认识	15 分			
	系统操作	15 分			
	数据采集与处理	15 分			
	故障排查	15 分			
合计：综合分数______自评（20%）+ 互评（20%）+ 师评（60%）		100 分			

项目小结

本项目主要介绍了自动化控制技术。首先介绍了自动化控制技术的基本概念；其次介绍了自动化控制技术的发展历程；最后介绍了自动化控制技术发展的影响因素。通过本项目的学习，学生能够掌握了自动化控制技术的核心知识，了解其在不同领域中的应用，以及影响技术发展的各种因素。希望学生继续保持学习的热情，关注自动化控制技术的最新发展动态，为未来的职业发展打下坚实的基础。

课后练习

一、填空题

1. 自动化控制系统可以分为 3 大类：________、________、________。

2. 自动化控制技术的基础是对其控制系统设计的进一步完善，主要设计思路是集中于监控方式，包括________和________两种。

3. 自动化控制系统的标准语言规范是________和________。

4. 远程控制方式实现需要管理人员在不同地点通过________连接需要被控制的计算机。

5. DCS，即________，是相对于集中控制系统而言的一种新兴的计算机控制系统。

二、简答题

1. 自动化控制技术现存的缺点包括哪些方面?

2. 简述自动化控制系统的发展趋势。

项目 2　电力系统及其自动化

项目导读

电力系统是现代社会的主要能源供应系统，其安全、可靠、高效地运行对国民经济和社会发展至关重要。随着我国经济的快速发展，电力需求不断增长，电力系统的规模也在不断扩大。然而，电力系统的复杂性和不确定性也带来了诸多挑战，特别是在安全性评估、信息处理和故障预防等方面。本项目旨在通过研究电力系统的结构、功能和运行机制，探索提高电力系统安全性和可靠性的方法和手段。

学习目标

◎知识目标

1. 理解电力系统的基本构成和工作原理。
2. 掌握电力系统的额定电压的相关知识。
3. 熟悉电力系统的运行状态和中性点运行方式。
4. 了解电力系统安全性的重要性。
5. 知晓与电力系统安全性相关的基础研究方向。

◎能力目标

1. 能够分析和解决电力系统运行中的常见问题。
2. 具备进行电力系统规划与设计的基础能力。

3. 能够评估电力系统的安全性及提出改进建议。

◎素质目标

1. 培养学生严谨的科学态度和实事求是的工作作风。

2. 培养学生认识电力技术的快速发展，学习新技术、新知识，不断提升个人的专业技能。

思政目标

1. 增强学生的爱国情怀，了解我国电力工业的发展成就，树立为国家电力事业贡献的志向。

2. 培养学生的社会责任感，使其认识到电力系统对社会经济发展的重要性，自觉维护电力系统的安全和稳定。

任务 2.1 电力系统与供配电系统概述

任务描述

从家庭生活、商业经营到工业生产，每一项活动都离不开电力的支持。然而，电力并不是天然存在的，而是通过一系列复杂的系统和设备从一次能源转换而来的，并最终分配到每个用户手中。那么，这个过程中究竟包含了哪些关键步骤？电力系统是如何运作的？供配电系统又是如何保证电能的可靠供应的？

任务分析

电力系统的稳定运行不仅关系到国民经济的健康发展，也直接影响人民的生活质量与社会的和谐稳定。因此，了解和掌握电力系统及其自动化的基本知识，对于从事电力行业的技术人员来说至关重要。本任务主要介绍电力系统的基本概念和组成，掌握供配电系统的工作原理和技术要点。

任务实施

供配电系统是电力系统的电能用户。了解和掌握电力系统和供配电系统的概念、电力系统的额定电压、电力系统中性点运行方式、电能的质量指标和电力负荷等基本知识，对学习供配电技术是很重要的。

电能是一种清洁的二次能源。由于电能不仅便于输送和分配，易于转换为其他的能源，而且便于控制、管理和调度，易于实现自动化，因此，电能已广泛应用于国民经济、社会生产和人民生活的各个方面，成为现代社会的主要能源。我国电力工业的快速发展为实现“四个现代”化打下了坚实基础。到 2018 年底，我国全口径发电机装机容量达 189 976 万千瓦（kW），全社会用电量达 68 449 亿千瓦时（kW · h），均居世界首位；建成并投入运行多条交流（AC）1 000 kV、直流（DC）± 800 kV 及 ± 1 100 kV 特高压输电线路，累计长度达 33 500 km。全国已形成以 500 kV（西北地区为 330 kV）为主的电网主网架，东北、华北、西北、华中、华东、南方 6 大区域电网全部实现互联。我国在特高压输电技术研究、装备制造、工程设计、建设和运行领域处于世界领先地位。供配电系统是电力系统的重要组成部分，其任务就是向用户及用电设备供应和分配电能。用户所需的电能绝大多数是由公共电力系统供给的，故在介绍供配电系统之前，先介绍电力系统的知识。

2.1.1 电力系统

扫一扫

电力系统

电力系统是由发电厂、变电站（所）、电力线路和电能用户组成的一个整体。图 2-1 为电力系统的示意图。

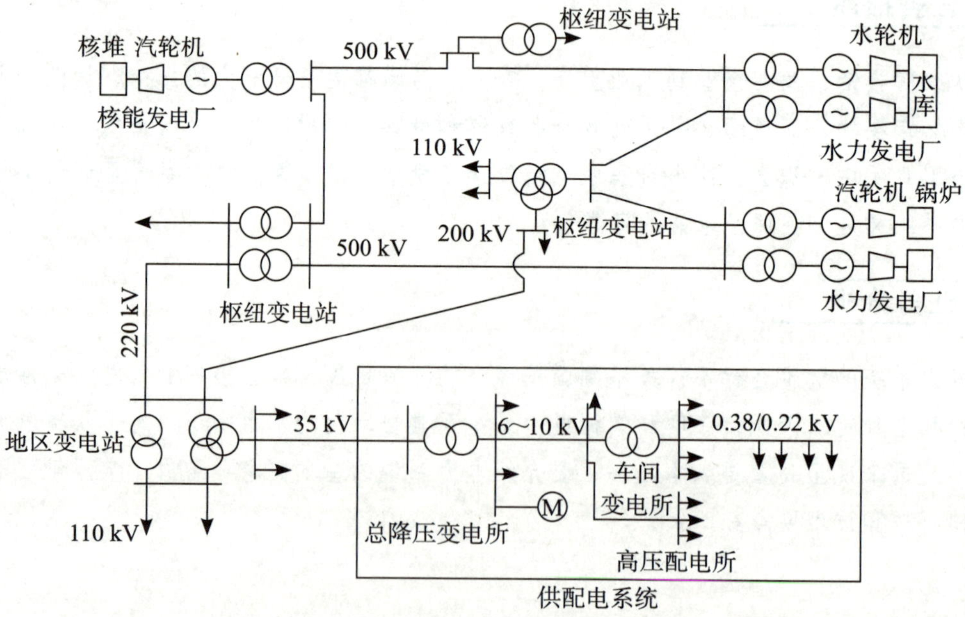

图 2-1　电力系统的示意图

为了充分利用动力资源，降低发电成本，发电厂往往远离城市和电能用户。例如，火力发电厂大多建在靠近一次能源的地区；水力发电厂一般建在水利资源丰富、远离城市的地方；核能发电厂厂址也受种种条件限制。因此，这就需要输送和分配电能，将发电厂发出的电能经过升压、输送、降压和分配，送给用户。

1. 发电厂

发电厂将一次能源转换成电能。可用于发电的一次能源分为不可再生能源和可再生能源，其中，不可再生能源主要有煤、石油和天然气等化石能源，可再生能源包括水能、风能、太阳能、生物质能、地热能和海洋能等。根据一次能源的不同，发电厂主要分为火力发电厂、水力发电厂和核能发电厂；此外，还有风力发电厂、太阳能发电厂、地热发电厂和海洋发电厂等。

目前，我国火力发电厂的装机容量比重最大，占总装机容量的 60% 以上，水力发电厂的装机容量约占 20%，其他发电厂的装机容量约占 20%。

火力发电厂可将煤、天然气、石油的化学能转换为电能。我国火力发电厂的燃料以煤炭为主，随着西气东输工程的竣工，我国将逐步扩大天然气燃料的比例。火力发电的原理是：燃料在锅炉中充分燃烧，将锅炉中的水转换为高温高压蒸汽，蒸汽推动汽轮机转动，带动发电机旋转发出电能。

由于煤、天然气和石油是不可再生能源，且燃烧时会产生大量的二氧化碳（CO_2）、二氧化硫（SO_2）、氮氧化物、粉尘和废渣等，对环境和大气造成污染，因此，我国正发展超临界火力发电，逐步淘汰小火力发电机组，加快水电站和核电的建设，大力发展绿色能源。

水力发电厂可将水的位能转换成电能原理是：水流驱动水轮机转动，带动发电机旋转发电。按提高水位的方法分类，水力发电厂有堤坝式水力发电厂、引水式水力发电厂和混合式水力发电厂 3 类。

核能发电厂利用原子核的核能产生电能原理是：核燃料在原子反应堆中裂变释放核能，将水转换成高温高压蒸汽，蒸汽推动汽轮机转动，带动发电机旋转发出电能。其生产过程与火力发电厂基本相同。

风力发电厂可将风能转换成电能，大多建在风力丰富的地方。风能是一种清洁、廉价的可再生能源，但它有随机性和不稳定性。风能因清洁性和再生性而受到各国的重视，已成为继火电、水电之后的第三大主力电源。

太阳能发电厂可将太阳能直接转换成电能。太阳能发电包括光伏发电、光化学发电、光感应发电和光生物发电 4 种形式。光伏发电是利用太阳能级半导体电子器件有效地吸收太阳光辐射能，并使之转变成电能的直接发电方式，是当今太阳能发电的主流。太阳能发电具有资源丰富、无公害、不受地域的限制、可在用电处就近发电和能源质量高的优点，但它的能量分布密度小且受四季、昼夜及阴晴等季节、气象条件影响。

2. 变电站（所）

变电站（所）的功能是接收电能、变换电压和分配电能。为了实现电能的远距离输送和将电能分配到用户处，需将发电机电压进行多次电压变换，这个任务由变电站（所）完成。变电站（所）由电力变压器、配电装置和二次装置等构成。按变电站（所）的性质和任务不同，可分为升压变电站（所）和降压变电站（所）。除与发电机相连的变电站（所）为升压变电站（所）外，其余均为降压变电站（所）。按变电站（所）的地位和作用不同，又分为枢纽变电站（所）、地区变电站（所）和用户变电站（所）。

仅用于接收电能和分配电能的场所称为配电所，而用于交流电流与直流电流相互转换的场所称为换流站。

3. 电力线路

电力线路将发电厂、变电站（所）和电能用户连接起来，完成输送电能和分配电能的任务。电力线路按作用和电压等级又分为输电线路和配电线路。输电线路通过较高的电压（220 kV 及以上）将各发电厂和枢纽变电站（所）、地区变电站（所）连接起来，构成输电网络。配电线路通过较低的电压（110 kV 及以下）将电能送到各用户，构成配电网络。交流 10 000 kV 及以上和直流 ±800 kV 及以上的输电线路称为特高压输电线路，330 ～ 750 kV 的输电线路称为超高压输电线路。220 ～ 110 kV 配电线路一般作为城市配电网骨架和特大型企业供电线路，35 ～ 6 kV 配电线路为城市主要配电网和大中型企业的供电线路，380 V/220 V 配电线路一般为城市和企业的低压配电网。

除上述交流输电线路之外，还有直流输电线路。直流输电主要用于远距离输电、连接两个不同频率的电网和向大城市供电。它具有线路造价低、损耗小、调节控制迅速简便和无稳定性问题等优点，但换流站造价高。

4. 电能用户

电能用户又称电力负荷。所有消耗电能的用电设备或用电单位均称为电能用户。电能用户按行业可分为工业用户、农业用户、市政商业用户和居民用户等。

与电力系统相关联的还有动力系统和电网。火力发电厂的汽轮机和锅炉、水力发电厂的水轮机和水库、核能发电厂的汽轮机和核反应堆等动力设备，与电力系统一起，称为动力系统。电网是指电力系统中除发电厂和电能用户之外的部分。

2.1.2 供配电系统

1. 供配电系统的组成

供配电系统是电力系统的电能用户，也是电力系统的重要组成部分。供配电系统由总降压变电所、高压配电所、配电线路、车间变电所或建筑物变电所和用电设备等组成。图

2-2 为供配电系统的结构示意图。

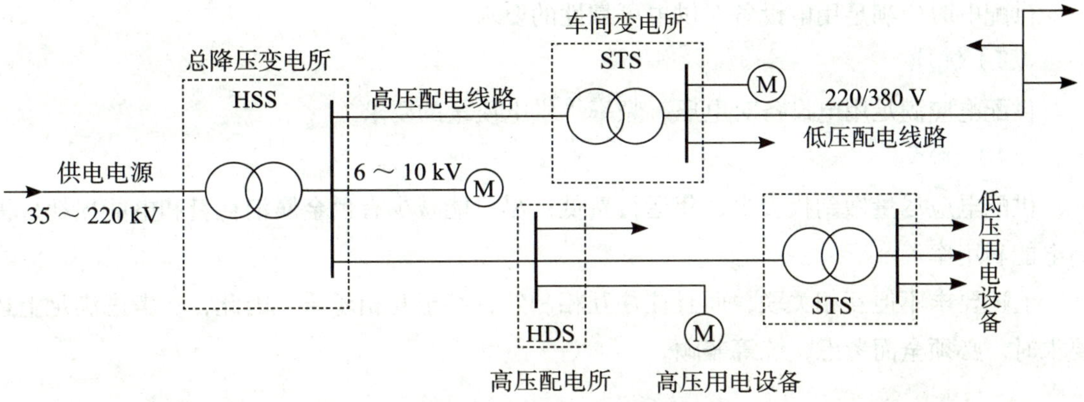

M- 主开关 / 电表；HSS- 高压侧开关设备；STS- 降压变电所；HDS- 高压配电系统。

图 2-2 供配电系统的结构示意图

总降压变电所是用户电能供应的枢纽。它将 35 ～ 220 kV 的外部供电电源电压降为 6 ～ 10 kV 高压配电电压，供给高压配电所、车间变电所或建筑物变电所和高压用电设备。

高压配电所集中接收 6 ～ 10 kV 电压，再将其分配到附近各车间变电所或建筑物变电所和高压用电设备。一般负荷分散、厂区大的大型企业需设置高压配电所。

用户的配电线路分为 6 ～ 10 kV 高压配电线路和 220 V/380 V 低压配电线路。高压配电线路将总降压变电所与高压配电所、车间变电所或建筑物变电所和高压用电设备连接起来。低压配电线路将车间变电所或建筑物变电所的 220 V/380 V 电能送到各低压用电设备处。

车间变电所或建筑物变电所将 6 ～ 10 kV 电压降为 220 V/380 V 电压，供低压用电设备使用。

用电设备按用途可分为动力用电设备、工艺用电设备、电热用电设备、试验用电设备和照明用电设备等。

应当指出，对于某个具体用户的供配电系统，可能上述各部分都有，也可能只有其中的几个部分，这主要取决于用户电力负荷的大小和区域的大小。不同的供配电系统，不仅组成不完全相同，而且相同部分的构成也会有较大的差异。通常，大型企业都设总降压变电所，中小型企业仅设 6 ～ 10 kV 变电所，某些特别重要的企业还设自备发电厂作为备用电源。

2. 对供配电的要求

做好供配电工作，对于促进工业生产、降低产品成本、实现生产自动化和工业现代化及保障人民生活有着十分重要的意义。对供配电的基本要求如下。

（1）安全

在电能的供应、分配和使用中，不应发生人身事故和设备事故。

（2）可靠

供配电时应满足用电设备对供电可靠性的要求。

（3）优质

供配电应满足用电设备对电压、频率等供电质量的要求。

（4）经济

供配电应尽量做到投资少，年运行费低，尽可能减少有色金属消耗量和电能损耗，提高电能利用率。

上述要求不但互相关联，而且往往互相制约，甚至互相矛盾。因此，在考虑满足上述要求时，必须全面考虑，统筹兼顾。

任务 2.2 电力系统的额定电压

任务描述

小王接到一个任务，需要设计一个工业园区的电力供应系统。园区内有多种类型的用电设备，包括高压设备和低压设备，需要确保所有设备都能在合适的电压下正常运行。那么，如何选择合适的电压等级？不同电压等级的电力系统有哪些应用场景？额定电压的选择对电力系统的安全性和经济性有何影响？

任务分析

合理的电压选择和管理不仅能够保证电能的有效传输和分配，还能提高系统的运行效率和安全性。本任务主要介绍电力系统的额定电压及其重要性，掌握不同电压等级的应用场景和选择原则。

任务实施

电力系统的电压是有等级的，电力系统的额定电压（U_N）包括电力系统中各种发电设备、供电设备、用电设备的额定电压。额定电压是指能使电气设备长期运行、经济效果最好的电压，是国家根据国民经济发展的需要、电力工业的水平和发展趋势，经全面技术经济分析后确定的。《标准电压》（GB/T 156—2017）规定了我国三相交流系统的标称电压和高于 1 000 V 三相交流系统的最高电压。系统标称电压（normal system voltage，NSV）

是系统设计选定的电压，又称额定电压；系统最高电压（highest voltage system，HVS）是指在正常运行条件下，在系统的任何时间和任何点上出现的电压的最高值，不包括电压瞬变，如由于系统的开关操作及暂态的电压波动而出现的电压值。我国三相交流系统的标称电压、最高电压和发电机、电力变压器的额定电压，如表 2–1 所示。

表 2–1　我国三相交流系统的标称电压、最高电压和发电机、电力变压器的额定电压　　单位：kV

分类	系统标称电压	系统最高电压	发电机的额定电压	电力变压器的额定电压	
				一次绕组	二次绕组
低压	0.38	—	0.4	0.22/0.38	0.23/0.4
	0.66	—	0.69	0.38/0.66	0.4/0.69
	1（1.14）	—	—	—	—
高压	3（3.3）	3.6	3.15	3，3.15	3.15，3.3
	6	7.2	6.3	6，6.3	6.3，6.6
	10	12	10.5	10，10.5	10.5，11
	—	—	13.8，15.75，18，22，24，26	13.8，15.75，18，20，22，24，26	—
	20	24	20	20	21.22
	35	40.5	—	35	38.5
	66	72.5	—	66	72.6
	110	126（123）	—	110	121
	220	252（245）	—	220	242
	330	363	—	330	363
	500	550	—	500	550
	750	800	—	750	820
	1 000	1 100	—	1 000	1 100

注：①表中数值为线电压。
②表中斜线“/”左边的数值为相电压，右边的数值为线电压。
③括号内的数值在用户有要求时使用。

我国电压等级划分如下。

- 特低（安全）电压（extra–low voltage，ELV）：6 V、12 V、24 V、36 V、42 V。
- 低压（low voltage，LV）：220 V、380 V。
- 高压（high voltage，HV）：10 ～ 220 kV。
- 超高压（extra–high voltage，EHV）：330 ～ 750 kV。
- 特高压（ultra–high voltage，UHV）：750 kV 及以上交流电压、± 800 kV 及以上直流电压。

2.2.1 电网（线路）的额定电压

电网（线路）的额定电压只能选用国家规定的系统标称电压。它是确定各类电气设备额定电压的基本依据。

2.2.2 用电设备的额定电压

当线路输送电力负荷时，要产生电压损失，沿线路的电压分布通常是首端高于末端的，如图 2-3 所示。因此，沿线各用电设备的端电压将不同，线路的额定电压实际就是线路首、末两端电压的平均值。为了让各用电设备的电压偏移差异不大，用电设备的额定电压与同级电网（线路）的额定电压相同。

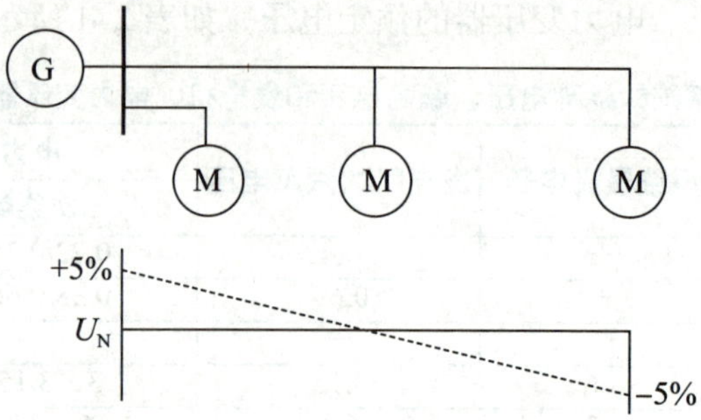

G– 发电机；M– 用电设备。

图 2-3　用电设备和发电机额定电压说明

2.2.3 发电机的额定电压

由于用电设备的电压偏移为 ±5%，而线路的允许电压损失为 10%，这就要求线路首端电压为额定电压的 105%，末端电压为额定电压的 95%。因此，发电机的额定电压为线路额定电压的 105%。

2.2.4 电力变压器的额定电压

1. 变压器一次绕组的额定电压

变压器一次绕组接电源，相当于用电设备。一次绕组的额定电压应与发电机的额定电压相同。连接在线路上的降压变压器相当于用电设备，其一次绕组的额定电压应与线路的额定电压相同，如图 2-4 所示。

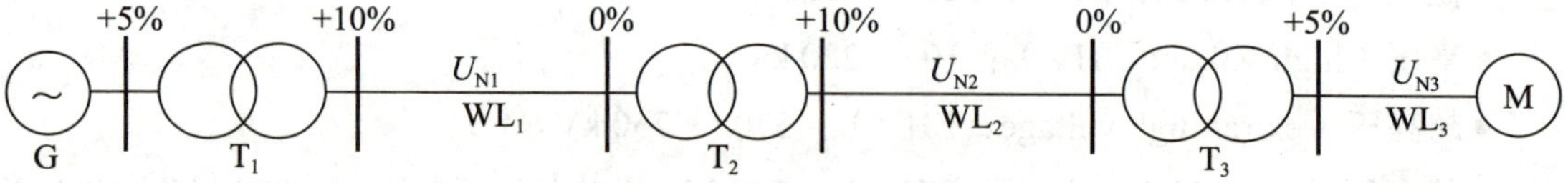

T– 变压器；WL– 线路。

图 2-4　变压器额定电压说明

2. 变压器二次绕组的额定电压

变压器的二次绕组向负荷供电，相当于发电机。二次绕组的额定电压应比线路的额定电压高 5%，而变压器二次绕组的额定电压是指空载时的电压，但在额定负荷下，变压器的电压损失为 5%。因此，为使正常运行时变压器二次绕组电压较线路的额定电压高 5%，当线路较长（如 35 kV 及以上高压线路）时，变压器二次绕组的额定电压应比相连线路的额定电压高 10%；当线路较短（直接向高、低压用电设备供电，如 10 kV 及以下线路）时，二次绕组的额定电压应比相连线路的额定电压高 5%，如图 2-4 所示。

例：已知如图 2–5 所示系统中线路的额定电压，试求发电机和变压器的额定电压。

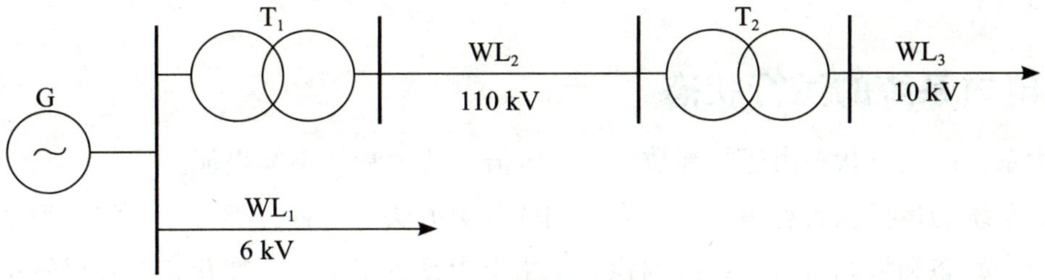

图 2–5　供电系统图

解：发电机 G 的额定电压为

$$U_{N,\ G}=1.05U_{N,\ WL1}=1.05\times 6=6.3\ kV$$

变压器 T_1 的额定电压为

$$U_{N1,\ T1}=U_{N,\ G}=6.3\ kV$$

$$U_{N2,\ T1}=1.1U_{N,\ WL2}=1.1\times 110=121\ kV$$

因此，T_1 的额定电压为 6.3/121 kV。

变压器 T_2 的额定电压为

$$U_{N1,\ T2}=U_{N,\ WL2}=110\ kV$$

$$U_{N2,\ T2}=1.05U_{N,\ WL3}=1.05\times 10=10.5\ kV$$

因此，T_2 的额定电压为 110/10.5 kV。

任务 2.3　电力系统的运行状态和中性点运行方式

任务描述

李君所负责的区域遭遇了系统突发故障，致使部分区域电力供应中断。面对此紧急情况，李君必须迅速评估系统运行状况，并采取恰当措施以恢复电力供应。目前，李君所面临的两大挑战为：明确电力系统运行状况包含要素，以及如何准确判断系统的运行状况。

任务分析

电力系统的运行状态和中性点运行方式是保证电力系统安全、稳定和高效运行的关键因素。通过本任务的学习，帮助学生了解电力系统的运行状态及其变化规律，掌握不同的中性点运行方式及其对系统安全性和稳定性的影响。

任务实施

2.3.1 电力系统的运行状态

电力系统的运行状态由运行参数电压、电流、功率和频率等表征。

电力系统的运行状态有多种，也有不同的分类方法。一种分类方法是将电力系统的运行状态分为稳态和暂态。电力系统的稳态是指电力系统正常的、变化相对较慢较小的运行状态；电力系统的暂态是指电力系统非正常的、变化较大的运行状态，以致引起系统从一个稳定运行状态向另一个稳定运行状态过渡的变化过程。稳态和暂态的本质区别为：前者的运行参数与时间无关，其特性可用代数方程来描述；后者的运行参数与时间有关，其特性要用微分方程来描述。这种分类方法常用在电力系统分析中，分别称为电力系统稳态分析和电力系统暂态分析。

另一种分类方法是将电力系统的运行状态分为正常运行状态、异常运行状态、故障状态和待恢复状态。这 4 种状态之间的关系如图 2-6 所示。电力系统在绝大部分时间里都处于正常运行状态，系统安全。如果系统运行条件恶化，如过负荷、低电压、单相接地等，系统便进入异常运行状态，也称报警状态，系统不安全。系统处于异常运行状态时应采取有效措施，使其恢复正常运行状态，若措施不当或又发生故障，系统便进入故障状态。故障状态又称紧急状态。系统处于故障状态时，保护装置或自动装置应快速动作，切除故障设备或线路，此时系统便进入待恢复状态。采取措施修复故障设备或线路后，系统又恢复正常运行状态。电力系统从正常运行状态到故障状态乃至待恢复状态的过程非常短，通常只有几秒到几分钟，但系统从待恢复状态回到正常运行状态，则要经历相当长的时间。这种分类方法常用于电力系统安全分析中。

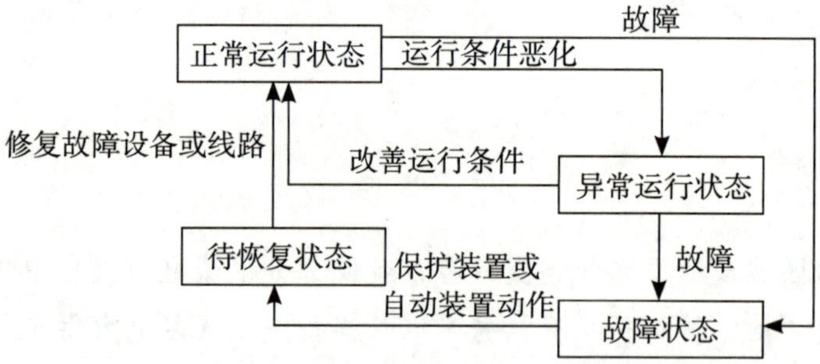

图 2-6 电力系统的 4 种运行状态

2.3.2 电力系统的中性点运行方式

三相交流电系统的中性点是指星形连接的变压器或发电机的中性点。中性点运行方式主要分为两类：小接地电流系统和大接地电流系统，又称中性点非有效接地系统和中性点有效接地系统。前者又分为中性点不接地系统、中性点经消弧线圈接地系统和中性点经电阻接地系统，后者为中性点直接接地系统。中性点运行方式主要取决于对电气设备的绝缘水平要求及供电可靠性和运行安全性要求。

我国 3 ～ 66 kV 系统一般采用中性点不接地运行方式；当 3 ～ 10 kV 系统接地电流大于 30 A、20 ～ 66 kV 系统接地电流大于 10 A 时，应采用中性点经消弧线圈接地的运行方式；110 kV 及以上系统和 1 kV 以下低压系统，采用中性点直接接地的运行方式。

1. 中性点不接地的电力系统

图 2-7 为中性点不接地的电力系统示意图。三相导体沿线路全长有电容分布，为了方便分析，用一个集中电容 C 表示，并设三相对地电容相等。

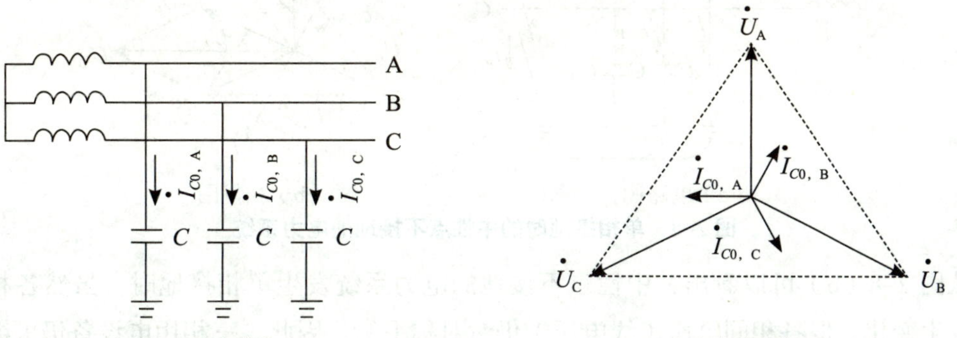

（a）电路图　　（b）相量图

$\dot{I}_{C0}$- 每相对地电容电流。

图 2-7　中性点不接地的电力系统示意图

系统正常运行时，线电压对称，各相对地电压对称，等于各相的相电压，中性点对地电压为零，各相对地电容电流也对称，其电容电流的相量和为零，相量图如图 2-7（b）所示。

系统发生单相接地时，如图 2-8（a）所示，接地相（C 相）对地电压为零，非接地相对地电压升高为线电压$\left[\dot{U}'_A=\dot{U}_A+(-\dot{U}_C)=\dot{U}_{AC},\dot{U}'_B=\dot{U}_B+(-\dot{U}_C)=\dot{U}_{BC}\right]$，即等于相电压的万倍。从而，接地相电容电流为零，非接地相对地电容电流也增大$\sqrt{3}$倍。因此，要求电气设备的绝缘水平也提高，在高电压系统中，绝缘水平的提高将使设备费用大为增加。

C 相接地时，系统的接地电流 $\dot{I}_E$（流过接地点的电容电流 $\dot{I}_C$）应为 A、B 两相对地电容电流之和。取接地电流 $\dot{I}_E$ 的正方向为从相线到大地，如图 2-8（b）所示，因此

$$\dot{I}_E=-(\dot{I}_{C,\ A}+\dot{I}_{C,\ B}) \tag{2-1}$$

在数值上，由于 $I_E=\sqrt{3}I_{C,\ A}$，而 $I_{C,\ A}=U'_A/X_C=\sqrt{3}U_A/X_C=\sqrt{3}I_C$

$$I_E=3I_C \tag{2-2}$$

即单相接地的接地电流为正常运行时每相对地电容电流的 3 倍。

单相接地电流 I_E 也可用下式近似计算：

$$I_E=\frac{U_N(L_{oh}+35L_{cab})}{350} \tag{2-3}$$

式中 U_N——系统的额定电压，kV；

L_{oh}——有电的联系的架空线路总长度，km；

L_{cab}——有电的联系的电缆线路总长度，km。

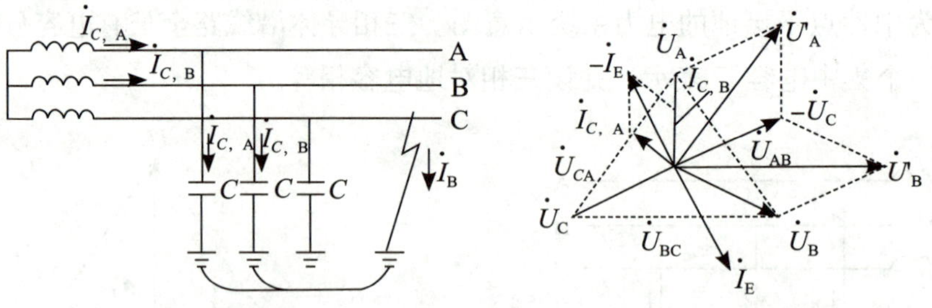

（a）电路图 （b）相量图

图 2-8 单相接地时的中性点不接地的电力系统

从图 2-8（b）可以看出，中性点不接地的电力系统发生单相接地时，虽然各相对地电压发生变化，但各相间电压（线电压）仍然对称平衡，因此，三相用电设备仍可继续运行。但为了防止非接地相再有一相发生接地，造成两相短路，所以规定单相接地继续运行时间不得超过 2 h。

2. 中性点经消弧线圈接地的电力系统

如前所述，当中性点不接地系统的单相接地电流超过规定值时，为了避免产生断续电弧，引起过电压和造成短路，应减小接地电弧电流使电弧容易熄灭，中性点应经消弧线圈接地。消弧线圈实际上就是电抗线圈。图 2-9 为中性点经消弧线圈接地的电力系统的电路图和相量图。

当中性点经消弧线圈接地系统发生单相接地时，流过接地点的电流是接地电容电流 $\dot{I}_C$ 和流过消弧线圈的电感电流 $\dot{I}_L$ 的相量和。由于 $\dot{I}_C$ 超前 $\dot{U}_C$ 90°，$\dot{I}_L$ 滞后 $\dot{U}_C$ 90°，两电流相抵后，使流过接地点的电流减小。

消弧线圈对电容电流的补偿方式有 3 种：①全补偿，$I_L=I_C$；②欠补偿，$I_L=I_C$；③过补偿，$I_L=I_C$。实际中一般采用过补偿，以防止由于全补偿而引起电流谐振，从而损坏设备，或由于欠补偿而使部分线路断开，造成全补偿。

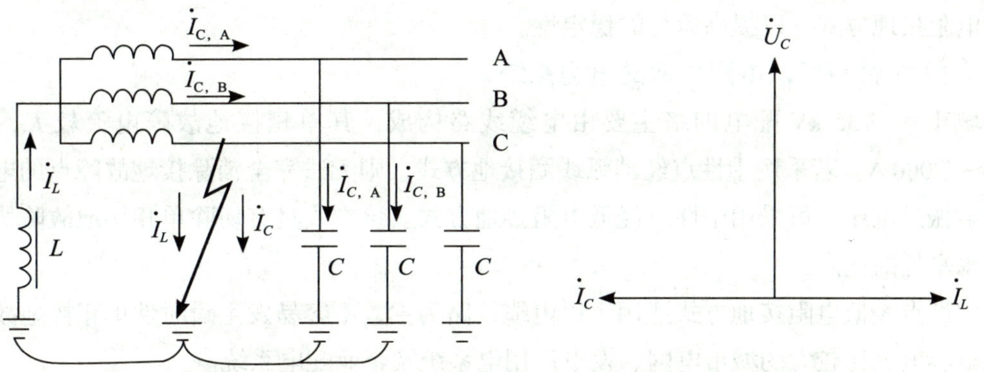

（a）电路图　　　　　　　　　　　　（b）相量图

图 2–9　中性点经消弧线圈接地的电力系统的电路图和相量图

中性点经消弧线圈接地系统发生单相接地时，各相对地电压和对地电容电流的变化情况与中性点不接地系统相同。

3. 中性点直接接地的电力系统

中性点直接接地的电力系统发生单相接地时，通过接地中性点形成单相短路 $K^{(1)}$，产生很大的单相短路电流 $I_K^{(1)}$，继电保护动作切除故障线路，使系统的其他部分恢复正常运行。因此，直接接地系统供电安全性较低。图 2–10 为发生单相接地时的中性点直接接地的电力系统。

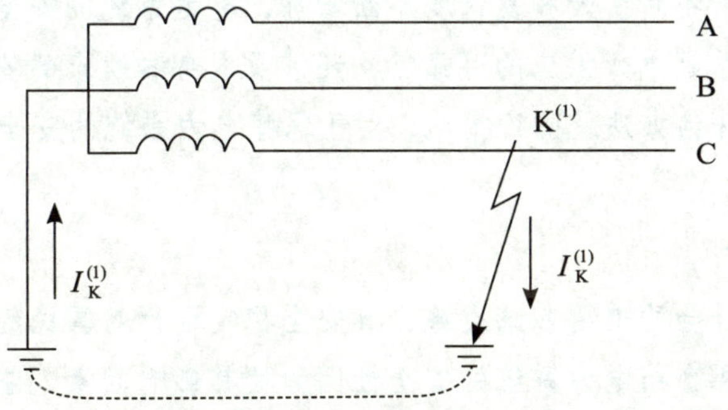

图 2–10　发生单相接地时的中性点直接接地的电力系统

由于中性点直接接地，发生单相接地时，中性点对地电压仍为零，非接地相对地电压也不发生变化。

4. 中性点经电阻接地的电力系统

中性点经电阻接地，按接地电流大小又分为经高电阻接地和经低电阻接地。

（1）中性点经高电阻接地的电力系统

高电阻接地方式以限制单相接地电流为目的，电阻值一般为数百至数千欧姆。中性点经高电阻接地系统可以消除大部分谐振过电压，对单相间隙弧光接地过电压有一定的限制作用，但对系统绝缘水平要求较高，主要用于发电机回路。有些大型发电机的中性点采用经高电阻接地方式，以提高运行的稳定性。

（2）中性点经低电阻接地的电力系统

城市 6 ～ 35 kV 配电网络主要由电缆线路构成，其单相接地故障电流较大，可达 100 ～ 1 000 A。若采用中性点经消弧线圈接地方式，则无法完全消除接地故障点的电弧和抑制谐振过电压。可采用中性点经低电阻接地方式。该方式具有切除单相接地故障快、过电压水平低的优点。

中性点经低电阻接地方式适用于以电缆线路为主，不容易发生瞬时性单相接地故障且系统电容电流比较大的城市电网、发电厂用电系统及企业配电系统。

任务 2.4　电力系统的安全性及防治措施

任务描述

随着电力系统规模不断扩大和复杂度不断增加，电力系统的安全性问题日益突出。电力系统的安全不仅关系到电力供应的可靠性，还涉及人身和财产的安全。因此，了解和掌握电力系统的安全性评估方法及防治措施，对于保障电力系统的安全运行具有重要意义。

任务分析

电力系统是现代社会的重要基础设施，其安全稳定运行对国民经济和社会生活具有深远的影响。本任务主要介绍电力系统的安全性问题及其影响因素，掌握电力系统安全性评估的方法，以及有效的防治措施。

任务实施

2.4.1 电力系统安全的重要性

随着社会经济的发展、科学技术的进步及人民生活水平的不断提高，人们对电力的需求和依赖性越来越大，对安全稳定供电的要求越来越强。然而，由于受到电力系统自身原因和外部干扰因素的影响，电网事故时有发生。这不但使电力经营企业的经济效益受到损失，而且对电力用户和整个社会都将造成严重的影响。在“西电东送”的基本格局下，我国将形成全国联网的巨型电力系统，如果出现电力系统重大事故，其规模和造成的损失有可能大幅增加。因此，保证大规模互联电力系统的安全、稳定和经济运行是一个重大而迫切的问题，必须将其作为一个重大战略问题来解决。

2.4.2 电力系统的安全性问题

1. 现代电力系统的安全性问题

电力系统的安全性是指系统在发生故障的情况下，能保持稳定运行和正常供电的风险程度。传统的电力系统安全性研究主要是在发生故障情况下，研究电力系统本身的动态特性，包括系统的功角稳定性、电压稳定性、频率稳定性、系统解列、热过载等。这类研究一般是针对单一故障的，而大面积停电事故则通常是连锁事件的复杂序列。

随着现代通信技术和信息技术的发展，为了保障大电网的安全和经济运行，各种信息系统，如调度自动化系统（即监控与数据采集系统 / 电能管理系统，supervisory control and data acquisition/energy management system，SCADA/EMS）、配电自动化（distribution automation，DA）系统、变电站自动化（substation automation，SA）系统和电力市场技术支持系统等在电力系统领域里得到了广泛应用。

最近一些研究人员提出了“电力系统脆弱性”的概念，将其作为电力系统动态安全评估的一种新的框架。“脆弱性”一词经常出现在环境、生态、计算机网络等领域的有关文献中，用来描述相关系统及其组成要素易于受到影响和破坏，并缺乏抗拒干扰、恢复初始状态（自身结构和功能）的能力。它们在不同的学科中有不同的含义。电力系统脆弱性可定义为电力系统因人为干预、信息、计算机（软、硬件）、通信、电力系统元件和保护控制系统等因素，而潜伏着大面积停电的灾难性事故的危险状态。系统脆弱性与系统安全性的水平和在系统参数变化时系统安全性水平的变化趋势这两类信息密切相关。在这个概念中，人们对它们设定一个可被接受的基准值，当系统安全现状被评估后，系统安全性水平和它的变化趋势也就被确定下来。系统是否脆弱取决于它们是否高于或低于设定的基准值。

2. 电力系统安全性问题的影响因素

影响电力系统安全性的因素很多，对于组成现代电力系统的基础设施而言，可分为内部因素和外部因素。

（1）内部因素

① 电力系统主要元件故障：发电机、变压器、输电线故障。

② 控制和保护系统故障：保护继电器的隐性故障、断路器误动作、控制故障或误操作等。

③ 计算机软、硬件系统故障。

④ 信息、通信系统故障：与 EMS 失去通信、不能进行自动控制和保护、信息系统的故障（造成信息的缺损或者得到的信息不可靠）或拥塞、外部侵入信息 / 通信系统（如黑

客的入侵）。

⑤ 电力市场竞争环境的因素：电力市场中各参与者间的竞争与不协调、在更换旧的控制和保护系统或发电装置上缺少主动性。

⑥ 电力系统不稳定：静态、暂态、电压、振荡、频率等的不稳定。

（2）外部因素

① 自然灾害和气候因素：地震、冰雹、雷雨、风暴、洪水、热浪、森林火灾等。

② 人为因素：操作人员误操作、控制和保护系统设置错误、蓄意破坏（包括战争或恐怖活动）等。

2.4.3 电力系统安全性的防治措施

1. 加强电网建设，降低事故概率

电力工业是需要长期和超前投资的工业，大的发电厂的建设要 5 ～ 10 年，寿命约为 30 年。所以，要求厂（发电厂）网（电网）协调、统一规划、超前建设、合理结构，以保证电力系统的安全运行。特别要加强电网建设（加强远距离输电网、受端电网和二次系统）以提高电网安全可靠性，降低事故概率，减少停电损失。

同样地，在输电和配电领域，很大一部分基础设施的寿命已接近 70 年。此外，很多几十年前设计的设备已不适应先进的数字化技术。更换老化的设备需要新的大规模投资。但是，电力工业市场化后，市场参与者关心的是当下和将来的利益，而不是 20 年以至 30 年的利益。在过去的 10 年中，由于竞争的压力、市场的不完备和管制的不确定性，在一些进行电力工业改革的国家中的投资已保持在一个较低的水平。

2. 加强电力系统监控和管理

电力系统的互联使得在广阔的地域内进行资源的优化配置、互通有无、相互支援成为可能。但是，在紧密相连的互联电力系统中，一个局部故障能迅速向全系统传播，会导致大面积停电。因此，在事故处理上，要求反应迅速、高效统一。在一个互联的电力系统的某一部分出现故障后，其他部分在被故障波及之前往往还不知道事故的发生。所以，在一个互联的电力系统中，统一电网管理、统一电网调度、建立完善的安全运行制度是保证电力系统安全可靠运行的重要条件。要通过定期的培训来不断提高调度和运行人员的素质，特别是应对突发事件的能力。

为了改善电网的运行环境，减少外力和自然界对电力系统设备的破坏，要做好日常的维护工作，例如，及时修剪输电走廊的树枝，以免发生像美国几次大停电事故中因导线与树枝间发生闪络而诱发的大面积停电那样的事故。

3. 加强与电力系统安全紧密相关的基础研究

由不同容量的发电机、不同电压等级和长度的输配电线路以及不同容量和特性负荷组

成的电力系统是一个典型的复杂大系统，呈现高维、非线性、时变、信息不完全、广域（大范围跨越时空）互联和微分代数的复杂特性。这个大系统的时空运行历来就是一个非常困难的学术和工程问题。目前急需建立新的理论和方法体系（如建模、分析、模拟、仿真、预测和控制方法），有效地解决复杂电力系统所面临的关键问题，比如跨区域电力系统长期动态行为分析与仿真、系统连锁故障防御与控制等课题，以保证电力系统安全、可靠地管理和运行。

要及早研究和开发广域的、智能的、自适应的电力系统的保护和控制系统，它集成了电力系统、广域保护和控制以及通信基础设施（包括 GPS 技术），能提供实时的关键信息和广泛信息，预见可能出现的问题，迅速地评价系统的薄弱环节，及时完成基于系统分析的自愈和自适应重构动作等的防御措施，将形成全国复杂联合电力系统的强大反事故能力，以避免发生灾难性的事故，保障电力系统的安全稳定运行。

加强与电力系统安全性紧密相关的基础研究，需要长期的、持续的、高额的投入。对此，建立国家的或电力企业的研究基金（类似于资助基础研究）是一种有效的办法。基础研究可为平时和特殊条件（如战争）下的电力系统安全运行提供理论和实践的成果。要将这类研究列入国家中、长期科研发展规划。同时，要开展国际间的合作，从已发生的事故中吸取有益的教训。

4. 研究自然灾害和人为破坏对电力系统安全运行的影响

在现代化社会中，由于社会活动和人民生活与电力供应密切相关，电力工业与灾害防御系统、通信系统、军事命令和控制系统、公共卫生系统等一样，应被列入有严重后果的国家基础设施，这些系统的安全和可靠地运行是保障国家经济、安全和生活质量的根本。所以，作为国家的主要（或关键）基础设施之一，要研究自然灾害和人为破坏（包括战争和恐怖活动）对电力系统安全运行的影响，科学地区分各种预警和紧急状态，建立相应的反应灵敏、高效统一的应对策略和应急措施。

2.4.4 若干与电力系统安全性紧密相关的基础研究方向

1. 开展广域电力系统的建模和综合能源及通信系统体系结构（IECSA①）的研究

多年来，大规模电力系统动态行为分析一直受到广泛关注。但随着电网的互联、多馈入交直流混合输电方式的出现、大功率电力电子设备的应用，电力系统中出现的诸如超低频振荡等各种动态行为和特征严重影响了大电网的安全运行，迫切需要人们进一步搞清机理，提出控制方法和措施。电力负荷模型的建立是这一研究领域中的关键，包括电力负荷模型的复杂性和不确定性的辨识理论与方法，以及电力负荷模型的宏观结构识别等。

① IECSA 的全称为 integrated energy and communications system architecture。

随着信息技术的发展，电力系统与信息系统、通信系统等已经融合成集成的混杂系统。传统的对电力系统的研究方法已经难以处理这样的复杂系统，需要在建模、分析、仿真、预测和控制等方面建立新的理论和方法体系，有效地解决复杂电力系统所面临的关键问题，以保证电力系统的安全运行。必须同时考虑和研究电力系统、信息系统、计算机系统、通信系统的交互和综合，在建模上要考虑多个网络的平行、多个物理过程的平行，以及多类元件的平行。此外，还要充分应用实时的测量信息，发展分布式的实时计算。

长期以来，电力系统安全性评估的研究主要集中于电力系统本身建模和故障的计算，没有考虑与之密切相关的通信系统和信息系统模型。这是因为通信系统和信息系统的模型尚未建立，对信息系统与电力系统之间的交互影响更是缺乏系统深入的研究，这迫切需要应用复杂交互系统与分布式人工智能的相关理论来应对电力系统的不断扩展所带来的复杂性，发展新的电力系统安全性评估理论。

多智能体系统（multi-agent systems，MAS）可望为以上问题的解决提供新的途径。对于电力系统，其主要是将网络中各个成员视为一个能独立完成某些任务的分布自治的智能体，然后通过多个智能体的交互与协作，达成各成员作用的相互协调，实现系统的整体控制目标。最典型的电力系统分级办法就是将系统分为发电、输电、配电和用电等系统。在电力市场环境下的多智能体结构，可以是独立发电者、输电服务提供者、辅助服务提供者等。表面上看起来这种分级方法是传统分级控制技术的引申和扩展，但其间有明显的差别，如控制策略的优先权限和最终目标的界定。对于通信系统与信息系统，也有专门的建模方法和工具。如通信系统对应于通信代理，信息系统对应于信息代理。这种分级方法为在多智能体分层结构中准确模拟各个层次间的相互作用奠定了基础。多智能体系统所具有的资源共享、易于扩张、可靠性强、灵活性强、实时性好的特点非常适用于解决大规模电力系统这类复杂系统的建模、控制和分析评估问题，有望为实现广域电力系统实时分析、全局协调控制提供新的途径。

2. 开展广域电力系统的信息理论与应用研究

广域电力系统的信息分布广、数量多，要有一个先进和可靠的分层、分区的信息系统，使及时和正确地传送广域信息能得到保证，并对信息进行有效的处理，以实现对全系统的实时监控。为此，要有一个实时平行的故障诊断系统，在海量的实时信息（包括测量信息、设备健康状态等）中及时诊断和预测未来可能出现的或潜在的故障。

随着国家电力数据网（state power datanetwork，SPDnet）的建设，调度自动化系统（SCADA/EMS）、SA 系统的发展和普及，各种信息管理系统（如生产管理系统、营销管理系统、地理信息系统）、电力市场技术支持系统以及电网运行的其他信息系统等在电力系统领域的应用，都表明信息技术已广泛融入电力系统。目前，电力系统在信息处理技术上还比较落后，主要表现在信息的加工还处于低层的数字信号处理阶段，信息的采集重复性较大，未能实现信息的优化，带来硬件建设与控制回路的复杂性；信息的应用过于简单。作为复杂大系统的信息处理技术，应该具有多信息量、多层次、多综合等优点和特点，能适应与应用到运行方式变化大、系统结构复杂的电力系统中来。改变目前电力系统信息处理模式将是电力系统领域研究的新课题。

电力信息系统是一个问题域十分复杂、庞大及不可预测的系统，唯一的解决方法是开发大量有特殊功能的模块化成分（智能体），专门用于解决问题的某个特定方面。在出现相互关联的问题时，系统中的各智能体相互协调，可以正确处理这种相关性。应用智能体对信息融合算法的改进，增加系统的反馈算法，改变了原有的从低层到高层的单向环境信息和知识传输，使高层同样可以向低层传输规划和管理信息。这个信息融合系统就具有完整的观测、融合、决策和协调功能。因此，基于多智能体系统的分布式信息处理技术是这一领域颇有应用前景的研究方向。

同时，信息技术的负面影响也波及电力系统。黑客的入侵使电力系统的安全增加了新的隐患，其影响亦需进一步的研究。

3. 开展广域电力系统安全防治系统的研究

为了防治广域复杂电力系统中可能出现的大面积停电事故，要开发广域的、智能的、自适应的并与电力系统的分层和全局协调的保护和控制系统。它集成了电力系统、广域保护和控制以及通信基础设施，能提供实时的关键和广泛信息，预见可能出现的问题，迅速地评价系统的薄弱环节，及时完成基于系统分析的自愈和自适应重构动作等的防治措施，以避免发生灾难性的事故。它与传统所用的方法和技术的不同之处是，后者只基于局部量测信号的局部控制动作，只关心个别设备的状态；而前者则是基于广域信息的安全性评估，在故障发生后将故障局部化，使故障不致发展为大面积停电的重要技术措施。继电保护应从传统的元件保护扩展到系统保护，同时要研究继电保护装置隐性失效对连锁故障的影响。紧急控制系统应实现在线决策，提高控制的速度和有效性。

实现广域电力系统安全防治系统，必须基于广域测量系统（wide area measurement system，WAMS），实现对电网的实时监视、实时仿真和实时控制。广域电力系统安全防治系统的主要目标如下。

（1）事故的超前发现或预测系统事故

根据系统的状态，针对过负荷或输电线路孤垂等情况，采用先进的算法进行预测。对电力设备健康状态进行实时监控和根据电力设备的状态进行检修管理，以避免因设备老化或故障（失效）而引起系统事故。要在线监视输电线路的热极限。若干大停电事故的起因都是静态潮流问题，动态问题随后加剧了系统崩溃。

（2）对系统故障的快速反应

如故障的早期隔离、过负荷元件的超前解除过负荷状态，以及其他避免事故扩大的措施。

（3）使系统恢复

尽快使系统得以恢复，也就是尽可能快地使失去供电的负荷恢复供电，并使系统回到正常运行状态。重视事故恢复计划的准备，尽可能在电网和电源建设阶段就考虑事故恢复问题，如完备的“黑启动”方案。恰当的事故恢复计划可以减少事故停电损失。发展分散电源也可以为事故后的快速恢复创造条件。

（4）系统运行性能校正

在系统正常运行时，校正系统的运行性能，使其保持安全性，即承受故障的能力更高。

项目工单

【实训名称】

电力系统安全性评估与防治措施

【实训目的】

1. 加深对电力系统安全性评估方法和防治措施的理解。
2. 提高实际操作能力和解决问题的能力。

【实训步骤】

步骤一：准备工作

（1）准备必要的实验材料，如电路图、测量仪器（万用表、钳形表等）、系统状态图模板等。

（2）将学生分成若干小组，每组 4 ～ 5 人。

步骤二：安全性评估

（1）每组选择一个电力系统模型或实际案例，应用多智能体系统进行安全性评估。

（2）绘制系统状态图，并标注关键节点和路径。

步骤三：故障诊断

（1）模拟电力系统中常见的故障，如短路、断路、设备过热等。

（2）使用测量仪器检测电压、电流和温度等参数，记录数据。

步骤四：防治措施

（1）根据故障诊断结果，制定相应的预防措施、应急响应措施和系统恢复措施。

（2）讨论并记录每一种措施的具体内容和实施步骤。

步骤五：结果展示

（1）每组展示自己的评估结果、故障诊断记录和防治措施。

（2）其他组员和教师进行点评，提出改进建议。

【实训工单】

请学生在实训过程中认真对待每一项任务，并根据考核评价表内容进行自我评价和相互评价，以便更好地了解自身在实训中的表现和进步空间。教师将根据实训表现给出最终评价。考核评价表如表 2–2 所示。

表 2–2　考核评价表

项目名称	评价内容	分值	评价分数		
			自评	互评	师评
职业素养考核项目（40%）	提前预习相关理论知识，准备好实验材料	10 分			
	积极参与实验操作和讨论，记录实验数据和结果	10 分			
	组内成员分工明确，互相配合，共同完成任务	10 分			
	严格遵守实验安全操作规程，确保实验安全	10 分			
专业能力考核项目（60%）	电力系统安全性评估方法和防治措施的理论知识的掌握情况	20 分			
	电力系统的状态图绘制情况	20 分			
	防治措施制定的合理性	10 分			
	实验报告撰写的准确性	10 分			
合计：综合分数______自评（20%）+互评（20%）+师评（60%）		100 分			

项目小结

本项目主要介绍了电力系统及其自动化的核心内容。首先介绍了电力系统和供配电系统的构成与功能，强调了电力从生产到分配的全过程；其次介绍了电力系统的额定电压，包括电网、用电设备、发电机和变压器的额定电压及其重要性；再次介绍了电力系统的运行状态和中性点运行方式；最后介绍了电力系统的安全性问题及防治措施，包括常见的安全威胁、预防措施和基础研究方向，旨在提高系统的整体安全性和可靠性。通过本项目的学习，学生将深入了解电力系统及其自动化的核心内容。

课后练习

一、填空题

1. 变电站的功能是________、________和________。

2. ________是电力系统的电能用户，也是电力系统的重要组成部分。

3. 电力系统的运行状态由________、________、________和________等表征。

4. 三相交流电系统的中性点是指________的变压器或发电机的中性点。

5. 系统是否脆弱取决于它们是否________的基准值。

二、简答题

1. 什么是电力系统的额定电压？

2. 电力系统的中性点运行方式有哪些？每种方式的主要特点是什么？

项目 3　自动化控制系统的硬件模块

项目导读

随着工业自动化技术的不断发展，自动化控制系统在现代制造业中发挥着越来越重要的作用。控制系统中的硬件模块是实现自动化控制的基础，包括各种低压电器、传感器和其他关键组件。本项目旨在深入研究和学习这些硬件模块的工作原理、选型方法，及其在实际工程中的应用，帮助学生奠定扎实的理论基础和实践经验。

学习目标

◎知识目标

1. 掌握常用低压电器的工作原理和应用。
2. 熟悉常用电气元件的特性和使用。
3. 理解保护继电器的作用和类型。
4. 了解常见电子元器件及开发工具。
5. 掌握常用动力设备的工作原理和应用。
6. 熟悉常用传感器的类型和特性。
7. 了解传感器与变送器的区别和应用。
8. 掌握几种常见传感器的工作原理和应用。

◎**能力目标**

1. 能根据实际需求选择合适的低压电器，并能正确安装和调试。
2. 具备设计和分析简单电气电路的能力。
3. 具备基本的电子电路设计和测试的能力。

◎**素质目标**

1. 培养学生认真负责的工作态度，确保实验结果的真实性和有效性。
2. 培养学生独立思考和解决实际问题的能力。
3. 培养学生的职业责任感和使命感。

思政目标

1. 强调安全生产的重要性，培养学生的安全意识和自我保护能力。
2. 让学生追求个人兴趣和发展潜力，使之成为有社会责任感和创新能力的人才。

任务 3.1　常用低压电器与电气元件

任务描述

在自动化控制系统中，低压电器和电气元件是不可或缺的组成部分，它们不仅负责系统的正常运行，还承担着保护设备和人员安全的重要职责。

任务分析

在自动化控制系统中，低压电器和电气元件是确保系统安全、可靠运行的重要组成部分。通过本任务的学习，学生能够掌握熔断器、接触器、继电器等常用低压电器的基本知识，并具备初步的设计和应用能力。

任务实施

3.1.1 常用低压电器

扫一扫

常用低压电器

凡是在电能的生产、输送、分配和使用过程中起到控制、调节、检测、转换及保护作用的电工器械均可称为电器。用于交流电路中额定电压在 1 200 V 以下、直流电路中额定电压在 1 500 V 以下的电器则称为低压电器。电器的用途广泛，功能多样，种类繁多，构造各异。本任务主要研究在电气控制系统中常用的低压电器，为进行控制系统设计打下基础。

1. 熔断器

熔断器是一种结构简单、使用方便、价格低廉的保护电器，广泛用于供电线路和用电设备的严重过载和短路保护。熔断器通常由熔体和熔座两部分组成，结构形式有插入式、螺旋式、填料密封管式、无填料密封管式等。常用的熔断器有 RL6、RLS2、RT14、RT18、RT20、NT、NGT 系列。

选择熔断器的原则如下。

（1）熔断器的额定电压应大于线路的工作电压。

（2）熔断器的额定电流必须大于或等于所装熔体的额定电流。

熔体的额定电流的选择通常可分为下列几种情况。

（1）对于电热器或照明等电阻性负载，熔体的额定电流应略大于负载电流。

（2）对于供电线路，熔体的额定电流应略小于或等于线路的安全电流。

（3）在保护一台电动机时，应考虑启动电流的影响，熔体的额定电流 I_{Fu}，可按下式选择：

$$I_{Fu} \geqslant (1.5 \sim 2.5) I_N$$

式中　I_N——电动机额定电流，A。

对于带负载起动或频繁起动的电动机，式中的系数可加大至 30。

（4）保护多台电动机时可按下式选择：

$$I_{FU} \geqslant (1.5 \sim 2.5) I_{N\max} + \sum I_N$$

式中　$I_{N\max}$——容量最大的一台电动机的额定电流；

$\sum I_N$——其余电动机额定电流的总和。

（5）上、下两级都装设熔断器时，为使两级保护互相配合良好，两级熔体的额定电流的比值不小于 1.6 : 1。

（6）半导体器件对过载非常敏感，应采用半导体器件保护用熔断器（俗称快速熔断器），如 RLS2、NGT 等系列产品。

2. 接触器

接触器是一种通用性很强的电磁式电器，它可以频繁地接通和分断交直流主电路，并可实现远距离控制，主要用来控制电动机，也可以用来控制电容器、电热设备和照明器具等负载。接触器具有一定的过载能力，但不能切断短路电流；具有失电压保护功能，但本身没有过载保护功能。交流接触器的主触点通常有 3 对，直流接触器主触点为 2 对，还带有一定数量的辅助触点。近年来还出现了真空接触器和由晶闸管组成的无触点接触器。

接触器选用时应注意下列问题。

（1）根据负载性质及电源类型选择接触器的型号。

（2）接触器主触点的额定电压应大于或等于负载回路的电压。

（3）接触器的额定电流应大于或等于被控回路的额定电流，如所控制的电动机频繁启动、制动或正反转时，接触器的额定电流还应增大一个等级。

（4）线圈的额定电压选择：吸引线圈的额定电压应与控制电路的电压相一致，对于简单控制电路可直接选用交流 380 V、220 V 电压。

（5）接触器的触点数量、种类的选择：应根据主电路和控制电路的需要来选择，有不少新型接触器备有多种附件，如不同种类和数量的辅助触点组合、空气式延时触点、机械联锁等可供选用，也可用增加中间继电器的方法来解决。

3. 继电器

继电器是一种根据某种输入信号的变化来接通或断开控制电路，实现自动控制或保护作用的电器。继电器通常由输入电路（又称感应元件）和输出电路（又称执行元件）两部分组成。当感应元件中的输入量如电压、电流、温度、压力等变化到某一定值时，执行元件动作，接通或断开控制回路。继电器的种类很多，随着电子技术的发展，新型电子式小型继电器比传统的继电器灵敏度更高、体积更小、功能更强、寿命更长，应用日益普遍。下面对经常使用的几种继电器做简单的介绍。

（1）电磁式继电器。电磁式继电器是应用最早也最多的继电器，按其输入信号性质可分为电流、电压继电器和中间继电器 3 种。

① 电流继电器：其线圈与被测电路串联，按照电路中电流变化而动作。其线圈匝数少、导线粗、阻抗小，常用于按电流原则进行控制的场合。电流继电器按动作电流特点又可分为欠电流、过电流两种。

② 电压继电器：其线圈与被测电路并联。其线圈匝数多、线径细、阻抗大。电压继电器根据所接电路电压值的变化而处于吸合或释放状态，按其动作电压特点又可分为过电压、欠电压和零电压 3 种。过电压继电器在电压正常时释放，当发生过电压（1.1 ～ 1.5 U_N）时吸合；欠电压、零电压继电器则在电路电压正常时吸合，当发生欠电压（0.4 ～ 0.7 U_N）或零电压（0.05 ～ 0.25 U_N）时释放。

③ 中间继电器：其吸引线圈是电压线圈，但它的触点数量较多（多达 4 对常开、4 对常闭触点）、触点容量较大（可达 5 A 以上），在电路中起中间转换作用。

（2）时间继电器

在感应元件获得信号后，执行元件要延迟一段时间才动作的继电器叫作时间继电器。时间继电器种类很多，按其工作原理可分为电磁式、空气阻尼式、电动式、晶体管式和数字式等；按其延时特点区分则有通电延时和断电延时等。此外，有些时间继电器还带有瞬时动作（不延时）的触点。

选用时间继电器时应首先考虑控制系统所提出的技术要求，在延时精度要求不高和延时时间较短的场合，可选用廉价的空气阻尼式；在要求延时精度较高、延时时间较长以及延时时间需要经常调节的场合，应选用晶体管式或数字式；在电源波动大的场合采用阻尼式或数字式较好；而在温度变化大的场合则不宜采用空气阻尼式。数字式时间继电器具有数字显示，采用拨码开关整定延时时间，直观性、准确性好，延时调节范围宽，具有明显的优越性。

（3）热继电器

热继电器是利用电流流过热元件时产生的热量使敏感元件——双金属片发生弯曲，这种变形达到一定程度时推动执行机构使控制触点发生转换的保护电器，主要用于交流电动机的过载、断相及电流不平衡运行的保护以及其他电气设备发热状态的控制。热继电器还可与交流接触器配合组成磁力启动器。

热继电器根据其热元件的多少可分为单相式、两相式、三相式等；根据复位方式不同又可分为自动复位和手动复位两种。三相式热继电器又有带断相（又称“差动”）保护和不带断相保护两种。

热继电器只能用作电动机的过载保护而不能用作短路保护。热继电器的主要技术数据有热继电器的额定电流、热元件的极数、热元件的额定电流和调节范围等。在选用时要注意以下两点。

① 长期工作制下，根据电动机的额定电流来确定热继电器的型号及热元件的额定电流等级，热元件的额定电流 I_{FR} 应略大于电动机的额定电流 I_N。在使用时，热继电器的整定旋钮应调节到电动机的额定电流处，否则将起不到保护作用。当电动机的启动时间较长（超过 5 s 以上）时，热元件的额定电流旋钮可根据具体情况调节到电动机额定电流的 1.1 倍以上的数值处。

② 对于三角形连接的电动机，应选用带断相保护功能的三相式热继电器。

4. 低压断路器

低压断路器俗称自动空气开关或自动开关，它相当于刀开关、熔断器、热继电器、过电流继电器、欠电压继电器的功能组合。有些低压断路器还带有若干对辅助控制触点，是一种既能手动开关又能自动进行欠电压、失电压过载和短路保护的电器，在低压配电系统中起着非常重要的作用。低压断路器通常用于不频繁地接通和分断电路，也可以用来控制电动机。低压断路器与接触器不同的是：接触器可以频繁地接通或分断电路，但不能分断短路电流；低压断路器则不仅可以分断额定电流，而且能够分断短路电流，但不宜频繁操作。

低压断路器种类繁多，可按用途、主电路极数、保护脱扣器种类、动作方式、结构形式等来分类。

（1）按用途分

低压断路器按用途分有保护配电线路用、保护电动机用、保护照明线路用和漏电保护用等。

（2）按主电路极数分

低压断路器按主电路极数分有单极、两极、三极、四极断路器，小型断路器还可以拼装组成多极断路器。

（3）按保护脱扣器种类分

低压断路器保护脱扣器有短路瞬时脱扣器、短路延时脱扣器、过载长延时反时限保护脱扣器、欠电压瞬时脱扣器、欠电压延时脱扣器、远方紧急跳闸用分励脱扣器，漏电保护脱扣器等。上述各种保护脱扣器可以根据需要选择并组装在断路器上。

（4）按动作方式分

低压断路器按动作方式分有直接手柄操作、手柄储能操作快速合闸、电磁铁操作、电动机操作、电动机储能操作快速合闸等。

（5）按结构形式分

低压断路器按结构形式分有塑料外壳式、框架式两种。

在电气控制系统中通常选用塑料外壳式断路器。断路器的主要技术参数有额定电流、额定电压、极数、允许分断的极限电流、保护脱扣器的种类及整定值等。在设计时应根据被控电路的额定电压、短路容量、负载电流大小等参数选择断路器的型号规格，这就要求所选用的断路器的额定电压和额定电流不小于电路的正常工作电压和工作电流；极限分断能力要大于电路的最大短路电流；欠电压脱扣器的额定电压应等于主电路的额定电压；热脱扣器的整定电流应等于所控制电动机或负载的额定电流；电流脱扣器的瞬时脱扣整定电流应大于负载电路正常工作时的尖峰电流，保护电动机时取其启动电流的 1.5 倍。

5. 主令电器

主令电器是在自动控制系统中发出指令或信号的电器，用来控制接触器、继电器或其他电器元件，使电路接通或分断，从而改变控制系统工作状态。主令电器种类很多，主要有按钮、行程开关、接近开关、万能转换开关、主令控制器及脚踏开关、紧急开关等。

（1）控制按钮

控制按钮是一种结构简单、应用广泛的手动操作电器。在低压控制电路中，可通过按钮短时接通或断开小电流的控制电路。在 PLC 的电路中，按钮是常用的输入信号元件。

按钮通常由按钮帽、复位弹簧、桥式动静触点和外壳组成。当按下按钮帽时其常闭触点先断开然后常开触点闭合（即先断后合），松开按钮帽后，在复位弹簧的作用下其常开触点和常闭触点便恢复到原来的状态。

按钮的结构也有多种形式，除上述的普通按钮外，还有紧急式、自锁式、旋钮式及钥匙式等。自锁式按钮在第一次操作后仍然保持转换的状态，要再操作一次才恢复原状；还有带指示灯的按钮，它的按钮帽用不同颜色的透明塑料制成，兼作指示灯罩。旋钮式按钮有 2 个或 3 个工作状态。

按钮通常安装在电控设备的操作部位，为了便于识别按钮的功能，通常将按钮做成红、绿、黄、蓝、黑、白等颜色，一般红色表示停止，绿色表示启动，红色蘑菇头表示紧急停止等。

（2）行程开关

行程开关又称限位开关或位置开关，其利用生产机械某个运动部件的碰撞来发出控制信号，主要用于生产机械运动方向转换、行程长短控制或位置保护等。行程开关的种类很多，按其头部结构可分为直动、杠杆、单轮、双轮、弹簧杆等。有的行程开关不能自动复位；有的行程开关的动作距离很小，被称为微动开关。

（3）接近开关和光电开关

接近开关是一种非接触式、无触点行程开关，其在运动着的物体与之接近到一定距离时就发出信号，控制电路执行相应的动作。接近开关不仅能代替上述有触点行程开关完成行程控制和限位保护，还可用来测速、检测液位等。接近开关不受机械力的作用，工作可靠、寿命长，定位精度高，能适应恶劣的工作环境，在工业生产领域中应用日益普遍。

接近开关按其工作原理可分为高频振荡型、电容型、霍尔效应型、永久磁铁型（干簧管式）等。其主要技术参数有动作距离、重复精度、操作频率、工作电压、电流等。

光电开关是另一种类型的非接触式检测装置，它由一个红外光发射器和接收器组成，根据两者的位置和光的接收方式的不同，可分为对射式和反射式两种。其作用距离从几厘米到几十米不等。

3.1.2 常用电气元件

1. 蜂鸣器

蜂鸣器通电后会发出报警声音，以提醒工作人员注意。蜂鸣器有压电式、机械式、电磁式等。蜂鸣器的工作电压等级分别有 DC 6 V、DC 12 V、DC 24 V、DC 36 V、AC 220 V、AC 380 V 等，报警声音也有很多种。

2. 电能表

电能表主要是用来计量线路中的输入、输出或两者之间的电能（单位为 kW · h）。

电能表多数情况下用于计量负载侧（用户）消耗的电能。交流电能表有单相、三相四线或三相三线之分，居民家中使用的多为单相电能表，工业领域或单位中使用的多数为三相四线或三相三线电能表。电能表的电压和电流接线有一定的相序（顺序），需要按说明书接线，如果电能表倒转则需把所有三相的电流进出接线同时对调一下，而单相表则需对调一下。

3. 功率因数表

功率因数是指交流线路中电压和电流的相位角的余弦值，它的值为 0 ～ 1，工业中大量使用的电气装置多数为感性负载（如电动机、变压器等），这就造成线路的电流相位滞后于电压相位 0° ～ 90°，这样负载侧除实际消耗的功率外还占用了电源的无功功率，致使电能的利用率下降，线路损耗增加。在实际应用中，人们利用电容负载电流相位超前于电压相位 0° ～ 90° 的特性对功率因数进行补偿，使其尽量接近 1，以解决无功损耗问题。

4. 刀开关

刀开关在过去的配电设备中是一种较常见的通断电控制装置，有 2 位和 3 位刀开关。刀开关上的熔丝起过载或短路保护的作用，合上开关，电流接通，拉下开关电源断开。其上端口接进电侧，下端口接用户负载。

5. 漏电开关

漏电开关主要用于保护人身安全，有单相和三相之分，它的主要原理是线路中各相电流的矢量之和为零。

6. 气缸

气缸在自动化生产线和单机自动化设备中经常使用，最常见的是做直线运动和旋转运动。气缸的种类很多，有普通气缸、旋转气缸、双导杆气缸、标准气缸、无杆气缸、双活塞杆气缸、短行程气缸等。气缸通气后产生动作，有的气缸为了产生正反两个动作，要有两个进气口。

7. 开关电源

常规直流线性电源由变压器、整流桥、滤波电容和稳压器件组成，开关电源通过控制开关管的导通占空比来控制输出电压值。因为它比常规直流线性电源体积小、质量小，所以近年来得到了大量的应用。它的输出电压可以有很多种，并且同时也可以有多组输出。常用的电压输出有 DC 5 V、DC 6 V、DC 10 V、DC 12 V，DC 15 V、DC 24 V 等。

8. 绝缘子

电气控制柜内使用的绝缘子主要用于支撑动力铜排、动力铝排和电控柜的零线接出。

9. 塑料配线槽和金属电缆桥架

控制箱内的线路较多时，为了美观和布线方便，可以把线放入塑料配线槽中。配线槽由槽底和槽盖两部分组成。

10. 自锁式尼龙扎带和缠绕管

自锁式尼龙扎带用于捆绑电线，以使布线显得规整。缠绕管（卷式结束保护带）用于保护电线不受磨损及绝缘，并可使电线更美观。它的使用方法是先用缠绕管固定电线起点一端，然后按顺时针方向环绕缠紧，即可将多根电线束为一体。

11. 接线端头、定位块和电缆固定头

（1）接线端头的用法

将电线的裸露头插入接线端头，用冷压钳压紧，这样就可以实现可靠的连接，并且拆卸方便。

（2）定位块的用法

用定位块自身的不干胶将定位块粘在柜体上，将电线用自锁式尼龙扎带绑在定位块上。其一般用于对少量电线的固定，如柜门上的电线固定（使用配线槽不方便）。

（3）电缆固定头的用法

当电缆从柜内接出时，为了防止电缆折损和从内部端子上被拉松，需要用电缆固定头将其固定、锁紧。

12. 发电机

发电机同电动机的工作原理正好相反，电动机是通电后输出旋转动力，而发电机则是输入旋转动力而输出电能。发电机和电动机的界限有时不太明显，如一个普通的永磁直流电动机，用动力去旋转它，它也会发出电来；再如电动机被其他负载拖动旋转（如电梯向下运行），也会成为发电机而发出电来。专用发电机和专用电动机因各自的主要目的不同，设计结构也有所不同，一般不要互换使用，否则可能会使运行效率下降很多。

在电气传动中，常用小型直流发电机测量电动机的旋转速度，转速不同，发电机产生的电压就不同，这种发电机称为直流测速发电机。

任务 3.2　常用的保护继电器与电子元器件

任务描述

小明管理的城市电力系统在某天突然发生了故障，导致市中心部分地区停电。小明等技术人员迅速赶到现场，发现故障可能是由某条输电线路的过载或短路引起的。此时，他们需要迅速判断系统的运行状态，采取有效的措施恢复供电。经过不懈努力，电力供应最终得以恢复。

任务分析

这一事件引发了同学们对电力系统运行状态的深入思考，保护继电器和电子元件在这一过程中起到了什么作用呢？在现代电气控制系统中，保护继电器和电子元件是确保系统安全、可靠运行的关键组件。这些设备不仅能够及时检测和响应各种故障，还能够有效保护电气设备免受损害。本任务主要介绍常用的保护继电器和电子元件，探讨它们的工作原理、分类及其在实际工程中的应用。

任务实施

3.2.1 常用的保护继电器

供配电系统的继电保护装置由各种保护继电器构成。保护继电器的种类很多，按保护继电器的结构原理分为电磁式继电器、感应式继电器、数字式继电器、微机式继电器等；按保护继电器反映的状态参量分为电流继电器、电压继电器、功率方向继电器、气体继电器等；按保护继电器反映的状态参量变化分为过量继电器和欠量继电器；按保护继电器在保护装置中的功能分为启动继电器、时间继电器、信号继电器和中间继电器等。

供配电系统中常用的保护继电器主要是电磁式继电器和感应式继电器。

1. 电磁式继电器

（1）电磁式电流继电器

DL 型电磁式电流继电器的内部结构如图 3-1 所示，图 3-2 为其内部接线图和图形符号。电流继电器的文字符号为 KA。常用的有 DL-10、DL-20、DL-30 型电磁式电流继电器。

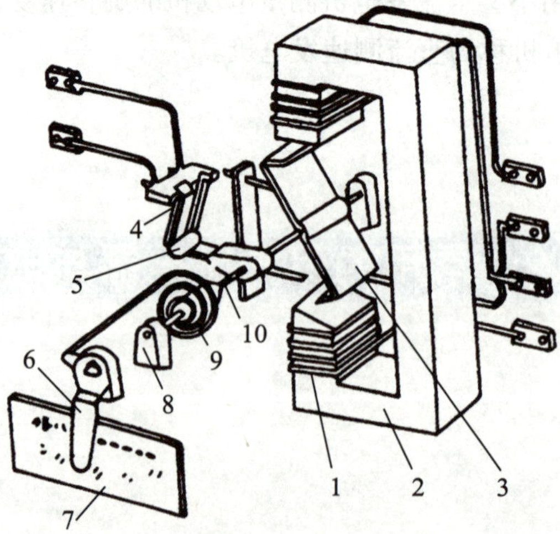

1- 线圈；2- 电磁铁；3-Z 形铁片；
4- 静触头；5- 动触头；6- 动作电流调整杆；
7- 标度盘；8- 轴承；9- 反作用弹簧；10- 轴。

图 3-1　DL 型电磁式电流继电器的内部结构图

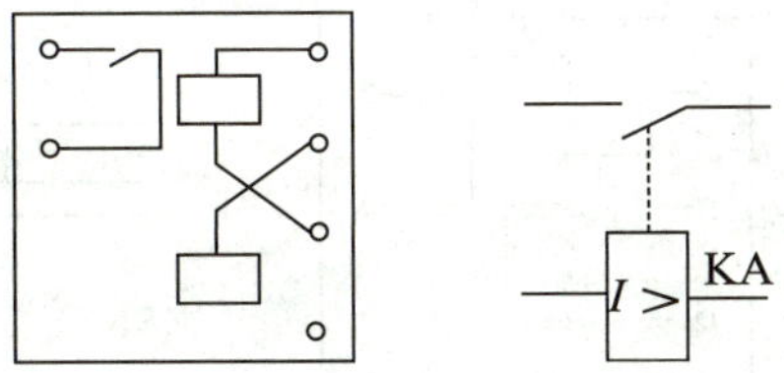

（a）内部接线图　　（b）图形符号

图 3-2　DL 型电磁式电流继电器的内部接线图和图形符号

当电流通过继电器线圈时，电磁铁中产生磁通，对 Z 形铁片产生电磁吸力。若电磁吸力大于反作用弹簧的反作用力，Z 形铁片就转动，带动同轴的动触头转动，使常开触头闭合，继电器动作。使继电器动作的最小电流称为继电器的动作电流，用 $I_{op,\ KA}$ 表示。

继电器动作后，逐渐减小流入继电器的电流到某一电流值时，Z 形铁片因电磁吸力小于弹簧的反作用力而返回到起始位置，常开触头断开。使继电器返回到起始位置的最大电流称为继电器的返回电流，用 $I_{re,\ KA}$ 表示。

继电器的返回电流与动作电流之比称为返回系数 K_{re}，即

$$K_{re}=\frac{I_{re,\ KA}}{I_{op,\ KA}} \tag{3-1}$$

显然，返回系数越大，继电器越灵敏，电磁式电流继电器的返回系数通常为 0.85。

调节电磁式电流继电器动作电流的方法有两种：①通过改变动作电流调整杆的位置来改变弹簧的反作用力，进行平滑调节；②改变继电器线圈的连接。当线圈由串联改为并联时，继电器的动作电流增大一倍，进行级进调节。

电磁式电流继电器的动作极为迅速，动作时间为百分之几秒，可认为是瞬时动作的继电器。

（2）电磁式电压继电器

DJ 型电磁式电压继电器的结构和工作原理与 DL 型电磁式电流继电器基本相同，不同之处仅是电压继电器的线圈为电压线圈，匝数多，导线细，与电压互感器的二次绕组并联。电压继电器的文字符号用 KV 表示。常用的有 DY-10、DY-20、DY-30 型电磁式电压继电器。

电磁式电压继电器有过电压继电器和欠电压继电器两种。过电压继电器的返回系数小于 1，通常为 0.8；欠电压继电器的返回系数大于 1，通常为 1.25。

（3）电磁式时间继电器

电磁式时间继电器用于继电保护装置中，使继电保护获得需要的延时，以满足选择性需求。常用的有 DS 型电磁式时间继电器、DS110 型直流型时间继电器和 DS120 型交流型时间继电器。它由电磁系统、传动系统、延时机构、触头系统和时间调整系统等组成，所需时限通过时间调整系统获得。时间继电器的文字符号为 KT。DS 型电磁式时间继电器的内部接线图和图形符号如图 3-3 所示。

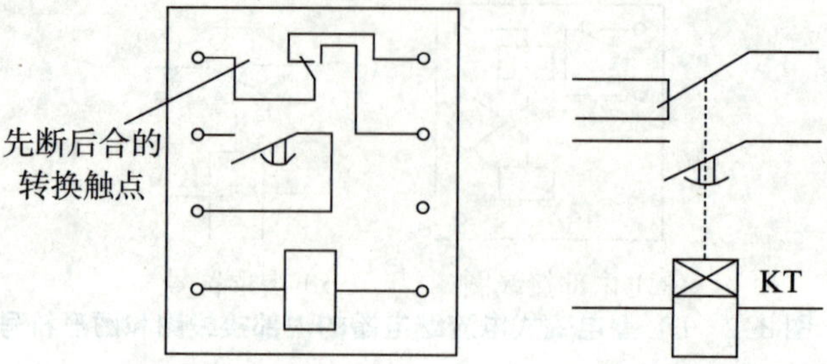

（a）内部接线图　　（b）图形符号

图 3–3　DS 型电磁式时间继电器内部接线图和图形符号

（4）电磁式信号继电器

电磁式信号继电器在继电保护装置中用于发出指示信号，表示保护动作，同时接通信号回路，以发出灯光或音响信号。电磁式信号继电器动作后，要解除信号，需手动复位。常用的有 DX–10 型和 DX–30 型电磁式信号继电器。信号继电器的文字符号为 KS。图 3–4 为 DX–11 型电磁式信号继电器的内部接线图和图形符号。

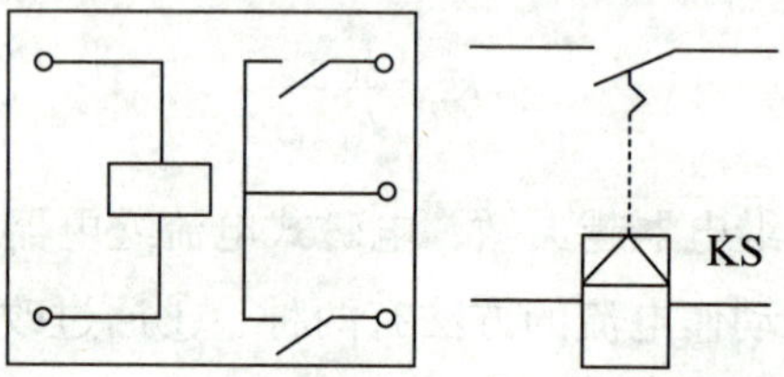

（a）内部接线图　　（b）图形符号

图 3–4　DX–11 型电磁式信号继电器内部接线和图形符号

电磁式信号继电器有电流型和电压型两种。电流型信号继电器串联接入二次电路；电压型信号继电器并联接入二次电路。

（5）电磁式中间继电器

电磁式中间继电器的触头容量较大，触头数量较多，在继电保护装置中用于弥补主继电器触头容量或触头数量的不足。中间继电器的文字符号为 KM。常用的有 DZ–10 型电磁式中间继电器，在实际应用中可根据触头类型和数量选择型号，其内部接线图和图形符号如图 3–5 所示。

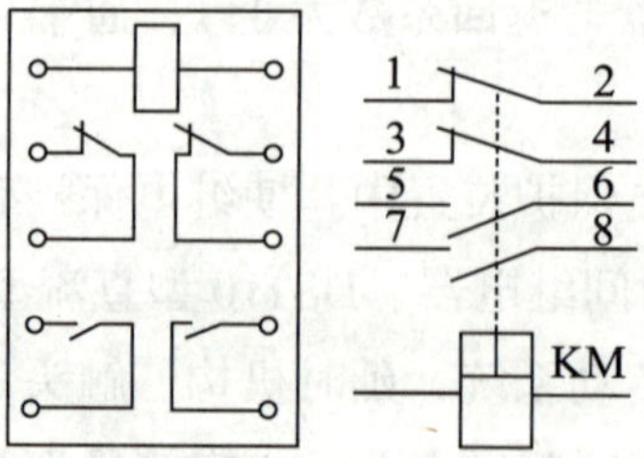

（a）内部接线图　　（b）图形符号

图 3–5　DZ–10 型电磁式中间继电器的内部接线和图形符号

2. 感应式电流继电器

GL 型感应式电流继电器的内部结构如图 3–6 所示。其主要由两个系统构成，感应系统和电磁系统。常用的有 GL–10 型和 GL–20 型感应式电流继电器，图 3–7 为 GL–10 型、GL–20 型感应式电流继电器的内部接线图和图形符号。其文字符号也是 KA。

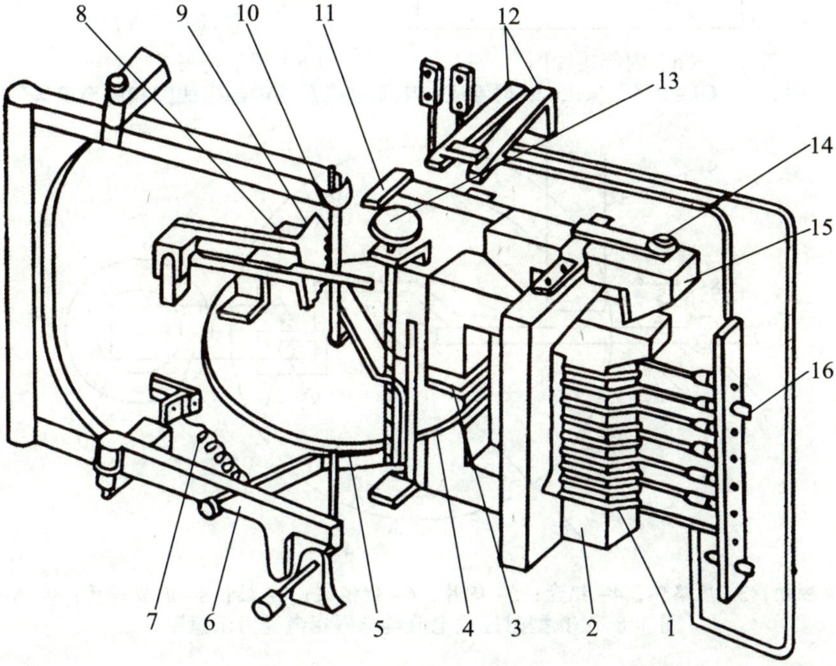

1– 线圈；2– 电磁铁；3– 短路环；4– 铝盘；5– 钢片；6– 铝框架；7– 调节弹簧；
8– 永久磁铁；9– 扇形齿轮；10– 蜗杆；11– 扁杆；12– 触头；13– 时限调节螺杆；
14– 速断电流调节螺钉；15– 衔铁；16– 动作电流调节插销。

图 3–6　GL 型感应式电流继电器的内部结构图

继电器的感应系统主要由线圈、带短路环的电磁铁和装在可偏转的铝框架上的铝盘组成。继电器的电磁系统由电磁铁和衔铁组成。

当继电器的线圈中通过电流时，电磁铁在无短路环的磁极内产生磁通 Φ_1，在带短路环的磁极内产生磁通 Φ_2，两个磁通作用于铝盘，产生转矩 M_1，使铝盘转动。铝盘转动切割永久磁铁产生的磁通，在铝盘上产生涡流，而涡流与永久磁铁的磁通作用，又产生一个与转矩 M_1 方向相反的制动力矩 M_2，如图 3–8 所示。当通过继电器线圈中的电流增大到继电器的动作电流时，在 M_1 和 M_2 的作用下，铝盘受力增大，克服弹簧阻力，框架顺时针偏转，铝盘前移，使蜗杆与扇形齿轮啮合，这称为继电器的感应系统动作。

由于铝盘的转动，扇形齿轮沿着蜗杆上升，最后使继电器触头闭合，同时信号牌掉下，从观察孔中可以看到红色的信号指示，表示继电器已动作。从继电器感应系统动作到触头闭合的时间就是继电器的动作时限。

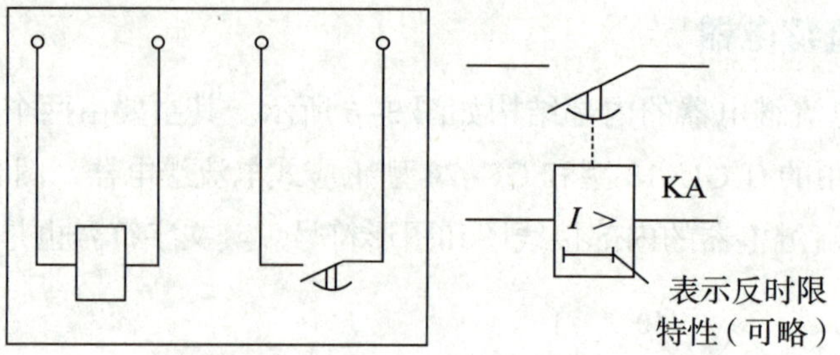

（a）内部接线图　　（b）图形符号

图 3-7　GL-10 型、GL-20 型感应式电流继电器的内部接线图和图形符号

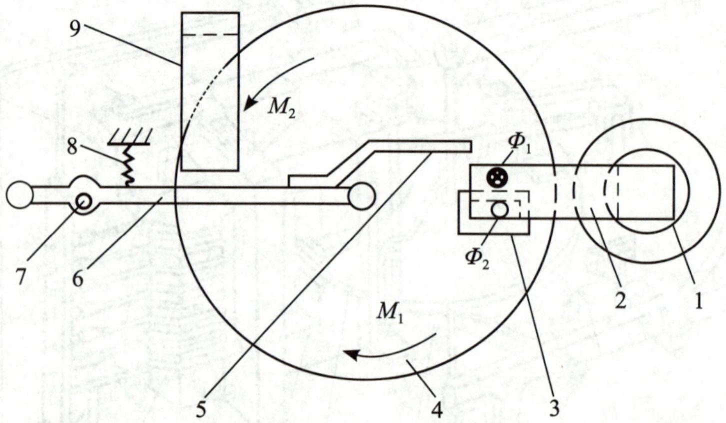

1- 线圈；2- 电磁铁；3- 短路环；4- 铝盘；5- 钢片；6- 铝框架；7- 轴；8- 调节弹簧；9- 制动永久磁铁。

图 3-8　GL 型感应式电流继电器铝盘受力示意图

继电器线圈中的电流越大，铝盘转速越快，扇形齿轮的上升速度也就越快，因此动作时限越短。这就是感应式电流继电器的反时限特性，如图 3-9 曲线中的 *ab* 段所示。

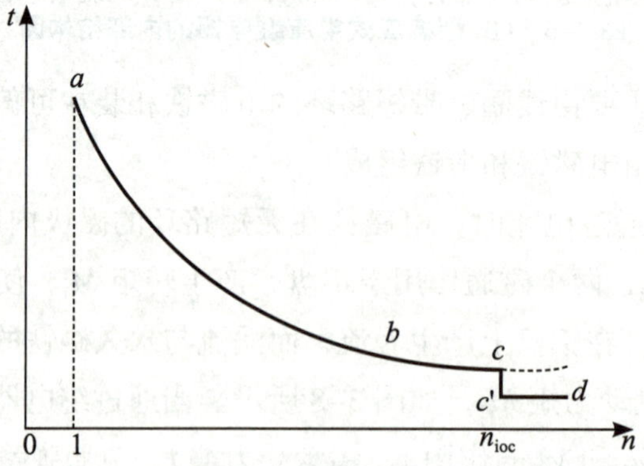

图 3-9　GL 型感应式电流继电器的动作特性曲线

当继电器线圈中的电流继续增大时，电磁铁中的磁通逐渐达到饱和，作用于铝盘的转矩不再增大，使继电器的动作时限基本不变。这一阶段的动作特性称为定时限特性，如图 3-9 曲线中的 *bc* 段所示。

当继电器线圈中的电流进一步增大到继电器的速断电流整定值时，电磁铁瞬时将衔铁吸下，触头闭合，同时也使信号牌掉下。这是感应式电流继电器的速断特性，如图 3–9 曲线中的 $c'd$ 段所示。继电器电磁系统的速断动作电流与继电器的感应系统动作电流之比，称为速断电流倍数，用 n_{ioc} 表示。

感应式电流继电器有一定限度的反时限动作特性，称为有限反时限特性。其特性曲线如图 3–9 所示。

综上所述，感应式电流继电器具有前述电磁式电流继电器、电磁式时间继电器、电磁式信号继电器、电磁式中间继电器的功能，从而使继电保护装置使用的元件少、接线简单，在供配电系统中得到广泛应用。

继电器的动作电流可用动作电流调节插销改变线圈抽头（匝数）进行级进调节；也可用调节弹簧的拉力进行平滑调节。继电器的动作时限可用时限调节螺杆改变扇形齿轮顶杆行程的起点来进行调节。继电器的速断电流倍数可用速断电流调节螺钉改变衔铁与电磁铁之间的气隙来进行调节。

3.2.2 常见电子元器件及开发工具

1. 电阻

电阻对电流有阻碍作用，就像输水的管路对水流有阻碍作用一样，管道越细，水流动的阻力就越大。电阻也是一样，电阻越大，电流就越小，电阻在电路中起限流、分压等作用。电阻上的电压、电流和电阻符合欧姆定律，电气控制电路中常用某类电路来得出分压值。

大功率电阻的主要用途有用串电阻方式来启动电动机、作为变频器和伺服控制器的制动电阻、制作工业加热炉等。电阻的主要参数是电阻值、功率、精度和温变系数等。

有一些电阻对光、某种气体或电压等较敏感，电阻值同时会发生相应的变化。对光和气体敏感的电阻常用于测光和测气体的传感器分别称为光敏电阻、气敏电阻。对电压敏感的电阻，称为压敏电阻，它的特性是电压高于某一值时，电阻会瞬间短路，将电荷放掉，这类电阻和熔断器配合常用于保护内部电路，防止外部高电压对内部电路的损伤。

常见电阻有金属膜、碳膜、氧化膜、绕线、玻璃釉、水泥、贴片、无感、光敏、压敏、热敏、气敏、熔断等不同类型。

2. 电容、电感

电容能存储电荷，就像水池能储存水一样，电容上的电压不会突变。电容的主要参数是电容值、耐压、漏电系数、温度系数等。电容有独石、云母、聚乙酯膜、陶瓷、钽、铝电解、金属化聚丙烯薄膜、金属化聚碳酸酯、贴片等不同种类。

电感有的是用空心线圈制成的，也有的是将线圈缠在其他磁性材料上制成的。电感和电容可以组成 LC 振荡电路，由于电感中流过的电流不能突变，所以电感在电路中也常被用于消除高频干扰，在变频器中用直流电抗器进行续流。一般情况下，电感的应用场合不如电容和电阻的多。

电感有色环（码）电感、可调电感、滤波电感、空心电感、屏蔽电感、扼流线圈、固定电感、贴片电感、磁珠电感、表面安装电感等。

3. 二极管

二极管的作用像供水管路中的单向阀，单向阀只允许水向一个方向流动，当水反向流动时它的阀板由于重力（或弹簧等其他力量）就关闭。二极管对于电流也有单向导通作用。二极管其实就是一个 P/N 结，它允许电流从 P（正）端流向 N（负）端，电流可以顺箭头所指方向流过，二极管的压降约为 0.3 V（锗管）和 0.7 V（硅管）。

二极管反向不导通，但是当反向电压高于某一值时，会发生反向雪崩击穿，利用二极管的这一特性可以做成稳压管。稳压二极管的作用是将不稳定的电压经过电阻和稳压二极管后变为稳定的电压输出，在电路中常用作稳定的供电电源或是电压基准。发光二极管的作用是通电后发光。

二极管的主要参数是最大电流、耐压系数、最高工作频率、正反电阻、压降、稳压值、发光颜色等。二极管的种类有检波、整流、开关、稳压、快恢复、发光、光敏、激光等不同类型。常用小功率二极管的型号有 1N4001–1N4007、F4001–UF4007、1N4148 等。

4. 晶体管

晶体管在电路中主要起放大（反相或驱动）作用，它的主要参数有放大倍数、耐压、最大电流、放高工作频率等。晶体管类似于管道上的按压式冲水阀（或液压千斤顶），让人用很小的力，就可以控制输出一个较大的力。晶体管有 NPN 型和 PNP 型之分，P 是 positive（正）的缩写，N 是 negative（负）的缩写。

5. 三端稳压器

三端稳压器是由很多电阻、二极管和晶体管组成的集成电路，它的主要作用就是将输入的直流电压变为一个稳定的输出电压，三端中的一个端为输入端、一个端为输出端、另一个端为公共地端。

6. 数码管

数码管由多个发光二极管按照阿拉伯数字“8”的形状排列组成。数码管有共阴极和共阳极之分，颜色有红、绿、黄、蓝等不同种类。

7. 放大器

放大器是由多个电阻、二极管和晶体管组成的集成电路，它的主要作用是将输入信号放大。

8. 与门

与门电路是数字电路中的基本单元之一，它是由很多电阻、二极管和晶体管组成的集成电路。

9. 或门和异或门

或门电路是数字电路的基本单元之一，它也是由很多电阻、二极管和晶体管组成的集成电路。异或门电路同样是数字电路中重要的基本逻辑单元，它是由半导体器件构成的电路。异或门电路的逻辑特点是：当两个输入端的电平相异（一个为高电平，另一个为低电平）时，输出为高电平（逻辑 “1”）；当两个输入端的电平相同（都为高电平或都为低电平）时，输出为低电平（逻辑“0”）。

10. 非门

非门（反相门）电路是数字电路的基本单元之一，由电阻、晶体管等半导体元件组成。非门电路的逻辑功能十分独特，它只有一个输入端和一个输出端，其逻辑关系是输出信号与输入信号的电平状态完全相反。

11. 触发器

触发器有 D 和 JK 等几种形式，它是数字电路的基本单元之一。

12. A/D 转换器

A/D 转换器（模 / 数转换器）用于将模拟信号转换成数字信号（二进制信号），A/D 转换器转换为二进制的位数决定了它的分辨率，如把 0 ～ 5 V 信号转换成 8 位数字二进制信号，也就是转换成 0 ～ 255，如转换成 10 位二进制数则为 0 ～ 1 023，显然位数越高精度也越高。为了减少 A/D 转换器的引脚数，有用串行方式输出的二进制数据的 A/D 转换器，还有可以直接输出十进制的 8 421 码的 A/D 转换器（如万用表上的 A/D 转换器 7106）。

13. D/A 转换器

D/A 转换器（数 / 模转换器）用于将数字电路的二进制信号转换成模拟信号输出，它与 A/D 转换器的原理相反。D/A 转换器的分辨率有 8 位、10 位、12 位、14 位等，分辨率越高，其 D/A 转换输出的模拟信号就越精细，精度也就越高。

14. 存储器

存储器是专门用于存放程序和数据的器件，它有很多种类，包括随机存储器（random access memory，RAM）、可擦可编程只读存储器（erasable programmable read-only memory，EPROM）（紫外光擦除）、电擦除可编程只读存储器（electrically-EPROM，EEPROM）、闪存（flash memory，Flash）、只读存储器（read-only memory，ROM）等。

它的主要参数有存储容量（16 KB，64 KB 等）、读写方式（并行或串行）、存储位数（1 位、8 位、16 位等）、存储速度等。RAM 的读写速度快，但是掉电后内容无法保存；ROM 存储器只能在线读取数据或程序，必须在出厂时定制；Flash 的读取方便且速度也较快。

15. 单片机系统及开发设备

单片机可以按照预先编好的程序，能完成诸如数据输入、复杂运算、数据显示、动作输出等功能。它可以接收外围器件的模拟信号输入、显示数据到外围显示器件、接收按键指令、输出模拟信号、接收开关量信号、输出开关量信号等。以单机片控制为中心的设备开发，需要用专门的单片机开发设备对其进行编程调试，形成完整的单片机产品，如比例–积分–微分（proportional–integral–differential，PID）控制器、数据显示仪等。

16. 电路绘图及制板软件

具有一定功能的电路，是由电子元器件在印制电路板上焊接后连在一起来实现的。用于绘制电子线路图和设计印制电路板的最常用软件是 Protel。用 Protel 软件进行电子电路绘图时，先从元器件库中把所要使用的元器件调入画面，并选定好封装形式、输入数值或标记，然后将各引脚根据设计的电子电路连接好，最后形成网点图。用 Protel 软件绘制印制电路板设计图时，先画出印制电路板的尺寸，再将设计的电子电路的网点图及所用到的电子元器件调入该印制线路板，将元器件在该印制电路板上做一个基本布局，选择在哪个面上布线，在哪个面上布件，是单面、双面还是多面等，然后可以选择人工布线或自动布线方式进行布线操作，布完线可以让 Protel 软件将电子电路图和制板图做一个对比检查，看有无错误。在丝网印刷层写好附加信息（如编号、公司等），最后，可以将设计好的印制线路板电子文档发送到专门的制板厂加工即可。

任务 3.3　常用动力设备研究

任务描述

某个大型工厂的生产线突然停止运作，导致生产中断。小明迅速赶到现场，发现故障可能是由电动机过载或变压器故障引起的。此时，小明需要迅速判断故障原因，采取有效的措施恢复生产。同时，小明有了若干问题：动力设备的常见类型有哪些？如何判断和排除动力设备的故障？

任务分析

在现代电气控制系统中，动力设备是确保系统正常运行的关键部件。这些设备不仅能够提供必要的动力，还能有效地控制和保护系统中的各个部分。本任务主要介绍常用的动力设备，包括电动机、变压器和电磁阀，探讨它们的工作原理、分类及其在实际工程中的应用。

任务实施

在现代电气控制系统这个复杂而精密的体系中，动力设备如同整个系统的“心脏”，源源不断地为其注入活力，推动着系统的稳定运行。这些动力设备种类繁多且功能各异，它们相互协作、彼此配合，共同保障着系统的正常运转。在众多动力设备中，电动机、变压器和电磁阀是典型代表，它们各自发挥着独特且关键的作用。

3.3.1 电动机

电动机作为自动化领域中最为普遍的动作执行装置，一旦接入适当的电源，便能进行旋转运动。根据供电电源的不同，电动机可划分为直流电动机与交流电动机两大类。在早期，由于直流电动机的调速方法较为简单且调速性能优良，其在工业调速领域占据了主导地位。然而，随着电力电子技术的迅猛发展，交流调速技术已达到成熟阶段。鉴于直流电动机的碳刷存在磨损和打火问题，容易导致故障，因此近年来直流电动机正逐步被交流电动机替代。不过在很多小型的电子装置中，直流电动机仍发挥着主要作用，如录音机、录像机、照相机等。常见的普通交流电动机有单相和三相之分。交流电动机的工作电压有很多种，在我国多数为 AC 220 V、AC 380 V、AC 6 kV、AC 10 kV 等。交流电动机的主要参数为额定工作电压、额定输出功率、防保等级（潜水、防水等）等。交流电动机的外形因功率和使用场合的不同差异较大。

转子速度低于定子旋转磁场速度的交流电动机叫异步电动机，转子速度等于定子旋转磁场速度的交流电动机叫同步电动机。伺服电动机主要用于需要精密同步和控制的场合，它的主要特点是精度高、响应快、全速度范围提供额定转矩。变频调速电动机可以长时间低速运行，特点是低速时仍可以提供较大的转矩，使它优于普通交流电动机。步进电动机每次动作都转过一个固定角度，优点是不需要反馈、控制简单且可以直接定位，缺点是高速运转时力矩变小。能直接进行直线运动的电动机叫直线电动机，它不再需要将旋转运动通过机械变为直线运动，而且体积小、精度高。

3.3.2 变压器

变压器由绕在特制铁芯上的几组线圈组成，根据用途不同可分为电力变压器、自耦减压变压器和控制变压器等。常见变压器有单相变压器和三相变压器。也有一种类似于变压器的装置叫电抗器，它利用电感线圈中的电流不能突变的原理，提供续流和稳流作用。在变频器应用中，有时需要在电源输入侧串接输入电抗器以减少变频器产生的谐波对电网的干扰；在变频器的中间直流环节可串接直流电抗器以提高功率因数；在电动机的输出侧可串接输出电抗器以减少变频器产生的谐波对大地形成的位移电流漏电效应，延长变频器到电动机之间的使用距离。

自动化控制领域常用的变压器为控制变压器和自耦减压变压器。控制变压器用于为控制电路或装置提供低压电源或提供抗干扰隔离电源，其输入电压和输出电压之比等于输入线圈匝数与输出线圈匝数之比。它的主要参数为额定功率、输入电压和输出电压等，常用的输出电压为 AC 6 V、AC 12 V、AC 24 V 和 AC 36 V 等。当用作抗干扰隔离变压器时，其输入电压和输出电压相等，不过请注意，隔离后的输出侧如果没有实施一端接地，电压就不再有零线、相线之分，接任何一根输出线都不会触电。自耦减压变压器是通过缠在铁芯上的同一组线圈在不同处的抽头来实现升压或降压的，不过在自动化领域应用较多的是启动电动机用的三相自耦减压变压器，多数三相自耦减压变压器有 65% 和 85% 两组减压抽头。其主要参数为功率。自耦减压变压器的工作制一般为短时工作制，时间太长就会因发热而烧毁，在日常使用中一定要注意这一点。

3.3.3 电磁阀

电磁阀是一种控制液体或气体通断的装置，通电后电磁阀动作，断电后恢复原状态。电磁阀分为通电关闭和通电打开两种，这主要是从安全角度考虑的，有些控制过程要求突然断电时，要把介质关断（如煤气）才行，而另一些控制过程可能要求突然断电后打开才安全，当要求对多路气体或液体进行通断控制时，就要用多位多通电磁阀。

1. 电动调节阀

电动调节阀与电磁阀的不同在于电动调节阀阀门的打开角度可以控制，而不只是简单的通和断。带有阀门定位器的电动调节阀在控制系统中可以用标准信号（0 ～ 5 V，4 ～ 20 mA）等进行阀门的开度控制，不带阀门定位器的电动阀，利用阀门电动机的正反转及阀门开度反馈信号来控制阀门的开度。气动调节阀利用压缩空气为动力控制阀门的开关，有气开和气关两种，气开和气关功能的选择主要依据的是因意外原因而突然断气后系统的安全性要求，如煤气控制阀可能多数情况下选气开是安全的，这样在突然断气后阀门关闭使得煤气系统更安全，气开和气关的选择会影响控制器控制作用的正反选择。

2. 电线

一般电控柜内的控制电路（也叫二次线路）多用截面积为 0.3 ～ 1.5 mm^2 的电线连接。电动机主电源线路（也叫主电路或动力线路）根据线路工作电流的大小选择相应截面积的电线，电流太大时，因电线走线不方便，在电控柜内用铜（或铝）排代替动力电线，为便于检查相线的对错，三相电源线 A、B、C 在柜内按上中下、左中右、后中前布置，A、B、C 相对应的色标为黄、绿、红。控制柜到电动机的电线多用动力电缆，线径粗大，一般为三芯或四芯，相间绝缘较厚，外侧有金属铠甲保护。

3. 接线端子

当电控柜需要同柜外装置、远端控制盘或柜门上的元器件连接时，多数情况下，外边的电线不是直接接到内部元器件上，而是先将柜内需要外接的接点连接到端子上，再从端子上与外界元器件连接。

任务 3.4　常用传感器研究

任务描述

小强负责管理一家现代化智能工厂的生产线。一天，他接到生产主管的紧急电话，告知某条自动化生产线突然停止运作，导致生产中断。他迅速赶到现场，发现生产线上的一个关键设备停止了工作。经过初步检查，他初步判断是某个传感器检测到的数据异常导致设备停机。为了尽快恢复生产，他需要迅速判断传感器的工作状态，并采取有效的措施排除故障。

任务分析

在现代自动化控制系统中，传感器是实现精确控制和监测的关键设备。它们能够实时采集各种物理量和化学量，并将其转换为电信号，供控制系统处理和决策。本任务主要介绍常用的传感器，探讨它们的工作原理、分类及其在实际工程中的应用。

任务实施

在现代自动化控制系统的运行过程中，各类信息的准确获取是实现精准控制与高效监测的基石。而传感器，作为这一信息获取环节的核心载体，其重要性不言而喻。它就像系统敏锐的“感知触角”，深入生产生活的各个角落，实时捕捉周围环境中丰富多样的信息。

3.4.1 传感器的组成和分类

在工业企业中，为了保证生产安全、产品质量和实现生产过程自动化，必须用检测装置来准确而及时地测定各种工艺参数，传感器就是检测装置的关键器件。《传感器通用术语》（GB/T 7665—2005）对于传感器做了如下定义："能感受被测量并按照一定规律转换成可用输出信号的器件或装置，通常由敏感元件和转换元件组成。"在不同的技术领域中，传感器一类的器件还有其他的名称，例如，在电子技术领域，通常把能感受信号的电子元器件称为敏感元件，如热敏元件、磁敏元件、光敏元件及气敏元件；在超声波技术领域中则更强调能量转换，如压电式换能器等。而"传感器"是使用最为广泛的名称。

上面已经说明了传感器是由敏感元件和转换元件组成的，其中，敏感元件是指传感器中能直接感受或响应被测量的部分；转换元件是指传感器中将敏感元件感受或响应的被测量转换成适于传输或测量的电信号部分。由于敏感元件的输出信号一般都很微弱，因此需要有信号调理与转换电路对其进行放大、运算调制等。随着半导体器件与集成技术在传感器中的应用，传感器的信号调理与转换电路可能安装在传感器的壳体里或与敏感元件一起集成在同一芯片上。此外，信号调理与转换电路以及传感器工作必须有辅助的电源，因此，信号调理转换电路以及所需的电源都应作为传感器组成的一部分。

传感器技术是一门知识密集型技术，它与许多学科相关。传感器的工作原理各种各样，其种类和分类方法十分繁多，但目前一般采用两种分类方法：一是按被测参数分类，如温度、压力、位移、速度等；二是按传感器的工作原理分类，如应变式、电容式、压电式、磁电式等。本任务是按后一种分类方法来介绍各种传感器，而在工程应用上则是根据被测参数种类来选择传感器的。对于初学者和使用传感器的工程技术人员来说，应先从工作原理出发，了解各种各样传感器，然后根据工程实际需要进行原理的选择和使用。

3.4.2 传感器的基本特性

在生产过程和科学实验中，要对各种各样的参数进行检测和控制，这就要求传感器能感受被测参数的变化并将其不失真地变换成相应的电量，这不仅要求敏感元件对所测参数的变化有足够的灵敏度，而且还要求它尽可能少受环境因素的影响。也就是说，敏感元件的输出量最好与输入量有单值对应关系（单值函数）。为了掌握传感器的基本特性，需要从静态和动态两个方面进行考察。

1. 传感器的静态特性

传感器的静态特性是指被测量的值处于稳定状态时的输出输入关系。只考虑传感器的静态特性时，输入量与输出量之间的关系式中不含有时间变量。衡量静态特性的重要指标是线性度、灵敏度、迟滞等。

（1）线性度

传感器的线性度是指传感器的输出与输入之间数量关系的线性程度。输出输入关系可分为线性特性和非线性特性。从传感器的性能看，希望具有线性关系，即具有理想的输出输入关系。但实际遇到的传感器大多为非线性，如果不考虑迟滞和蠕变等因素，传感器的输出输入关系可用一个多项式表示

$$y=a_0+a_1x+a_2x^2+\cdots+a_nx^n$$

式中　a_0——输入量 x 为零时的输出量；

a_1——线性项系数；

$a_2\cdots a_n$——非线性项系数。

各项系数不同，决定了特性曲线的具体形式各不相同。

静态特性曲线可通过实际测试获得。在实际使用中，为了标定和数据处理的方便，希望得到线性关系，因此引入非线性补偿环节。如采用非线性补偿电路或计算软件进行线性化处理，从而使传感器的输出与输入关系为线性或接近线性。但如果传感器非线性的方次不高，输入量变化范围较小时，可用一条直线（切线或割线）近似地代表实际曲线的一段，使传感器输出－输入特性线性化，所采用的直线称为拟合直线。实际特性曲线与拟合直线之间的偏差称为传感器的非线性误差（或线性度），通常用相对误差（γ_L）表示，即

$$\gamma_L=\pm\frac{\Delta L_{max}}{Y_{FS}}\times100\%$$

式中　ΔL_{max}——最大非线性绝对误差；

Y_{FS}——满量程输出量。

需要注意的是即使是同类传感器，拟合直线不同，其线性度也是不同的。选取拟合直线的方法很多，用最小二乘法求取的拟合直线的拟合精度最高。

（2）灵敏度

灵敏度（S）是指传感器的输出量增量（Δy）与引起输出量增量的输入量增量（Δx）的比值，即

$$S=\frac{\Delta y}{\Delta x}$$

对于线性传感器，它的灵敏度就是它的静态特性的斜率，而非线性传感器的灵敏度为一变量。

（3）迟滞

传感器在正（输入量增大）反（输入量减小）行程期间其输出－输入特性曲线不重合的现象称为迟滞。也就是说，对于同一大小的输入信号，传感器的正反行程输出信号大小不相等。这种现象主要是由传感器敏感元件材料的物理性质和机械零部件的缺陷造成的，如弹性敏感元件的弹性滞后、运动部件摩擦、转动机构的间隙、紧固件松动等。

迟滞大小通常由实验确定。迟滞误差可由下式计算：

$$\gamma_R = \pm \frac{1}{2}\frac{\Delta H_{\max}}{Y_{FS}} \times 100\%$$

式中 γ_R——迟滞误差；

$\Delta H_{\max}$——正反行程输出量间的最大差值；

Y_{FS}——满量程输出量。

2. 传感器的动态特性

传感器的动态特性是指其输出量对随时间变化的输入量的响应特性。当被测量随时间变化，是时间的函数时，则传感器的输出量也是时间的函数，其间的关系要用动态特性来表示。一个动态特性好的传感器，其输出量将再现输入量的变化规律，即二者具有相同的时间函数。实际上除了具有理想的比例特性外，输出信号将不会与输入信号具有相同的时间函数，这种输出量与输入量间的差异就是所谓的动态误差。

为了说明传感器的动态特性，下面简要介绍动态测温的问题。在被测温度随时间变化、传感器突然插入被测介质及传感器以扫描方式测某温度场的温度分布等情况下，都存在动态测温问题。如把一只热电偶从温度为 t_0 的环境中迅速插到一个温度为 t_1 的恒温水槽中（插入时间忽略不计），这时热电偶测量的介质温度从 t_0 突然上升到 t_1，而热电偶反映出来的温度从 t_0 变化到 t_1 需要经历一段时间，即有一段过渡过程。热电偶反映出来的温度与介质温度之间的差值就称为动态误差。

造成热电偶输出波形失真和产生动态误差的原因，是温度传感器有热惯性和传热热阻，这使得在动态测温时传感器输出总是滞后于被测介质的温度变化。如带有套管的热电偶的热惯性要比裸热电偶大得多，这种热惯性是热电偶固有的。这种热惯性决定了热电偶在测量快速变化的温度时会产生动态误差。影响动态特性的固有因素任何传感器都有，只不过它们的表现形式和作用程度不同而已。

动态特性除了与传感器的固有因素有关之外，还与传感器输入量的变化形式有关。对于正弦波输入信号，传感器的响应称为频率响应或稳态响应；对于阶跃输入信号，则称为传感器的阶跃响应或瞬态响应。

3.4.3 传感器与变送器

由于电量最便于传输、转换、处理和显示，因此大部分传感器输出信号都是电量，如电压、电流、电阻、电感、电容、频率等。对于某种传感器而言，采用哪一种电量作为输出量是由其工作原理和电路结构决定的。为了便于把不同的传感器组成检测和控制系统，需要对传感器输出信号的物理量形式和数值范围做出统一的规定，这就可以给传感器和检测显示仪表的互换性和兼容性带来极大的方便。当前国际通用的标准信号是直流电流 4～20 mA

或直流电压 1 ～ 5 V（空气压力信号为 20 ～ 100 kPa）。采用直流信号的优点是传输过程中容易与交流干扰相区分，而且不受传输线的电感、电容和负载性质的影响，不会产生相位移的问题，适用于信号的远距离传送。采用这种标准时，以 4 mA 或 1 V 表示零信号，这种被称为“活零点”的安排有利于识别检测装置断电、断线故障，而且变送器与检测装置之间的连接只需要两根导线，安装维修更加方便。如果用零电流表示零信号，由于信号为零时变送器内部总要消耗一定的电流，就不能采用“两线制”的连接方式。

变送器是从传感器发展而来的，凡能输出标准信号的传感器就称为变送器。输出非标准信号的传感器可以通过转换器变换为标准信号，如频率转换器能把交流频率或脉冲频率转换为直流 4 ～ 20 mA 信号；采用电－气转换器也可以将电流信号转换为气压信号，用来控制气动调节器。当前变送器产品的品种增加很快，对自动控制技术的发展有很大的推动作用。

还应指出，需要连续检测或控制某个工艺参数时，就必须采用连续作用的传感器和变送器，而连续作用的传感器和变送器又可分为模拟式及数字式两大类，目前大多数传感器及变送器是模拟式的，用计算机采集数据时必须经过 A/D 转换器件将模拟量转换为数字量。

3.4.4 应变式传感器

电阻应变式传感器是利用电阻应变片将机械变形转换为电阻变化的传感器，由在弹性元件上粘贴电阻应变敏感元件构成。当被测物理量作用在弹性元件上时，弹性元件的变形引起电阻应变敏感元件的阻值变化，通过转换电路将其转变成电量输出，电量变化的大小反映了被测物理量的大小。应变式电阻传感器是目前测量力、力矩、压力、加速度、质量等参数最常用的传感器。

1. 工作原理

电阻应变片的工作原理是应变效应，即在导体产生机械变形时，它的电阻值相应发生变化。一根金属电阻丝，在未受力时，原始电阻值为

$$R=\frac{\rho_L}{S}$$

式中　ρ——电阻丝的电阻率；

L——电阻丝的长度；

S——电阻丝的截面积。

当电阻丝受到拉力 F 的作用时，将伸长 ΔL，横截面积相应减小 ΔS，电阻率将因晶格发生变形等因素而改变 ΔR，故引起的电阻值的相对变化量为

$$\frac{\Delta R}{R}=\frac{\Delta L}{L}-\frac{\Delta S}{S}+\frac{\Delta\rho}{\rho}$$

式中　$\Delta L/L$——长度相对变化量，用应变 ε 表示为

$$\varepsilon = \frac{\Delta L}{L}$$

$\Delta S/S$——圆形电阻丝的截面积相对变化量，即

$$\frac{\Delta S}{S} = \frac{2\Delta r}{r}$$

由材料力学可知，在弹性范围内，金属丝受拉力时，沿轴向伸长，沿径向缩短，那么轴向应变和径向应变关系可表示为

$$\frac{\Delta r}{r} = -\mu\frac{\Delta L}{L} = -\mu\varepsilon$$

式中　μ——电阻丝材料的泊松比；

负号——应变方向相反。

根据以上公式，可得

$$\frac{\Delta R}{R} = (1+2\mu)\varepsilon + \frac{\Delta\rho}{\rho}$$

或

$$\frac{\frac{\Delta R}{R}}{\varepsilon} = (1+2\mu) + \frac{\frac{\Delta\rho}{\rho}}{\varepsilon}$$

通常把单位应变引起的电阻值变化称为电阻丝的灵敏度系数，其物理意义是单位应变所引起的电阻相对变化量，其表达式为

$$K = (1+2\mu) + \frac{\frac{\Delta\rho}{\rho}}{\varepsilon}$$

灵敏度系数受两个因素影响：一个是受力后材料几何尺寸的变化，即（$1+2\mu$）；另一个是受力后材料的电阻率发生的变化，即（$\Delta\rho/\rho$）$/\varepsilon$。对金属材料电阻丝来说，灵敏度系数表达式中前者的值要比后者大得多，而半导体材料则恰恰相反。大量实验证明，在电阻丝拉伸极限内，电阻的相对变化与应变成正比，即 K 为常数。

用应变片测量应变或应力时，在外力作用下，被测对象产生微小机械变形，应变片随之发生相同的变化，同时应变片电阻值也发生相应变化。当测得应变片电阻值变化 AR 时，便可得到被测对象的应变值。根据应力与应变的关系，得到应力值为

$$\sigma = E\varepsilon$$

式中　σ——试件的应力；

ε——试件的应变；

E——试件材料的弹性模量。

由此可知，应力值，正比于应变，而试件应变正比于电阻值的变化，所以应力正比于电阻值的变化，这就是利用应变片测量应变的基本原理。

2. 电阻应变片特性

（1）电阻应变片的种类

电阻应变片品种繁多，形式多样，但常用的应变片分为两类：金属电阻应变片和半导体电阻应变片。

金属电阻应变片由敏感栅、基片、理盖层和引线等部分组成。敏感栅是应变片的核心部分，它粘贴在绝缘的基片上，其上再粘贴起保护作用的覆盖层，两端焊接引出导线。金属电阻应变片的敏感栅有丝式、箔式和薄膜式 3 种。箔式应变片是利用光刻、腐蚀等工艺制成的一种很薄的金属箱栅，其厚度一般为 0.003 ～ 0.01 mm。其优点是散热条件好，允许通过的电流较大，可制成各种所需的形状便于批量生产。薄膜应变片是采用真空蒸发或真空沉淀等方法在薄的绝缘基片上形成 0.1 μm 以下的金属电阻薄膜的敏感栅，最后再加上保护层。它的优点是应变灵敏度系数大，允许电流密度大，工作范围广。

半导体电阻应变片是用半导体材料而制成的，其工作原理是基于半导体材料的压阻效应，所谓压阻效应，是指半导体材料在某一轴向受外力作用时，其电阻率发生变化的现象。半导体电阻应变片突出优点是灵敏度高，比金属丝式高 50 ～ 80 倍，尺寸小，横向效应小，动态响应好。但它有温度系数大，应变时非线性比较严重等缺点。

（2）横向效应

当将应变片粘贴在被测试件上时，由于其敏感栅是由 n 条长度为 l_1 的直线段和 n–1 个半径为 r 的半圆组成，若该应变片承受轴向应力而产生纵向拉应变时，则各直线段的电阻将增加。圆弧段电阻的变化将小于沿轴向安放的同样长度电阻丝电阻的变化。

综上所述，将直的电阻丝绕成敏感栅后，虽然长度不变，应变状态相同，但由于应变片敏感栅的电阻变化较小，因而其灵敏系数 K 较电阻丝的灵敏系数 K_0 小，这种现象称为应变片的横向效应。

当实际使用应变片的条件与其灵敏系数 K 的标定条件下不同时，由于横向效应的影响，实际 K 值要改变，如仍按标称灵敏系数来进行计算，可能造成较大误差。当不能满足测量精度要求时，应进行必要的修正。为了减小横向效应产生的测量误差，现一般采用箔式应变片。

3. 电阻应变片的测量电路

由于机械应变一般都很小，要把微小应变引起的微小电阻变化测量出来，同时要把电阻相对变化值转换为电压或电流的变化。因此需要有专用测量电路，用于测量应变变化而引起电阻变化，通常采用直流电桥或交流电桥。

为了减小和克服非线性误差，常采用差动电桥。在试件上安装两个工作应变片，一个受拉应变，另一个受压应变，接入电桥相邻桥臂，称为半桥差动电路；若将电桥四臂接入四片应变片，即两个受拉应变，两个受压应变，将两个应变符号一同接入相对桥臂上，这就构成全桥差动电路。

3.4.5 电感式传感器

利用电磁感应原理将被测非电量如位移、压力、流量、振动等转换成线圈自感量 L 或互感量 M 的变化，再由测量电路转换为电压或电流的变化量输出，这种装置称为电感式传感器。

电感式传感器具有结构简单，工作可靠，测量精度高，零点稳定，输出功率较大等优点。其主要缺点是灵敏度、线性度和测量范围相互制约，传感器自身频率响应低，不适用于快速动态测量。这种传感器能实现信息的远距离传输、记录、显示和控制，在工业自动控制系统中被广泛采用。

电感式传感器种类很多，这里主要介绍变磁阻式、差动变压器式和电涡流式 3 种传感器。

1. 变磁阻式传感器

（1）工作原理

变磁阻式传感器的结构由线圈、铁心和衔铁 3 部分组成。铁心和衔铁由导磁材料（如硅钢片或坡莫合金）制成，在铁心和衔铁之间有气隙，气隙厚度为 δ，传感器的运动部分和衔铁相连。当衔铁移动时，气隙厚度 δ 发生改变，引起磁路中磁阻变化，从而导致电感线圈的电感值变化。因此只要能测出这种电感量的变化，就能确定衔铁位移量的大小和方向。

例如，设电感传感器初始气隙为 δ_0，初始电感量为 L_0，铁位移引起的气隙变化量为 $\Delta\delta$，L 与 δ 之间是非线性关系。

由此可见，变间隙式电感传感器的测量范围与灵敏度及线性度相矛盾，所以变间隙式电感式传感器用于测量微小位移时是比较精确的。为了减小非线性误差，实际测量中采用差动变隙式电感传感器。

差动变隙式电感传感器由两个相同的电感线圈和磁路组成。测量时，衔铁通过导杆与被测位移量相连，当被测体上下移动时，导杆带动衔铁也以相同的位移上下移动，使两个磁回路中磁阻发生大小相等、方向相反的变化；导致一个线圈的电感量增加，另一个线圈的电感量减小，形成差动形式，其灵敏度可以提高一倍，线性度也得了明显改善。

（2）变磁阻式传感器的应用

电感的变化通过电桥电路转换成电压输出。由于输出电压与被测压力之间成比例关系，只要用检测仪表测量输出电压，即可得知被测压力的大小。

2. 差动变压器式传感器

把被测的非电量变化转换成线圈互感量变化的传感器称为互感式传感器。这种传感器是根据变压器的基本原理制成的，并且两次绕组都用差动形式连接，故称差动变压器式传感器。

差动变压器式传感器结构形式较多，有变隙式、变面积式和螺线管式等，但其工作原理基本一样。非电量测量中，应用较多的是螺线管式差动变压器，它可以测量 1～100 mm 范围内的机械位移，并具有测量精度高、灵敏度高、结构简单、性能可靠等优点。

差动变压器式传感器可以直接用于位移测量，也可以测量与位移有关的任何机械量，如振动、加速度、应变、张力和厚度等。

3. 电涡流式传感器

根据法拉第电磁感应原理，把块状金属导体置于变化的磁场中或在磁场中作切割磁力线运动时，导体内将产生呈涡旋状的感应电流，故此电流叫作电涡流，以上现象称为电涡流效应。

根据电涡流效应制成的传感器称为电涡流式传感器。按照电涡流在导体内的贯穿情况，此传感器可分为高频反射式和低频透射式两类，但基本工作原理一样。

电涡流式传感器特点是能对位移、厚度、表面温度、速度、应力、材料损伤等进行非接触式连续测量，另外还具有体积小，灵敏度高，频率响应宽等特点，应用极其广泛。

3.4.6 压电式传感器

压电式传感器的工作原理是基于某些介质材料的压电效应，是典型的有源传感器。当材料受到力的作用且变形时，表面会产生电荷，从而转变成电信号。压电式传感器具有体积小、质量轻、工作频带宽等特点，因此广泛用于各种动态力、机械冲击与振动的测量，以及组成电声器件、超声换能器件等。日常生活中的打火机、燃气点火器也使用了压电晶体材料。

1. 压电效应

当某些电介质沿着一定方向对其施力而使其变形时，电介质内部就产生极化现象，同时在它的两个表面上便产生符号相反的电荷，当外力去掉后，又重新恢复到不带电状态，这种现象称压电效应。当作用力方向改变时，电荷的极性也随之改变，这种机械能转为电能的现象，称为正压电效应。相反，当在电介质极化方向施加电场，这些电介质也会产生变形，这种现象称为逆压电效应（电致伸缩效应）。具有压电效应的材料称为压电材料，压电材料能实现机 - 电能量的相互转换。

在压电物质上施加恒定力时，它产生的电荷很快就会消失，因为这个力不能持续做功，当然也就不会继续发生能量转换，因此压电效应只能反映变动的力即动态的力。

2. 压电材料

最早发现压电效应的物质是沿某种晶向切割的天然石英片，但其价格较贵，压电系数也小，所以现在实际使用的是人工制造的压电陶瓷材料。它们的内部晶粒有许多自发极化电畴，有一定的极化方向，从而存在电场。在无外电场作用时，电畴在晶体中杂乱分布，它们的极化效应被相互抵消，导致压电陶瓷内极化强度为零。因此原始的压电陶瓷呈中性，不具有压电性质。

在陶瓷上施加外电场时，电畴的极化方向发生转动，趋向于按外电场方向的排列，从而使材料得到极化。外电场愈强，就会有更多的电畴完全地转向外电场方向。让外电场强度大到使材料的极化达到饱和程度，即所有电畴极化方向都整齐地与外电场方向一致时，去掉外电场后，电畴的极化方向基本不变，即剩余极化强度很大，这时的材料才具有压电特性。

极化处理后陶瓷材料内部仍存在很强的剩余极化，当陶瓷材料受到外力作用时，电畴的界限发生移动，电畴就会发生偏转，从而引起剩余极化强度的变化，因而在垂直于极化方向的平面上将出现极化电荷的变化。这种因受力而产生的从机械效应转变为电效应，将机械能转变为电能的现象，就是压电陶瓷的正压电效应。电荷量的大小与外力成正比关系为

$$q=d_{33}F$$

式中 d_{33}——压电陶瓷的压电系数；

F——作用力。

压电陶瓷的压电系数比石英晶体的大，所以采用压电陶瓷制作的压电式传感器的灵敏度较高。极化处理后的压电陶瓷材料的剩余极化强度和特性与温度有关，它的参数也随着时间变化，会使其压电特性减弱。

目前，使用较多的压电陶瓷材料是锆钛酸铅（PZT 系列），它是钛酸钡（$BaTiO_3$）和锆酸铅（$PbzrO_3$）组成的固溶体，具有较高的压电系数和工作温度。

3. 测量电路

由压电元件的工作原理可知，压电式传感器可以看作一个电荷发生器。同时，它也是一个电容器，晶体上聚集正负电荷的两表面相当于电容的两个极板，极板间物质等效为一种介质，则其电容量为

$$C_u=\frac{\varepsilon_r\varepsilon_0 A}{d}$$

式中 A——压电片的面积；

d——压电片的厚度；

ε_r——压电材料的相对介电常数。

因此，压电传感器可以等效为一个与电容相关联的电压源。电容器上的电压 U_a，电荷量 q 和电容量 C_a 三者关系为

$$U_a=\frac{q}{C_a}$$

此处应特别注意，压电传感器也可以等效为一个电荷源。

3.4.7 光电式传感器

光电器件是将光能转换为电能的一种传感器件，它是构成光电式传感器最主要的部件。

光电器件具有响应快，结构简单，使用方便，有相当高的可靠性，因而在自动检测、计算机和控制系统中应用广泛。

红外技术是近几十年发展起来的新兴技术之一，在科技、国防和工农业等领域得到了广泛应用。红外传感器主要用于下列方面。

（1）红外辐射计，常用于非接触测温。

（2）热成像系统，对某个区域进行扫描，形成红外辐射的分布图像。

（3）搜索和跟踪系统，对目标进行跟踪确定其空间位置。

（4）红外测距和通信系统。

光电器件工作的物理基础是光电效应。在光线作用下，物体的电导性能改变的现象称为内光电效应，如光敏电阻。在光线作用下，能使电子逸出物体表面的现象称为外光电效应，如光电管、光电倍增管。在光线作用下，能使物体产生一定方向的电动势的现象称为光生伏特效应，即阻挡层光电效应，如光电池、光敏晶体管。

下面主要介绍光敏电阻的原理和特性。

1. 光敏电阻工作原理

光敏电阻又称光导管，它是用半导体材料制成的光电器件。光敏电阻没有极性，纯粹是一个电阻器件，使用时可以加直流电压，也可以加交流电压。无光照时，光敏电阻值（暗电阻）很大，电路中电流（暗电流）很小。当光敏电阻受到一定波长范围的光照时，它的阻值（亮电阻）急剧减小，电路中电流迅速增大。

一般暗电阻越大越好，亮电阻越小越好，此时光敏电阻的灵敏度高。实际光敏电阻的暗电阻值一般在兆欧级，亮电阻在几千欧以下。光敏电阻是涂于玻璃底板上的一种薄层半导体物质，半导体的两端装有金属电极，金属电极与引出线端相连接，光敏电阻就通过引出线端接入电路。为了防止周围介质的影响，在半导体光敏层上覆盖了一层漆膜，漆膜的成分应使它在光敏层最敏感的波长范围内透射率最大。

2. 光敏二极管和光敏晶体管工作原理

光敏二极管的结构与一般二极管相似，它装在透明玻璃外壳中，其PN结装在管的顶部，可以直接受到光照射。光敏二极管在电路中一般是处于反向工作状态。在没有光照射时，反向电阻很大，反向电流很小，这种反向电流称为暗电流。

光生电子与光生空穴在PN结处的内电场作用下作定向运动，形成光电流。光的照度越大，光电流越大。因此光敏二极管在不受光照射时，处于截止状态，受光照射时，处于导通状态。

大多数光敏晶体管的基极无引出线，当集电极加上相对于发射极为正的电压而不接基极时，集电结就是反向偏压；当光照射在集电结上时，就会在结附近产生电子－空穴对，从而形成光电流，相当于晶体管的基极电流。由于基极电流的增加，因此集电极电流是光生电流的β倍，所以光敏晶体管有放大作用。

光敏二极管和光敏晶体管的材料是硅，在形态上，有单体型和集合型。集合型是一块基片上有两个以上光敏二极管，例如，光耦合器件，就是由光敏晶体管和其他发光元件组合而成的。

3. 光耦合器件

光耦合器件是由发光元件（如发光二极管）和光电接收元件合并使用，以光作为媒介传递信号的光电器件。光耦合器件中的发光元件通常是半导体的发光二极管，光电接收元件有光敏电阻、光敏二极管、光敏晶体管或光晶闸管等。根据其结构和用途不同，又可分为用于实现电隔离的光耦合器件和用于检测有无物体的光电开关。

光耦合器件是一个电量隔离转换器，它具有抗干扰性能和单向信号传输功能，广泛应用在电路隔离、电平转换、噪声抑制、无触点开关及固态继电器等场合。

4. 红外辐射测温装置

自然界的物体都会向外辐射能量，能量的大小主要取决于物体的温度。那些对波长可以无选择性地吸收和发射的物体称为“黑体”。对“黑体”而言，辐射的光谱取决于该物体的温度，“黑体”在不同的热力学温度下，向外发射的不同波长 λ 时的辐射强度 $M_{\lambda 1}$ 的曲线互不相交，这就意味着在每一个波长、辐射强度与温度之间的对应关系是确定的，通过测定辐射强度就可以确定该物体的温度。

根据斯蒂芬–玻尔兹曼定律，物体红外辐射的能量与它自身的热力学温度 T 的 4 次方成正比，并与比辐射率 ε 成正比，即

$$E=\delta \varepsilon T^4$$

式中 E——某物体在温度 T 时，单位面积和单位时间的红外辐射总能量；

δ——斯蒂芬–玻尔兹曼常数；

ε——比辐射率，即物体表面辐射本领与“黑体”辐射本领之比值，黑体的 $\varepsilon=1$；

T——物体的绝对温度。

黑体辐射特性曲线下面的面积表示总辐射能量，随着温度上升总辐射能量迅速增加，辐射峰值波长也向短波方向移动，按照维恩位移定律峰值波长计算。

红外辐射测温仪的种类很多，分类方法也有多种，目前市场供应的测温仪覆盖范围达 –40 ～ 3 000 ℃，但不同的测温仪实际测量范围是有限制的，通常把 900 ℃以上的测温仪称为高温测温仪；500 ～ 900 ℃为中温测温仪；500 ℃以下的为低温测温仪。不同温度段的仪表选用与之相适应的工作波长，通常高温段选用 1 ～ 2.2 μm；中温段选用 3 ～ 5 μm；低温段选用 8 ～ 14 μm 或 7 ～ 18 μm，按其使用方向分为下列 4 种类型。

（1）便携式辐射测温仪

便携式辐射测温仪是一种集测温和显示输出为一体的小型、轻便、可随身携带进行检测的仪器，在显示面板上显示出测量结果。这种仪器主要用于巡视检查各种设备的温度情况，发现异常可以及时做出处理，应用十分广泛。

（2）在线式辐射测温仪

在线式辐射测温仪通常固定安装在生产线上，进行关键部位的温度连续监测，为自动控制提供依据。在线式辐射测温仪输出方式很多，可以是 4 ～ 20 mA 电流输出，也可以是电压输出，还可以直接接热电偶分度输出，取代热电偶而不必更换二次仪表。在线式辐射测温仪采用数字量输出，经 RS232 或 RS485 与计算机控制网络连接，通过软件程序进行分析与控制。

在线式辐射仪由于安装在条件比较复杂的生产环境中，为了保证仪器能正常工作，需要选用适当的附件，如传感头、水冷套、空气吹扫器，以及各种安装支架、瞄准器等。

（3）扫描式红外测温仪

扫描式红外测温仪是固定安装的在线式辐射测温仪，用来监测在输送过程中的温度变化情况。测量时传感器对运动目标扫描 90° ，在两个极限位置之间测量多达 256 点温度数据，因而可以进行图像分析，广泛用于玻璃、塑料、冶金、水泥、造纸、纺织等工业部门进行产品质量监控。

（4）红外成像测温仪

红外成像测温仪集测温与成像功能为一体，具有高性能智能化的特点。当仪器现场对准目标时，在监视器上显示目标区域的热分析图，管理人员可以在目标上对某些点或面进行重点测温。

项目工单

【实训名称】

常用传感器的识别与基本操作

【实训目的】

1. 了解并识别温度传感器。

2. 学会正确连接和读取传感器的输出信号。

3. 了解温度传感器在实际工程中的应用场景。

【实训步骤】

步骤一：观察外观

观察热电偶和热电阻的外观和结构，了解它们的工作原理。

步骤二：连接传感器

（1）将热电偶的一端连接到实验板的输入端，另一端连接到电源。

（2）使用万用表测量热电偶的输出电压。

步骤三：读取和记录数据

（1）使用万用表读取每个传感器的输出电压，并记录下来。

（2）改变传感器的工作条件（如温度、压力、位移、速度），再次读取并记录数据。

步骤四：分析数据

（1）对比不同工作条件下传感器的输出数据，分析传感器的响应特性。

（2）讨论传感器在实际工程中的应用场景。

【实训工单】

请学生在实训过程中认真对待每一项任务，并根据考核评价表内容进行自我评价和相互评价，以便更好地了解自身在实训中的表现和进步空间。教师将根据实训表现给出最终评价。考核评价表如表 3–1 所示。

表 3–1　考核评价表

项目名称	评价内容	分值	评价分数		
			自评	互评	师评
职业素养考核项目（40%）	提前预习相关理论知识，准备好实验材料	10 分			
	积极参与实验操作和讨论，记录实验数据和结果	10 分			
	组内成员分工明确，互相配合，共同完成任务	10 分			
	严格遵守实验安全操作规程，确保实验安全	10 分			
专业能力考核项目（60%）	操作规范、准确，实验步骤清晰	10 分			
	数据记录完整、准确	10 分			
	分析合理、深入，能够结合实际应用	20 分			
	报告内容完整、逻辑清晰，格式规范	20 分			
合计：综合分数______自评（20%）+ 互评（20%）+ 师评（60%）		100 分			

项目小结

本项目主要介绍了自动化控制系统的硬件模块。首先介绍了传感器的定义、构成要素以及其在自动化控制系统中的关键作用；其次介绍了传感器通常由敏感元件和转换元件构成，包括信号调理与转换电路以及辅助电源；最后介绍了根据被测参数分类（如温度传感器、压力传感器、位移传感器等）和根据工作原理分类（如应变式传感器、电容式传感器、压电式传感器等）的传感器类型。通过本项目的学习，学生能够深入了解自动化控制系统的硬件模块。

课后练习

一、填空题

1. 熔断器通常由________和________两部分组成。

2. 电磁式继电器是应用最早也最多的继电器，按其输入信号性质可分为______、______和______3 种。

3. 热继电器根据复位方式又可分为______和______两种。

4. 供配电系统的______由各种保护继电器构成。

5. 根据供电电源的不同，电动机可划分为______与______两大类。

二、简答题

1. 什么是传感器？请列举 3 种常见的传感器类型。

2. 简述传感器的静态特性的概念。

项目 4　电气设备的选择

项目导读

电气设备的选择是供配电系统设计的重要内容，选择是否恰当将直接影响到整个系统的安全可靠运行。随着工业自动化程度的提高，电气设备不仅需要满足基本的工作要求和环境条件，还需要考虑对环境的影响。本项目旨在通过系统的学习和实践，掌握电气设备选择的基本原则和方法，确保供配电系统的高效、安全和环保运行。

学习目标

◎知识目标

1. 掌握电气设备选择的一般原则，包括但不限于安全性、可靠性、经济性和维护便利性。

2. 理解高压开关电器（如高压断路器、高压隔离开关、高压熔断器）的工作原理，及其在电力系统中的作用。

3. 掌握互感器（电流互感器和电压互感器）的功能、类型及选择方法。

4. 了解母线、支柱绝缘子和穿墙套管的选择依据及安装要求。

5. 掌握低压熔断器与低压断路器的选择标准及其在低压配电系统中的应用。

◎能力目标

1. 能够根据实际需求正确选择适合的电气设备，包括高压开关电器、互感器、母线及绝缘组件等。

2. 具备分析电气设备技术参数的能力，能够评估不同设备之间的优劣。

3. 能够进行简单的电气系统设计，合理规划电气设备的配置。

4. 具备解决电气设备选型过程中遇到的实际问题的能力，能够提出有效的解决方案。

5. 能够阅读并理解电气设备的技术手册和规范，准确获取所需信息。

◎素质目标

1. 培养学生严谨细致的工作态度，确保电气设备选择过程中的每一个步骤都符合标准和规范。

2. 增强学生团队合作意识，在电气设备选择和系统设计中能够与其他专业人员有效沟通协作。

3. 提升自我学习能力和创新能力，鼓励学生探索新的电气技术和产品。

4. 强化学生安全意识，认识到电气设备选择对保障人身安全和设备安全的重要性。

思政目标

1. 加强职业道德教育，使学生认识到作为电气工程师的社会责任，包括环境保护和节能减排等方面的责任。理解技术创新对于国家经济发展和社会进步的重要意义，激发学生的爱国情怀和民族自豪感。

2. 培养学生的法治观念，了解并遵守相关法律法规，确保电气工程项目的合法合规性。认识到诚信和公平竞争在职业生涯中的重要性。

任务 4.1　电气设备的选择原则

任务描述

在某大型商业综合体的建设过程中，由于设计初期对电气设备的选择疏忽，导致后期使用中频繁出现设备故障，不仅影响了商业活动的正常进行，还给商场带来了巨大的经济损失。这个案例告诉我们，电气设备的选择不仅仅是技术层面的问题，它直接关系到系统的安全性、可靠性和经济效益。因此，作为一名合格的电气工程师，必须掌握电气设备选择的基本原则，确保所选设备能够满足实际需求，避免类似事故的发生。

任务分析

电气设备种类繁多，技术参数复杂，如何在众多选项中做出合理的选择，成为了一项挑战。通过本任务的学习，帮助学生理解和掌握电气设备选择的基本原则，为后续的学习奠定基础。

任务实施

扫一扫

电气设备选择概述

4.1.1 电气设备选择概述

电气设备的选择是供配电系统设计的重要内容，其选择得恰当与否将影响到整个系统能否安全可靠地运行，故必须遵循一定的选择原则。本项目讲述高低压断路器、高压隔离开关、互感器、母线、绝缘子、高低压熔断器以及成套配电装置（高压开关柜）等的选择方法，为合理、正确地使用电气设备提供了依据。

4.1.2 电气设备选择的原则

供配电系统中的电气设备是在一定的电压、电流、频率和工作环境条件下工作的，电气设备的选择，除了应满足在正常工作时能安全可靠运行，适应所处的位置(户内或户外)、环境温度、海拔高度，以及防尘、防火、防腐、防爆等要求，还应满足在短路故障时不致损坏，开关电器还必须具有足够的断流能力。

电气设备的选择应遵循以下 4 个原则。

（1）按工作要求和环境条件选择电气设备的型号。

（2）按正常工作条件选择电气设备的额定电压和额定电流。

《高压交流开关设备和控制设备标准的共用技术要求》（GB/T 11022—2020）规定："额定电压等于开关设备和控制设备所在系统的最高电压。"它表示设备用于电网的"系统最高电压"的最大值，如表 4-1 所示。

表 4-1　高压电气设备的额定电压　　单位：kV

系统标称电压	3	6	10	35	110	220	330	500	750	1 000
设备额定电压	3.6	7.2	12	40.5	126	252	363	550	800	1 100

电气设备的额定电流是指电气设备在规定的使用条件和性能条件下，能够持续通过的电流有效值。

按工作电压选择电气设备的额定电压。电气设备的额定电压 U_N 应不低于设备所在的系统标称电压 $U_{N\cdot s}$ 即

$$U_N \geqslant U_{N\cdot s} \tag{4-1}$$

例如，在 10 kV 系统中，应选择额定电压为 12 kV（10 kV）的电气设备，在 380 V 系统中，应选择额定电压为 380 V 或 500 V 的电气设备。

按最大负荷电流选择电气设备的额定电流。电气设备的额定电流应不小于实际通过它

的最大负荷电流 I_{max}（或计算电流 I_C），即

$$I_N \geqslant I_{max}$$

或

$$I_N \geqslant I_C \tag{4-2}$$

（3）按短路条件校验电气设备的动稳定和热稳定。

为了保证电气设备在短路故障时不致损坏，必须按最大短路电流校验电气设备的动稳定和热稳定。动稳定是指电气设备在冲击短路电流所产生的电动力作用下，电气设备不致损坏。热稳定是指电气设备的载流导体在稳态短路电流作用下，其发热温度不超过载流导体短时的允许发热温度。

（4）开关电器断流能力校验。

断路器和熔断器等电气设备担负着切断短路电流的任务，必须可靠地切断通过的最大短路电流。因此，开关电器还必须校验其断流能力，其额定短路开断电流不小于安装处的最大三相短路电流。

随着工业自动化程度的提高，电气设备对环境的影响也不容忽视。电气设备对环境的影响主要有电磁污染、无线电干扰、电压高次谐波、电流高次谐波、空气污染、噪声污染、事故及检修对环境的污染，以及腐蚀污染等。其中，电磁污染已成为公认的继大气污染、水质污染、噪声污染之后的第四大污染，应在设计时采取相应防护措施。

任务 4.2　高压开关电器的选择

任务描述

高压开关电器是电力系统中非常重要的组成部分，它们在保障电力系统安全、可靠运行方面起着至关重要的作用。那么，什么是高压开关电器？它们在电力系统中具体起到什么作用呢？在选择高压开关电器时应该考虑哪些因素？

任务分析

正确选择高压开关电器对于保障电力系统的正常运行至关重要。通过本任务的学习，帮助学生深入了解高压开关电器的种类、功能及其选择原则，为实际工程中的设备选型提供指导。

任务实施

4.2.1 高压开关电器选择原则

高压开关电器主要指高压断路器、高压熔断器、高压隔离开关和高压负荷开关。高压电气设备的选择和校验项目如表 4–2 所示。

表 4–2 高压电气设备的选择和检验项目

电气设备名称	额定电压 /kV	额定电流 /A	短路校验		
			动稳定	热稳定	断流能力 /kA
高压断路器	√	√	√	√	√
高压隔离开关	√	√	√	√	
高压负荷开关	√	√	√	√	√（附熔断器）
高压熔断器	√	√	—	—	√
电流互感器	√	√	√	√	—
电压互感器	√	—	—	—	—
支柱绝缘子	√	—	√	—	—
套管绝缘子	√	√	√	√	—
母线（硬）	—	√	√	—	—
电缆	√	√	—	√	—

注：表中“√”表示必须校验，“—”表示不要校验。

高压开关器应遵循以下原则。

（1）根据使用环境和安装条件来选择设备的型号。

（2）在正常条件下，按式（4–1）和式（4–2）分别选择设备的额定电压和额定电流。

（3）短路校验。

① 动稳定校验

电气设备的额定峰值耐受电流 i_{max} 应不小于设备安装处的最大冲击短路电流 $i_{sh}^{(3)}$，即

$$i_{max} \geqslant i_{sh}^{(3)} \quad (4\text{–}3)$$

额定峰值耐受电流是指在规定的使用和性能条件下，开关设备在合闸位置能够承载的额定短时耐受电流第一个大半波的电流峰值。

② 热稳定校验

电气设备允许的短时发热应不小于设备安装处的最大短路发热，即

$$I_{th}^2 t_{th} \geqslant I_{sh}^{(3)} \quad (4\text{–}4)$$

式中 I_{th}——电气设备在 I_{th} 内允许通过的额定短时耐受电流有效值；

t_{th}——电气设备的额定短路持续时间。

额定短时耐受电流有效值是指在规定的使用和性能条件下，在规定的短时间内，开关设备在合闸位置能够承载的电流的有效值。额定短路持续时间是指开关设备在合闸位置能

承载额定短时耐受电流的时间间隔。额定短路持续时间的标准值为 2 s，推荐值为 0.5 s，1 s，3 s 和 4 s。

（4）开关电器断流能力校验。对具有断流能力的开关电器需校验其断流能力。其额定短路分断电流（有效值）I_{cs} 应不小于安装处的最大三相短路电流袋 $I_{K.max}^{(3)}$，即

$$I_{cs} \geqslant I_{K,\ max}^{(3)} \tag{4-5}$$

4.2.2 高压断路器的选择

高压断路器是供电系统中最重要的设备之一，采用成套配电装置。如果是户外型变电所，则应选择户外型断路器。35 kV 及以下电压等级的断路器宜选用真空断路器或 SF_6 断路器，66 kV 和 110 kV 电压等级的断路器宜选用 SF_6 断路器。

4.2.3 高压隔离开关的选择

高压隔离开关主要用于电气隔离而不能分断正常负荷电流和短路电流，因此，只需要选择额定电压和额定电流，校验动稳定和热稳定。成套开关柜生产厂商一般都提供开关柜的方案号，以及柜内设备型号供用户选择，用户也可以自己指定设备型号。开关柜柜内高压隔离开关有的带接地刀，有的不带接地刀。

4.2.4 高压熔断器的选择

熔断器没有触头，而且分断短路电流后熔体熔断，故不必校验动稳定和热稳定，仅需校验断流能力。

1. 保护线路的熔断器的选择

（1）熔断器的额定电压 $U_{N,\ FU}$ 应不低于其所在系统的额定电压 $U_{N,\ s}$，即

$$U_{N,\ FU} \geqslant U_{N,\ s} \tag{4-6}$$

（2）熔体的额定电流 $I_{N,\ FE}$ 不小于线路的计算电流 I_C，即

$$I_{N,\ FE} \geqslant I_C \tag{4-7}$$

（3）熔断器的额定电流 $I_{N,\ FU}$ 不小于熔体的额定电流 $I_{N,\ FE}$，即

$$I_{N,\ FU} \geqslant I_{N,\ FE} \tag{4-8}$$

（4）熔断器断流能力校验。

对限流式熔断器（如 RN1），断开的短路电流是 $I''^{(3)}$，其额定短路分断电流（有效值）I_{cs} 应满足

$$I_{cs} \geqslant I''^{(3)} \tag{4-9}$$

式中　$I''^{(3)}$——熔断器安装处的三相次暂态短路电流的有效值，在无限大容量系统中，$I''^{(3)}=I_{\infty}''^{(3)}$。

对非限流式熔断器（如 RW 系列跌开式熔断器），可能断开的短路电流是短路冲击电流，其额定短路分断电流上限值 $I_{cs,\ max}$ 应不小于三相短路冲击电流有效值 $I_{sh}^{(3)}$，即

$$I_{cs,\ max} \geqslant I_{sh}^{(3)} \tag{4-10}$$

熔断器额定短路分断电流下限值应不大于线路末端两相短路电流 $I_k^{(2)}$，即

$$I_{cs,\ min} \leqslant I_k^{(2)} \tag{4-11}$$

2. 保护电力变压器（高压侧）的熔断器熔体额定电流的选择

考虑到变压器的正常过负荷能力（20% 左右）、变压器低压侧尖峰电流，以及变压器空载合闸时的励磁涌流，熔断器熔体额定电流应满足

$$I_{N,\ FE} \geqslant (1.5 \sim 2.0)\ I_{1N,\ T} \tag{4-12}$$

式中 $I_{N,\ FE}$——熔断器熔体额定电流；

$I_{N,\ FE}$——变压器一次侧的额定电流。

3. 保护电压互感器的熔断器熔体额定电流的选择

因为电压互感器二次侧电流很小，故选择 XRNP、RN2 专用熔断器做电压互感器短路保护，其熔体额定电流为 0.5 A。

高压熔断器在选择时，需注意以下几点。

（1）户内型熔断器 XRNT、RN1 用于线路和变压器的短路保护，而 XRNP、RN2 用于电压互感器的短路保护。

（2）户外型跌开式熔断器需校验断流能力上、下限值，应使被保护线路的三相短路的冲击电流小于其上限值，而两相短路电流大于其下限值。

（3）高压熔断器除了选择熔断器的额定电流，还要选择熔体的额定电流。

任务 4.3　互感器的选择

任务描述

某大型发电厂在运行过程中，由于电流互感器的选择不当，导致测量数据不准确，进而影响了整个系统的运行效率和安全性。经过调查发现，问题出在电流互感器的精度等级和负载阻抗选择不合理，未能满足实际需求。这个案例说明了互感器的选择不仅关系到测量的准确性，还直接影响到电力系统的整体性能和安全运行。

任务分析

正确选择互感器对于确保电力系统的安全、可靠运行至关重要。通过本任务的学习，将帮助学生深入了解互感器的种类、功能及其选择原则，为实际工程中的设备选型提供指导。

任务实施

4.3.1 电流互感器的选择

高压电流互感器二次侧线圈一般有一至数个不等，其中一个二次侧线圈用于测量，其他二次侧线圈用于保护。

1. 电流互感器的选择与校验

（1）电流互感器型号的选择

根据安装地点和工作要求选择电流互感器的型号。

（2）电流互感器额定电压的选择

电流互感器额定电压应不低于装设处系统的额定电压。

（3）电流互感器变比的选择

电流互感器一次侧的额定电流有 20 A、30 A、40 A、50 A、75 A、100 A、150 A、200 A、300 A、400 A、600 A、800 A、1 000 A、1 200 A、1 500 A、2 000 A 等多种规格，二次侧的额定电流为 5 A 或 1 A。通常，计量和测量用电流互感器变比的选择应使其一次侧的额定电流 I_{1N} 不小于线路的计算电流 I_C。保护用电流互感器为保证其准确度要求，可以将变比选得大一些。

（4）电流互感器准确度的选择及校验

准确度选择的原则：计量用的电流互感器的准确度应选 0.2 ～ 0.5 级，测量用的电流互感器的准确度应选 0.5 ～ 1.0 级。为了保证准确度误差不超过规定值，电流互感器二次负荷 S_2（Z_2）应不大于二次额定负荷 S_{2N}（Z_{2N}），所选准确度才能得到保证。准确度校验公式为

$$S_2 \leqslant S_{2N} \text{ 或 } Z_2 \leqslant Z_{2N} \tag{4-13}$$

二次回路的负荷 S_2 取决于二次负荷阻抗 Z_2 的值，即

$$S_2 = I_{2N}^2 |Z_2| \approx I_{2N}^2 (\sum |Z_i| + R_{WL} + R_{XC})$$

$$S_2 \approx \sum S_i + I_{2N}^2 (R_{WL} + R_{XC}) \tag{4-14}$$

式中　S_i、Z_i——二次回路中的仪表、继电器线圈的额定负荷（VA）、阻抗（Ω）；

R_{xc}——二次回路中所有接头、触点的接触电阻，一般取 0.1 Ω；

R_{WL}——二次回路导线电阻，计算公式为

$$R_{WL} = \frac{L_c}{\gamma S} \tag{4-15}$$

式中　γ——导线的电导率，铜线 γ=53 m/（Ω · mm²），铝线 γ=32 m/（Ω · mm²）；

S——导线截面，mm²；

L_c——导线的计算长度 m。设电流互感器到仪表的单向长度为 l_1，则

$$L_c=\begin{cases} l_1 & \text{星形接线} \\ \sqrt{3}l_1 & \text{两相V形接线} \\ 2l_1 & \text{一相式接线} \end{cases} \tag{4-16}$$

差动保护用电流互感器的准确度应选 SP 级（P 表示保护），过电流保护用电流互感器的准确度应选 5 P 级或 10 P 级，5 P 级复合误差限值为 5%，10 P 级复合误差限值为 10%。为了正确反映一次侧短路电流的大小，二次侧电流与一次侧电流呈线性关系，也需要校验二次侧负荷。为保证在短路时电流互感器变比误差不超过 10%，一般生产厂家都提供一次侧电流对其额定电流的倍数 K_1（I_1/I_{1N}）与最大允许二次负荷 $Z_{2,al}$ 的关系曲线，简称 10% 误差曲线，如图 4-1 所示。通常是按电流互感器接入位置的最大三相短路电流来确定 I_1/I_{1N} 的值，从相应互感器的 10% 误差曲线中找出横坐标上允许的二次负荷 $Z_{2,al}$，使接入二次侧的总阻抗 Z_2 不超过 $Z_{2,al}$，则电流互感器的电流误差保证在 10% 以内。

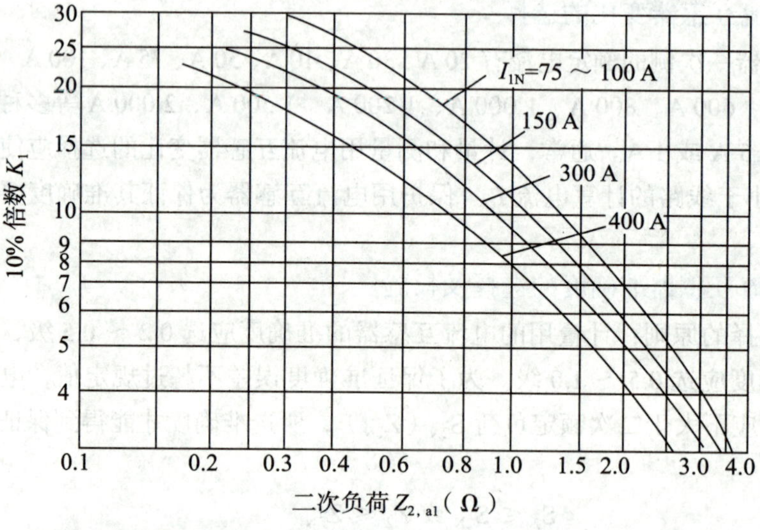

图 4-1 电流互感器 10% 误差曲线

电流互感器 10% 误差曲线校验步骤如下。

① 计算流过电流互感器的一次侧电流倍数 $K_1=I_{K,max}^{(3)}/I_{1N}$；

② 根据电流互感器的型号、变比和一次侧电流倍数，在 10% 误差曲线上确定电流互感器的允许二次负荷 $Z_{2,al}$。

③ 计算电流互感器的实际二次负荷 Z_2。

④ 校验二次负荷，若 $Z_2 \leqslant Z_{2,al}$，满足准确度要求；若 $Z_2 > Z_{2,al}$，可增大连接导线截面或缩短连接导线长度，以减小实际二次负荷或选择变比较大的电流互感器，减小一次侧电流倍数，增大允许的二次负荷，使其满足 10% 的误差。

2. 电流互感器的动稳定和热稳定校验

厂家的产品技术参数中，都给出了电流互感器额定峰值耐受电流 i_{max}、额定短时耐受

电流有效值 I_{th} 和额定短路持续时间 t_{th}，因此，按下列公式分别校验动稳定和热稳定即可。

① 动稳定校验

$$i_{max} \geqslant i_{sh}^{(3)} \tag{4-17}$$

② 热稳定校验

$$I_{th}^{2} t_{th} \geqslant I_{\infty}^{(3)2} t_{ima} \tag{4-18}$$

4.3.2 电压互感器的选择

电压互感器的一次侧和二次侧均有熔断器保护，所以不需要校验短路动稳定和热稳定。电压互感器的选择如下。

（1）按装设处环境及工作要求选择电压互感器型号。

（2）电压互感器的额定电压应不低于装设处系统的额定电压。

（3）按测量、计量仪表对电压互感器准确度要求选择并校验准确度。

计量用的电压互感器的准确度应选 0.2 ～ 0.5 级，测量用的准确度应选 0.5 ～ 1.0 级，保护用的准确度应选 3 级。

为了保证准确度的误差在规定范围内，二次侧负荷 S_2 应不大于电压互感器二次侧额定容量 S_N。电压互感器在不同接线时，二次侧负荷可按单相负荷的计算将线电压负荷换算成相负荷。

$$S_2 \leqslant S_{2N} \tag{4-19}$$

$$S_2 = \sqrt{\left(\sum P_i\right)^2 + \left(\sum Q_i\right)^2} \tag{4-20}$$

式中　$\sum P_i$、$\sum Q_i$——仪表和继电器电压线圈消耗的总有功功率、总无功功率。

$$\sum P_i = \sum (S_i \cos\varphi_i)、\sum Q_i = \sum (S_i \sin\varphi_i)。$$

任务 4.4　母线、支柱绝缘子和穿墙套管的选择

任务描述

某大型工业厂房在运行过程中，由于母线连接处的接触不良，导致局部过热，最终引发了一场火灾。经过调查发现，问题出在母线的选择和安装不当，未能确保足够的导电性

能和散热效果。这个案例说明了母线、支柱绝缘子和穿墙套管的选择不仅关系到电力系统的正常运行，还直接影响到系统的安全性和可靠性。那么，什么是母线、支柱绝缘子和穿墙套管？它们在电力系统中具体起到什么作用呢？

任务分析

正确选择母线、支柱绝缘子和穿墙套管设备对于保障电力系统的正常运行和安全性至关重要。通过本任务的学习，将帮助学生深入了解母线、支柱绝缘子和穿墙套管的种类、功能及其选择原则，为实际工程中的设备选型提供指导。

任务实施

4.4.1 母线的选择

母线用支柱绝缘子固定在开关柜上，因而无电压要求，其选择条件如下。

1. 型号选择

母线的种类有矩形母线和管形母线，母线的材料有铜、铝、铝合金和复合导体，如铜包铝或钢铝复合材料。目前变电所的母线除了大电流采用铜母线外，一般采用铝母线。变配电所高压开关柜上的高压母线，通常选用硬铝矩形母线（LMY）。

2. 母线截面选择

（1）按允许载流量选择母线截面

$$I_C \leqslant I_{al} \tag{4-21}$$

式中 I_{al}——母线允许的载流量，A；

I_C——汇集到母线上的计算电流，A。

（2）年平均负荷、传输容量较大时，宜按经济电流密度选择母线截面

$$S_{ec} = \frac{I_C}{j_{ec}} \tag{4-22}$$

式中 j_{ec}——经济电流密度；

S_{ec}——母线经济截面。

3. 硬母线动稳定校验

短路时母线承受很大的电动力，因此，必须根据母线的机械强度校验其动稳定。即

$$\sigma_{al} \geqslant \sigma_c \tag{4-23}$$

式中 σ_{al}——母线材料最大允许应力，Pa。硬铝母线为 70 MPa，硬铜母线为 140 MPa；

σ_c——母线短路时冲击电流 $i_{sh}^{(3)}$ 产生的最大计算应力。计算公式为

$$\sigma_c = \frac{M}{W} \tag{4-24}$$

式中　M——母线通过 $i_{sh}^{(3)}$ 时受到的弯曲力矩；

W——母线截面系数。

$$M = \frac{F_c^{(3)} l}{K} \tag{4-25}$$

式中　$F_c^{(3)}$——三相短路时，中间相受到的最大计算电动力，N；

l——挡距，m；

K——系数，当母线挡数为 1 ～ 2 时，K=8，当母线挡数大于 2 时，K=10。

$$W = \frac{b^2 h}{6} \tag{4-26}$$

式中　b——母线截面水平宽度，m；

h——母线截面垂直高度，m。

4. 母线热稳定校验

母线截面应不小于热稳定最小允许截面 $S_{th.min}$，即

$$S > S_{th,min} = I_{\infty}^{(3)} \frac{\sqrt{t_{ima}}}{C} \tag{4-27}$$

式中　$I_{\infty}^{(3)}$——三相短路稳态电流，A；

t_{ima}——假想时间，s；

C——导体的热稳定系数，A · s$^{1/2}$/mm^2。铝母线 C=87，铜母线 C=149。

当母线实际截面大于最小允许截面时，满足热稳定要求。

4.4.2 支柱绝缘子的选择

支柱绝缘子主要用来固定导线或母线，并使导线或母线与设备或基础绝缘。支柱绝缘子有户内和户外型两大类，户内支柱绝缘子（代号 Z）按金属附件的胶装方式分为外胶装（代号 W）、内胶装（代号 N）、联合胶装（代号 L）3 种。表 4–3 列出了部分户内支柱绝缘子的有关参数。

表 4–3　部分户内支柱绝缘子的有关参数

产品型号	额定电压 /kV	机械破坏负荷 /kN（不小于）		总高度 H/mm	瓷件最大公称直径 /mm	胶装方式
		弯曲	拉伸			
ZNA · 10MM ZN · 10/8	10	3.75	3.75	120	82	N 表示内胶装；MM 表示上下附件为特殊螺母（ZNA 户内加强型内胶装支柱绝缘子；ZN 表示户内内胶装支柱绝缘子）

续表

产品型号	额定电压 /kV	机械破坏负荷 /kN（不小于）		总高度 H/mm	瓷件最大公称直径 /mm	胶装方式
		弯曲	拉伸			
ZA · 10Y ZB · 10T ZC · 10F	10	3.75	3.75	190	90	外胶装（不表示）； A，B，C，D 表示机械破坏负荷等级； Y，T，F 表示圆，椭圆，方形底座
ZL · 10/16 ZL · 35/8	10 35	16 8	16 8	185 400	120 120	L 表示联合胶装

支柱绝缘子的选择应符合下列几个条件。

（1）按使用场所（户内、户外）选择型号。

（2）按工作电压选择额定电压。

（3）校验动稳定。

$$F_C^{(3)} \leqslant KF_{al} \tag{4-28}$$

式中 F_{al}——支柱绝缘子最大允许机械破坏负荷（表 4–4）；

K—— 按弯曲破坏负荷计算时，K=0.6，按拉伸破坏负荷计算时，K=1；

$F_C^{(3)}$——短路时冲击电流作用在支柱绝缘子上的计算电动力，母线水平放置时，按 $F_C^{(3)} = F^{(3)}$ 计算，母线垂直放置时，则 $F_C^{(3)} = 1.4F^{(3)}$。

4.4.3 穿墙套管的选择

穿墙套管主要用于导线或母线穿过墙壁、楼板及封闭配电装置时，做绝缘支持与外部导线间连接之用。按其使用场所划分为户内普通型、户外-户内普通型、户外-户内耐污型、户外-户内高原型及户外-户内高原耐污型 5 类；按结构形式划分为铜导体、铝导体和不带导体（母线式）套管；按电压等级划分为 6 kV，10 kV，20 kV 及 35 kV 等电压等级。

穿墙套管的型号及有关参数，如表 4–4 所示。

表 4–4　穿墙套管的型号及有关参数

产品型号	额定电压 /KV	额定电流 /A	抗弯破坏负荷 /kN	总长 L /mm	安装处直径 D/mm	5 s 额定短时耐受电流有效值 /kA	说明
CA–6/200 CB–10/600 CWB–35/400	6 10 35	200 600 400	3.75 7.5 7.5	375 450 980	70 100 220	3.8 12 7.2	第一个 C 表示瓷套管；后面的 A、B、C、D 表示抗弯破坏负荷等级；铜导体不表示；L 表示铝导体；第一个 W 表示户外–户内型；第二个 W 表示耐污型
CWL · 10/600 CWWL · 10/400	10 10	600 400	7.5 7.5	560 520	114 115	12 7.2	

穿墙套管应按下列几个条件选择。

（1）按使用场所选择型号。

（2）按工作电压选择额定电压。

（3）按计算电流选择额定电流。

（4）动稳定校验。

$$F_C^{(3)} \leqslant 0.6F_{\mathrm{al}} \tag{4-29}$$

$$F_C^{(3)} = \frac{K(l_1 + l_2)}{a} i_{\mathrm{sh}}^{(3)^2} \times 10^{-7} \tag{4-30}$$

式中　$F_C^{(3)}$——三相短路冲击电流作用于穿墙套管上的计算电动力，N；

F_{al}——穿墙套管允许的最大抗弯破坏负荷，N；

l_1——穿墙套管与最近一个支柱绝缘子间的距离，m；

l_2——套管本身的长度，m；

a——相间距离；

K——K=0.866。

（5）热稳定校验。

$$I_{\mathrm{th}}^2 t_{\mathrm{th}} \geqslant I_\infty^{(3)^2} t_{\mathrm{ima}} \tag{4-31}$$

式中　I_{th}——额定短时耐受电流有效值；

t_{th}——额定短路持续时间。

任务 4.5　低压熔断器与低压断路器的选择

任务描述

在电气控制系统中，低压熔断器与低压断路器起着至关重要的保护作用。合理选择这两类设备，对于保障系统安全、稳定运行，防止电气故障引发的严重后果具有关键意义。本任务将帮助学生掌握低压熔断器和低压断路器选择的基本知识和方法。

任务分析

在低压配电系统中，低压熔断器和低压断路器是确保系统安全、可靠运行的关键设备。它们主要用于保护电路免受过载和短路的影响，防止电气设备和线路的损坏。通过本任务的学习，帮助学生深入了解低压熔断器和低压断路器的种类、功能及其选择原则，为实际工程中的设备选型提供指导。

任务实施

4.5.1 低压熔断器的选择

1. 低压熔断器的选择原则

低压熔断器的选择有以下几种。

（1）根据工作环境要求选择熔断器的型号。

（2）熔断器额定电压应不低于保护线路的额定电压。

（3）熔断器的额定电流应不小于其熔体的额定电流，即

$$I_{N,\ FU} \geqslant I_{N,\ FE} \tag{4-32}$$

2. 熔体额定电流的选择

熔体额定电流应同时满足下列 3 个条件。

（1）熔断器熔体额定电流 $I_{N,\ FE}$ 应不小于线路的计算电流 I_C，使熔体在线路正常工作时不致熔断，即

$$I_{N,\ FE} \geqslant I_C \tag{4-33}$$

（2）熔体额定电流还应躲过线路的尖峰电流 I_{pk}，由于尖峰电流持续时间很短，而熔体发热熔断需要一定的时间，因此，熔体额定电流应满足

$$I_{N,\ FE} \geqslant KI_{pk} \tag{4-34}$$

式中　K——小于 1 的计算系数，当熔断器用于单台电动机保护时，K 的取值与熔断器特性及电动机启动情况有关，系数 K 的取值范围如表 4-5 所示。

表 4-5　系数 K 的取值范围

线路情况	启动时间	K 值
单台电动机	3 s 以下	0.25 ～ 0.35
	3 ～ 8 s（重载启动）	0.35 ～ 0.5
	8 s 以上及频繁启动、反接制动	0.5 ～ 0.6
多台电动机	按最大一台电动机启动情况	0.5 ～ 1
	I_C 与 I_{PK} 较接近时	1

（3）熔断器保护还应考虑与被保护线路配合，在被保护线路过负荷或短路时能得到可靠的保护，还应满足。

$$I_{N,\ FE} \leqslant K_{OL}I_{al} \tag{4-35}$$

式中　I_{al}——绝缘导线和电缆的允许载流量；

K_{oL}——绝缘导线和电缆的允许短时过负荷系数。当熔断器做短路保护时，绝缘导线和电缆的过负荷系数取 2.5，明敷导线取 1.5；当熔断器做过负荷保护时，各类导线的过负荷系数取 0.8 ～ 1，对有爆炸危险场所的导线过负荷系数取下限值 0.8。

3. 熔断器断流能力校验

熔断器的额定短路分断电流 I_{cs} 应不小于线路的最大短路电流。

（1）对限流式熔断器（如 RT 系列），其额定短路分断电流 I_{cs} 应不小于三相次暂态短路电流的有效值 $I''^{(3)}$，（无限大功率电源系统中，$I''^{(3)}=I^{(3)}_{K.max}$），即

$$I_{cs} \geqslant I''^{(3)} \tag{4-36}$$

（2）对非限流式熔断器，其额定短路分断电流 I_{cs} 应不小于三相短路冲击电流有效值（I_{sh}），即

$$I_{cs} \geqslant I^{(3)}_{sh} \tag{4-37}$$

4. 前后级熔断器选择性配合

低压线路中，熔断器较多，前后级间的熔断器在选择性上必须配合，以使靠近故障点的熔断器最先熔断。

一般前级熔断器的熔体额定电流应比后级熔断器的熔体额定电流大 2 ～ 3 级。

如图 4-2（a）所示的 FU_1（前级）与 FU_2（后级），当 K 点发生短路时，FU_2 应先熔断，但由于熔断器的特性误差较大，一般为 ±30% ～ ±50%，当 FU_1 为负误差（提前动作）、FU_2 为正误差（滞后动作）时，如图 4-2（b）所示，则 FU_1 可能先动作，从而失去选择性。为保证选择性配合，要求

$$t'_1 \geqslant 3t'_2 \tag{4-38}$$

式中　t'_1——FU_1 的实际熔断时间；

t'_2——FU_2 的实际熔断时间。

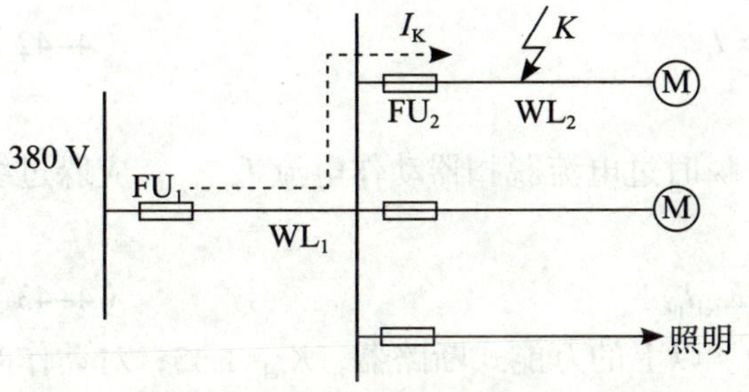

（a）熔断器在线路中的配置

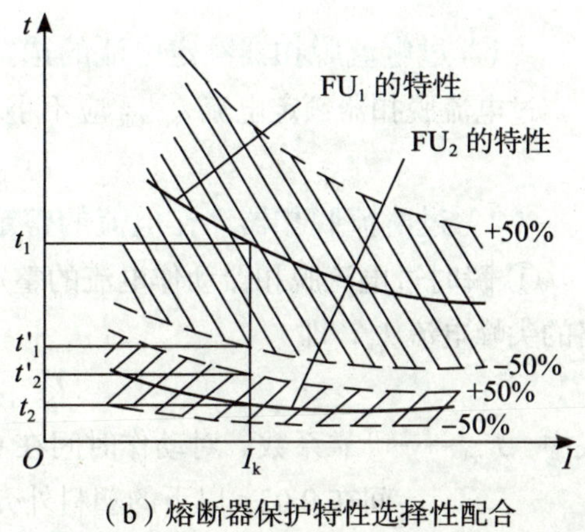

（b）熔断器保护特性选择性配合

图 4-2　前后级熔断器选择性配合

4.5.2 低压断路器的选择

1. 低压断路器选择的原则

在选择低压断路器时，应满足下列条件。

（1）低压断路器的型号及操作机构形式应符合工作环境、保护性能等方面的要求。

（2）低压断路器的额定电压应不低于装设地点线路的额定电压。

（3）低压断路器脱扣器的选择和整定应满足保护要求。

（4）低压断路器的壳架等级额定电流应不小于脱扣器的额定电流，即

$$I_{N,\ QF} \geqslant I_{N,\ OR} \tag{4-39}$$

壳架等级额定电流 $I_{N,\ QF}$ 是指框架或塑料外壳中所能装的最大脱扣器额定电流，表明断路器的框架或塑料外壳通流能力的参数，主要由主触头的通流能力决定。过电流脱扣器额定电流又称低压断路器额定电流。

（5）低压断路器的额定短路分断电流 I_{cs} 应不小于其安装处的最大短路电流。

对万能式低压断路器，其分断时间在 0.02 s 以上时，按下式校验

$$I_{cs} \geqslant I_{K,\ max}^{(3)} \tag{4-40}$$

对塑料外壳式低压断路器，其分断时间在 0.02 s 以下时，按下式校验

$$I_{cs} \geqslant I_{sh}^{(3)} \tag{4-41}$$

2. 低压断路器脱扣器的选择和整定

低压断路器脱扣器主要有过电流（电磁）脱扣器、热脱扣器、欠电压脱扣器、分励脱扣器等。过电流脱扣器又分长延时过电流脱扣器（又称反时限脱扣器）、短延时过电流脱扣器（又称定时限脱扣器）和瞬时过电流脱扣器。脱扣器动作电流整定有的可调，有的不可调，如过电流脱扣器可级差调整，智能型断路器的控制器可连续调整，热脱扣器有不可调整和可级差调整。一般是先选择脱扣器的形式，然后选择其额定电流（或额定电压），再整定脱扣器的动作电流和动作时间。

3. 过电流脱扣器的选择和整定

（1）过电流脱扣器额定电流的选择

过电流脱扣器额定电流 $I_{N,\ OR}$ 应不小于线路的计算电流 I_c，即

$$I_{N,\ OR} \geqslant I_c \tag{4-42}$$

（2）过电流脱扣器动作电流的整定

① 瞬时过电流脱扣器动作电流的整定。瞬时过电流脱扣器动作电流 $I_{op(i)}$，应躲过线路的尖峰电流 I_{pk}，即

$$I_{op(i)} \geqslant K_{rel} I_{pk} \tag{4-43}$$

式中　K_{rel}——可靠系数。对动作时间在 0.02 s 以上的万能式断路器，K_{rel}=1.35；对动作时间在 0.02 s 以下的塑料外壳式断路器，K_{rel}=2 ～ 2.5。

② 短延时过电流脱扣器动作电流和动作时间的整定。短延时过电流脱扣器动作电流 $I_{op(s)}$，也应躲过线路的尖峰电流 I_{pk}，即

$$I_{op(s)} \geqslant K_{rel} I_{pk} \tag{4-44}$$

式中　K_{rel}——可靠系数，可取 1.2。

短延时脱扣器动作时间一段不超过 1 s，通常分为 0.2 s，0.4 s，0.6 s 这 3 级。但是，目前一些新产品中，短延时的时间也有所不同，如 CW2 型断路器，其定时限特性为 0.1 s，0.2 s，0.3 s，0.4 s 这 4 级。ME 系列断路器采用半导体过电流脱扣器时，其短延时范围为 30 ～ 270 ms，分级式，每级 30 ms 或 60 ms，可根据保护要求确定动作时间。

③ 长延时过电流脱扣器动作电流和动作时间的整定。长延时过电流脱扣器动作电流 $I_{op(1)}$，只需躲过线路的计算电流 I_c，即

$$I_{op(1)} \geqslant K_{rel} I_c \tag{4-45}$$

式中　K_{rel}——可靠参数，K_{rel} 取 1.1。

长延时过电流脱扣器用于过负荷保护，动作时间为反时限特性。一般动作时间为 1 ～ 2 h。

过电流脱扣器的动作电流，按照其额定电流的倍数来整定，即选择过电流脱扣器的整定倍数 K。过电流脱扣器动作电流应不大于整定倍数与过电流脱扣器的额定电流的乘积，即 $KI_{N, OR} \geqslant I_{OP}$。各种型号断路器的脱扣器动作电流整定倍数不一样。不同类型的过电流脱扣器如瞬时、短延时、长延时脱扣器，其动作电流倍数也不一样。有些型号断路器动作电流倍数分挡设定，而有些型号断路器动作电流倍数可连续调节。

④ 过电流脱扣器与配电线路的配合要求。低压断路器还需考虑与配电线路的配合，防止被保护线路因过负荷或短路故障引起导线或电缆过热，其配合条件为

$$I_{OP} \leqslant K_{OL} I_{al} \tag{4-46}$$

式中　I_{al}——绝缘导线或电缆的允许载流量；

K_{OL}——导线或电缆允许的短时过负荷系数。对瞬时和短延时过电流脱扣器，K_{OL}=4.5；对长延时过电流脱扣器，K_{OL}=1；对有爆炸气体区域内的配电线路过电流脱扣器，K_{OL}=0.8。

当上述配合要求得不到满足时，可改选脱扣器动作电流，或增大配电线路导线截面。

4. 热脱扣器的选择和整定

热脱扣器的额定电流应不小于线路的计算电流 I_c，即

$$I_{N, TR} \geqslant I_c \tag{4-47}$$

可调热脱扣器的动作电流整定，应按线路的计算电流来整定，即

$$I_{OP(TR)} = KI_{N \cdot TR} \geqslant K_{rel} I_C \tag{4-48}$$

式中　K——热脱扣器的整定倍数，并应在实际运行时调试；

K_{rel}——可靠系数，K_{rel} 取 1.1。

5. 欠电压脱扣器和分励脱扣器选择

欠电压脱扣器主要用于欠压或失压（零压）保护，当电压下降低于（0.35 ～ 0.7）U_N 时便能动作。分励脱扣器主要用于断路器的分闸操作，在（0.85 ～ 1.1）U_N 时便能可靠动作。

欠电压和分励脱扣器的额定电压应等于线路的额定电压，并按直流或交流的类型，以及操作要求进行选择。

6. 前后级低压断路器选择性的配合

为了保证前后级断路器选择性要求，在动作电流选择性配合时，前一级动作电流大于后一级动作电流的 1.2 倍，即

$$I_{OP(1)} \geqslant 1.2 I_{op.(2)} \tag{4-49}$$

在动作时间选择性配合时，如果后一级（靠近负载）采用瞬时过电流脱扣器，则前一级（靠近电源）要求采用短延时过电流脱扣器；如果前后级都采用短延时脱扣器，则前一级短延时时间应至少比后一级短延时时间大一级。由于低压断路器保护特性时间误差为 ±20% ～ ±30%，为了防止误动作，应把前一级动作时间计入负误差（提前动作），后一级动作时间计入正误差（滞后动作）。在这种情况下，仍要保证前一级动作时间大于后一级动作时间，才能保证前后级断路器选择性配合。

7. 低压断路器灵敏系数的校验

低压断路器短路保护灵敏系数应满足条件为

$$K_s = \frac{I_{K,min}}{I_{op}} \geqslant 1.3 \tag{4-50}$$

式中 K_s——灵敏系数；

I_{op}——瞬时或短延时过电流脱扣器的动作电流整定值；

$I_{K,\ min}$——保护线路末端在最小运行方式下的短路电流，对 TN 和 TT 系统，$I_{K,\ min}$ 应为单相短路电流，对 IT 系统则为两相短路电流。

项目工单

【实训名称】

低压断路器的选择与校验

【实训目的】

1. 掌握低压断路器的基本方法和步骤。
2. 熟悉低压断路器的校验方法，提高实际操作能力。

【实训步骤】

步骤一：确定工作环境

根据实际应用场景，确定断路器的使用环境（户内或户外）。

步骤二选择额定电压

查看线路的额定电压，选择额定电压不低于线路额定电压的断路器。

步骤三：选择额定电流

计算线路的最大负荷电流I_{max}或计算电流I_C,选择额定电流I_N不小于I_{max}或I_C的断路器。

步骤四：选择脱扣器

（1）根据保护要求选择合适的脱扣器类型（过电流脱扣器、热脱扣器等）。

（2）整定脱扣器的动作电流，确保其不小于线路的最大负荷电流。

步骤五：校验断流能力

查阅断路器的技术参数，确保其额定短路分断电流I_{cs}不小于安装处的最大短路电流。

步骤六：记录结果

记录选择的断路器型号、额定电压、额定电流和脱扣器类型，以及校验结果。

【实训工单】

请学生在实训过程中认真对待每一项任务，并根据考核评价表内容进行自我评价和相互评价，以便更好地了解自身在实训中的表现和进步空间。教师将根据实训表现给出最终评价，考核评价表如表 4–6 所示。

表 4–6　考核评价表

项目名称	评价内容	分值	评价分数		
			自评	互评	师评
职业素养考核项目（40%）	提前预习相关理论知识，准备好实验材料	10 分			
	积极参与实验操作和讨论，记录实验数据和结果	10 分			
	组内成员分工明确，互相配合，共同完成任务	10 分			
	严格遵守实验安全操作规程，确保实验安全	10 分			
专业能力考核项目（60%）	数据准确计算	10 分			
	操作准确性	10 分			
	实训报告的完整性和准确性	20 分			
	实训结果的记录	20 分			
合计：综合分数______自评（20%）+互评（20%）+师评（60%）		100 分			

项目小结

本项目主要介绍了电气设备选择的基本原则和方法。首先介绍了如何根据工作要求和环境条件选择电气设备型号，以及如何根据正常和短路条件校验其稳定性和开关电器的断流能力；其次介绍了高压开关电器如断路器、隔离开关和熔断器的选择原则和校验方法；再次介绍电流和电压互感器的选择要点和校验方法；最后介绍了低压熔断器和断路器的选择方法，包括熔体额定电流的选择和断流能力校验。通过本项目的学习，学生将掌握电气设备选择的依据和校验过程，以及如何根据实际需求进行选择，并理解电气工程师的社会责任和技术创新的重要性。

课后练习

一、选择题

1. 动稳定是指电气设备在________所产生的电动力作用下，电气设备不致损坏。

2. ________是供电系统中最重要的设备之一。

3. 电压互感器的一、二次侧均有熔断器保护，所以不需要________和________。

4. 低压断路器脱扣器主要有过________、________、________、________等。

5. 穿墙套管按电压等级划分为________，________，________及________等电压等级。

二、简答题

1. 简述电气设备选择的基本原则。

2. 在选择低压断路器时，需要考虑哪些主要参数？

项目5 电力线路

项目导读

随着电力工业的迅速发展和电网规模的不断扩大，电力线路作为电力传输与分配的重要基础设施，其安全性、可靠性和经济性日益受到广泛关注。本项目专注于电力线路的综合学习与实践应用，旨在通过系统介绍电力线路的基本原理、设计选型、结构特点与敷设方式，提升学生对电力线路工程的理解与实际操作能力。

学习目标

◎知识目标

1. 掌握电力线路的接线方式。
2. 了解导体和电缆的选择原则。
3. 熟悉电力线路的结构和敷设。

◎能力目标

1. 能够根据具体场景和需求，选择合适的电力线路接线方式，并分析其可靠性和经济性。
2. 能够根据使用环境、工作条件等因素，设计合理的导体和电缆选择方案，满足供电安全可靠、经济高效的要求。
3. 能够运用所学知识，分析并解决电力线路设计、安装，以及维护中遇到的实际问题。

◎素质目标

1. 培养学生养成严谨细致的工作习惯，注重细节，确保工作的准确性和可靠性。

2. 引导学生勇于探索新的接线方式、导体和电缆选择方案以及敷设方法，提升学生的创新意识和实践能力。

3. 培养学生的安全意识和环保意识，确保电力线路设计、安装和维护过程的安全性和环保性。

思政目标

1. 通过学习电力线路相关知识，使学生能够认识到电力事业对国家和社会的重要性，树立正确的价值观和职业观，积极投身电力事业。

2. 通过学习电力事业在国家发展中的重要地位和作用，激发学生的爱国热情，培养学生的爱国主义情怀。

任务 5.1 电力线路的接线方式

任务描述

在日常生活中，电力无处不在，它驱动着机器照亮房间，是现代社会不可或缺的一部分。电力是如何从发电厂输送到家中的呢？

任务分析

电力线路作为电力系统的重要组成部分，承担着电力传输与分配的关键任务。在电力工程中，接线方式的选择直接影响到电力系统的稳定性、安全性和经济性。通过本任务的学习，帮助学生全面了解电力线路的接线方式，包括各种接线方式的特点、适用场景及优缺点。

任务实施

电力线路按电压高低分，有 1 kV 以上的高压线路和 1 kV 以下的低压线路；按结构形式分，有架空线路、电缆线路及室内（车间）线路等。对电力线路的基本要求是：供电安全可靠，操作方便，运行灵活、经济和有利于发展。

电力线路的接线方式是指由电源端（变配电所）向负荷端（电能用户或用电设备）输送电能时采用的网络形式。常用的接线方式有：放射式、树干式和环形 3 种。

5.1.1 放射式接线

放射式接线是指变配电所母线上引出的一线路直接向一个车间变电所或高、低压用电设备供电，沿线不支接其他负荷。图 5-1 和图 5-2 分别为高压放射式接线和低压放射式接线。高压放射式接线有单回路放射式、双回路放射式、公共备用接线放射式和带低压联络线放射式 4 种，适用于对供电可靠性要求不同的场合。

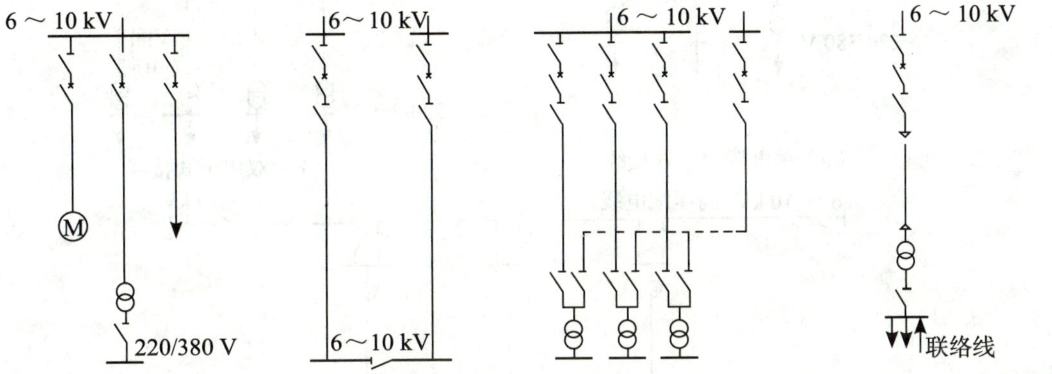

（a）单回路放射式　（b）双回路放射式　（c）公共备用接线放射式　（d）带低压联络线放射式

图 5-1　高压放射式接线

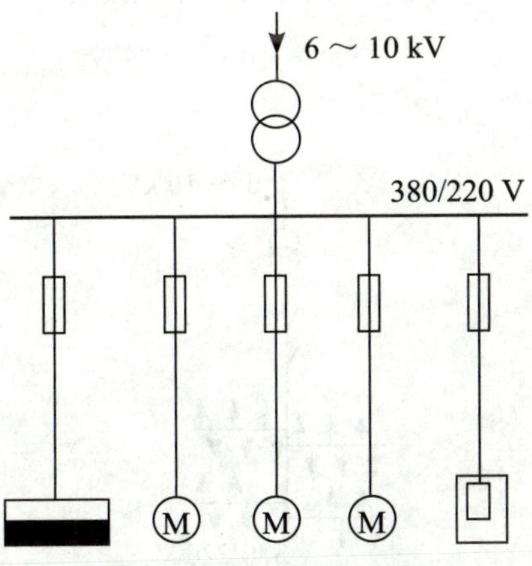

图 5-2　低压放射式接线

放射式接线具有接线简单，操作维护方便，引出线发生故障时互不影响，供电可靠性高等优点。但该接线立式使变配电所的引出线多，采用的开关设备多，有色金属消耗量也较多，投资较大，主要用于重要负荷和大型用电设备的供电。

5.1.2 树干式接线

树干式接线是指由变配电所母线上引出的配电干线上，沿线支接了几个车间变电所或用电设备的接线方式。图 5-3 和图 5-4 分别为高压树干式接线和低压树干式接线。高压树干式接线有单电源树干式接线、双树干式接线和两电源单树干式接线 3 种，其供电可靠性也各有不同。低压树干式接线有放射树干式、干线树干式和链式等几种。低压链式接线适用于用电设备距离近，容量小（总容量不超过 10 kW），台数 3 ～ 5 台，配电箱不超过 3 台的情况。

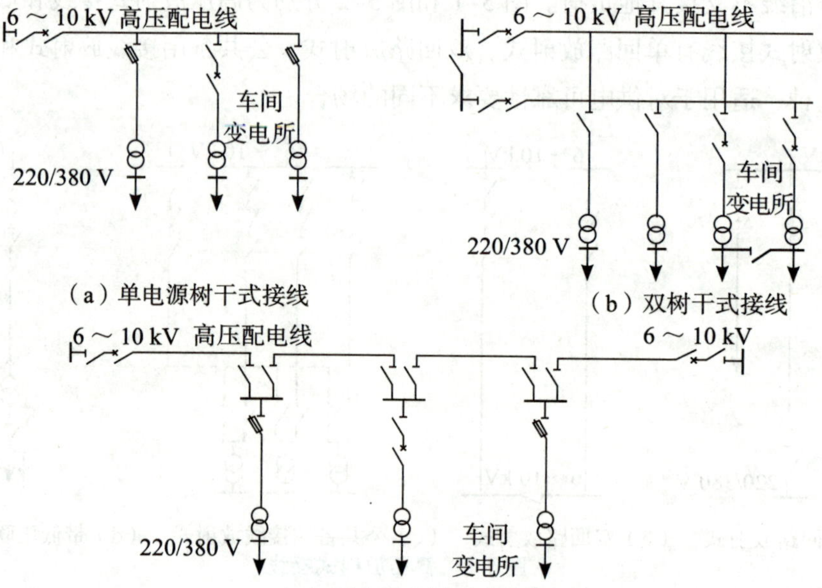

（a）单电源树干式接线　（b）双树干式接线

（c）两电源单树干式接线

图 5-3　高压树干式接线

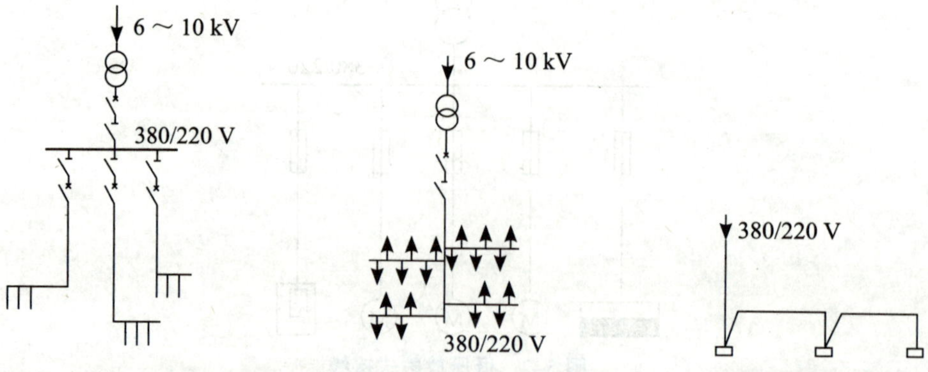

（a）低压母线放射树干式（b）低压“变压器 - 干线组”树干式　（c）低压链式接线

图 5-4　低压树干式接线

树干式接线与放射式接线相反，引出线少，有色金属消耗量少，投资节约，但供电可靠性较差，适用于不重要负荷、小型用电设备或容量较小且分布均匀的用电设备的供电。

5.1.3 环形接线

环形接线是树干式接线的改进，两路树干式接线连接起来就构成了环形接线，如图 5-5 和图 5-6 所示。

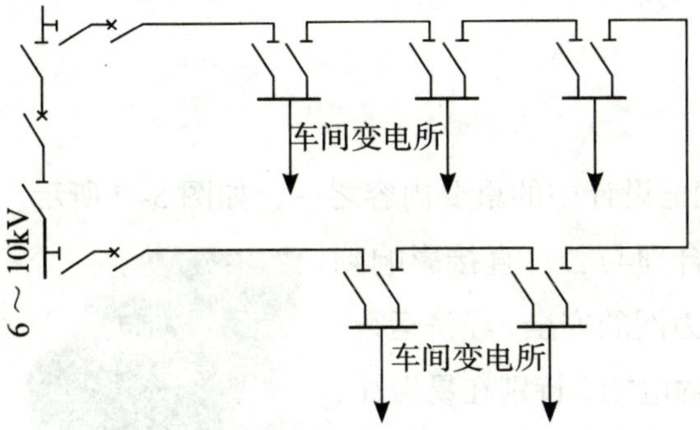

图 5-5　高压环形接线

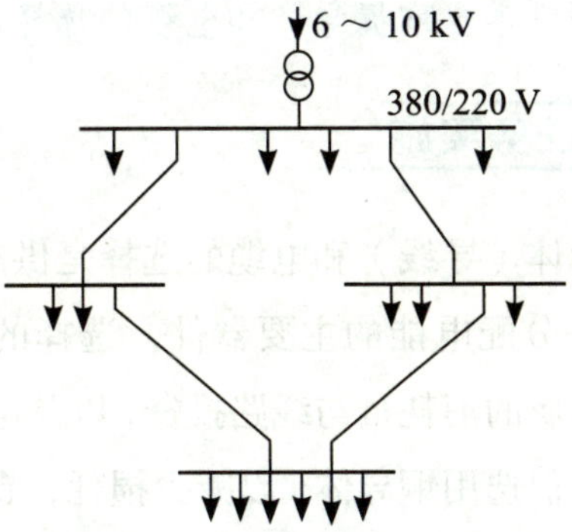

图 5-6　低压环形接线

环形接线运行灵活，供电可靠性较高。环形接线有闭环和开环两种运行方式。闭环运行时继电保护整定复杂。为避免环形线路上发生故障时影响整个环网，环形接线常采用开环运行方式，即环形接线中某一开关断开，正常时成为两个树干式接线运行。在现代化城市配电网中，这种接线应用较广。

配电系统的接线是几种接线方式的组合，采用什么接线方式，应根据具体情况及对供电可靠性的要求，经技术、经济综合比较后才能确定。通常，配电系统宜优先考虑采用放射式接线，对于供电可靠性要求不高的辅助生产区和生活住宅区，可考虑采用树干式或环形接线。

任务 5.2　导体和电缆选择的一般原则

任务描述

在电力系统中，导体（导线）和电缆作为电能传输的主要媒介，其性能与选择直接决定了电能传输的效率与质量。随着电力需求的不断增长和电力技术的快速发展，对导体和电缆的要求也越来越高。如何在保证安全、可靠供电的前提下，合理选择导体和电缆，以降低投资成本并提高系统运行效率，是本任务要探讨的核心问题。

任务分析

在电力系统中，导体（导线）和电缆作为分配电能的主要器件，其选择是否合理，直接影响到有色金属的消耗量、线路投资，以及电力网的安全、经济运行。通过本任务的学习，帮助学生掌握导体和电缆的选择原则。

任务实施

导体（导线）和电缆的选择是供配电设计中的重要内容之一，如图 5–7 所示。导体和电缆是分配电能的主要器件，选择的合理与否，直接影响到有色金属的消耗量与线路投资，以及电力网的安全、经济运行。我国提倡选用铜导体，以减少损耗，节约电能，特别在易爆炸、腐蚀严重的场所，以及用于移动设备、检测仪表、配电盘的二次接线等，必须采用铜导体。

图 5–7　导体

导体和电缆的选择，必须满足用电设备对供电安全可靠和电能质量的要求，尽量节省投资、降低年运行费、布局合理、维修方便。导体和电缆的选择包括型号选择和截面选择。

5.2.1　导体和电缆型号的选择原则

导体和电缆型号的选择应根据其使用环境、工作条件等因素来确定。

1. 常用架空线路导体型号及选择

户外架空线路 6 kV 及以上电压等级一般采用裸导体，380 V 电压等级一般采用绝缘导体。裸导体常用的型号及适用范围如下。

（1）铝绞线

铝绞线导电性能较好，质量轻，对风雨的抵抗力较强，但对化学腐蚀作用的抵抗力较差；多用于 6 ～ 10 kV 的线路，其受力不大，杆距不超过 100 ～ 125 m。

（2）钢芯铝绞线

钢芯铝绞线的外围为铝线，芯子采用钢线，这就解决了铝绞线机械强度差的问题。由于交流电的趋肤效应，电流通过导线时，实际只从铝线经过，钢芯铝绞线的截面就是其中铝线的截面，适用于在机械强度要求较高的场合和 35 kV 及以上的架空线路上。

（3）铜绞线

铜绞线导电性能好，机械强度好，对风雨和化学腐蚀作用的抵抗力都较强，但价格较高，是否选用应根据实际需要而定，如图 5-8 所示。

图 5-8　铜绞线

（4）防腐钢芯铝绞线

防腐钢芯铝绞线既具有钢芯铝绞线的特点，同时防腐性能好，一般用在沿海地区、咸水湖及化工工业地区等周围有腐蚀性物质的高压和超高压架空线路上。

2. 常用电力电缆型号及选择原则

（1）电缆型号

电缆型号由拼音及数字组成，其表示和含义如图 5-9 所示。

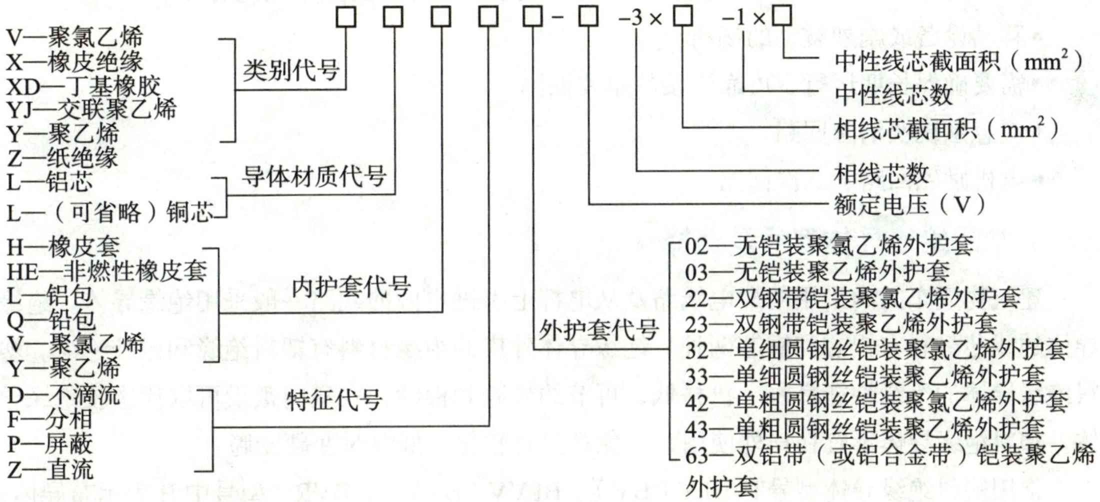

（1）控制电缆在型号前加 K，信号电缆在型号前加 P；
（2）ZR—阻燃电缆、ZF—耐火电缆，一般标注在型号前面。

图 5-9　电缆型号的表示和含义

例如，YJV22 表示铜芯交联聚乙烯绝缘聚氯乙烯外护套双钢带铠装电力电缆，ZR-KVV 表示铜芯聚氯乙烯绝缘聚氯乙烯护套阻燃控制电缆。

（2）电缆常用型号及选择原则

① 塑料绝缘电力电缆。该电力电缆结构简单，质量轻，抗酸碱，耐腐蚀，敷设安装方便，并可敷设在较大高落差或垂直、倾斜的环境中，有逐步取代油浸纸绝缘电缆的趋势。常用的有两种：聚氯乙烯绝缘及护套电缆（已达 10 kV 电压等级）和交联聚乙烯绝缘聚氯乙烯外护套电缆（已达 110 kV 电压等级）。交联聚氯乙烯绝缘电缆允许发热温度高，允许载流大。

② 油浸纸滴干绝缘铅包电力电缆。该电缆可用于垂直或高落差处，敷设在室内、电

缆沟、隧道或土壤中，能承受机械压力，但不能承受大的拉力。

③ 阻燃电缆。重要的高层建筑、公共建筑、人员密集场所应选用阻燃电缆；敷设在吊顶内、电缆隧道内及电缆桥架内的电缆，宜选用阻燃电缆，同一通道敷设的电缆应采用同一阻燃等级；建筑物内火灾自动报警保护对象分级为二级、消防用电供电负荷等级为二级的消防设备供电干线及支线，应采用阻燃电缆。

④ 耐火电缆。建筑物内火灾自动报警保护对象分级为一级、消防用电供电负荷等级为一级的消防设备供电干线及支线，应采用耐火电缆。

⑤ 电缆导体的类型应按敷设方式及环境条件选择，一般选用铜导体。工业与民用建筑工程宜采用铜芯电缆，下列场所应选用铜芯电缆。

- 易燃、易爆、腐蚀性强、潮湿等环境恶劣的场所。
- 重要的资料室、计算机房、库房等。
- 居民建筑、大型商场、影剧院、医院、娱乐场所等人员集中的地方。
- 移动设备或剧烈震动的场所。
- 需要确保长期运行、可靠连接的重要回路。
- 应急系统及消防回路。
- 电机励磁回路、二次回路。

3. 常用绝缘导体型号及选择

建筑物或车间内采用的配电线路及从电杆上引进户内的线路一般采用绝缘导体。绝缘导体的线芯材料有铝芯和铜芯两种。绝缘导体外皮的绝缘材料有塑料绝缘和橡胶绝缘。塑料绝缘导体的绝缘性能良好，价格低，可节约橡胶和棉纱，在室内敷设可取代橡胶绝缘导体。塑料绝缘导体不宜在户外使用，以免高温时软化，低温时变硬变脆。

常用塑料绝缘导体型号有 BLV（BV），BLVV（BVV），BVR。型号中 B 表示布导体，V 表示聚氯乙烯，R 表示软导体，L 表示铝芯，铜芯不表示。例如，BV 表示铜芯聚氯乙烯绝缘导体，BVR 表示铜芯聚氯乙烯绝缘软导体，BVV 表示铜芯聚氯乙烯护套聚氯乙烯绝缘导体。

5.2.2 导体和电缆截面的选择原则

导体和电缆截面的选择必须满足安全、可靠和经济的条件。

1. 按允许载流量选择导体和电缆截面

在导体和电缆（包括母线）通过正常最大负荷电流（即计算电流）时，其发热温度不应超过正常运行时的最高允许温度，以防止导体和电缆因过热而引起绝缘损坏或老化。这就要求通过导体和电缆的最大负荷电流不应大于其允许载流量。

2. 按允许电压损失选择导体和电缆截面

在导体和电缆（包括母线）通过正常最大负荷电流（即计算电流）时，线路上产生的电压损失不应超过正常运行时允许的电压损失，以保证供电质量。这就要求按允许电压损失选择导体和电缆截面。

3. 按经济电流密度选择导体和电缆截面

经济电流是指线路的初始投资与使用寿命期间的运行费用的总支出最小时的电流，相应的电流密度称为经济电流密度。按经济电流或经济电流密度选择的导体截面称为经济截面。对 35 kV 及以上的高压线路及电压在 35 kV 以下，但距离长、电流大和年最大负荷利用小时大的线路，10 kV 及以下的电缆线路宜按经济电流或经济电流密度选择。

4. 按机械强度选择导体和电缆截面

按机械强度选择导体和电缆截面对架空线路而言的，要求所选的截面不小于其最小允许截面。对电缆不必校验其机械强度。

5. 满足短路稳定的条件

架空线路因其散热性较好，可不做短路稳定校验，电缆应进行热稳定校验，其截面不应小于短路热稳定最小截面 $S_{th\cdot min}$。

在实际设计中，一般根据经验按其中一个原则选择，再校验其他原则。对于 35 kV 及 110 kV 高压供电线路，其截面主要按照经济电流密度来选择，按其他条件校验；对 10 kV 及以下高压线路和低压线路，通常按允许载流量选择截面，再校验电压损失和机械强度；对低压照明线路，因其对电压要求较高，所以通常先按允许电压损失选择截面，再校验其他条件。

选择导体和电缆截面时，要求在满足上述 5 个原则的基础上选择其中较大的截面。

任务 5.3 导体和电缆截面的选择

任务描述

导体和电缆截面的选择看似简单，实则涉及众多因素，需要综合考虑。一个小小的选择失误，都可能导致线路过热、绝缘损坏甚至引起火灾等严重后果。那么，如何科学、合理地选择导体和电缆的截面呢？

任务分析

导体和电缆作为电力系统中不可或缺的组成部分，其截面的选择直接关系到电力系统的安全、可靠和经济运行。通过本任务的学习，帮助学生掌握导体和电缆截面的选择原则和方法，确保在实际工程中能够准确、合理地选择导体和电缆截面。

任务实施

5.3.1 按允许载流量选择导体和电缆截面

1. 三相系统相导体（相线）截面的选择

导体和电缆通过电流时会发热，导体和电缆温度过高时，可使绝缘损坏，或者引起火灾。因此，导体和电缆的正常发热温度不得超过额定负荷时的最高允许温度，通过相导体的计算电流 I_c 不超过其允许载流量 I_{al}，即

$$I_c \leqslant I_{al} \qquad (5\text{-}1)$$

导体和电缆的允许载流量是指在参考环境温度及敷设方式条件下，导体和电缆能连续承受而不使其稳定温度超过允许值的最大电流。参考环境温度是指导体和电缆无负荷时周围介质环境温度。

（1）导体和电缆的环境温度及敷设方式与参考环境温度及敷设方式不一致时，通过相线的计算电流 I_c 应不大于其实际允许载流量 I'_{al}，即

$$I_c \leqslant I'_{al} \qquad (5\text{-}2)$$

（2）实际环境温度与参考环境温度不一致时，允许载流量须乘上温度修正系数 K_θ，以求出实际的允许载流量，即

$$I'_{al}=K_\theta I_{al} \qquad (5\text{-}3)$$

式中 K_θ——温度修正系数，$K_\theta=\sqrt{\dfrac{\theta_{al}-\theta'_0}{\theta_{al}-\theta_0}}$，$\theta_{al}$ 为导体和电缆的正常发热最高允许温度；

θ_0——导体和电缆允许载流量的参考环境温度；

θ'_0——导体和电缆敷设处的实际环境温度，土中直埋敷设时为埋深处的最热月平均温度，户外空气中或电缆沟敷设时为最热月的日最高温度平均值，一般厂房及建筑物中为最热月的日最高温度平均值，户内电缆沟敷设时为最热月的日最高温度平均值另加 5 ℃。

（3）电缆直埋敷设时，因土壤热阻系数不同，散热条件也不同，其允许载流量应乘上土壤热阻系数 K_s 校正。

（4）电缆多根并列时，其散热条件较单根敷设时差，允许载流量将降低，应乘上并列校正系数 K_P 进行校正。

（5）计算电流 I_c 的选取。对降压变压器高压侧的导体，取变压器一次额定电流；对电容器的引入线，考虑电容器充电时有较大涌流，高压电容器的引入线取电容器额定电流的 1.35 倍，低压电容器的引入线取电容器额定电流的 1.5 倍。

2. 中性导体和保护导体截面的选择

（1）中性导体（中性线、N 线）截面的选择

三相四线制线路的中性导体截面的选择，要考虑不平衡电流、零序电流及谐波电流的影响。

① 单相两线制线路及铜相导体截面 ≤ 16 mm^2 或铝相导体截面 ≤ 25 mm^2 的三相四线制线路，中性导体截面 S_0 应与相导体截面 S_φ 相同，即

$$S_0=S_\varphi \tag{5-4}$$

② 符合下列情况之一的线路，中性导体截面可小于相导体截面，但不应小于相导体截面的 50%，即

$$S_0 \geqslant 0.5S_\varphi \tag{5-5}$$

- 铜相导体截面 >16 mm^2 或铝相导体截面 >25 mm^2。
- 铜中性导体截面 ≥ 16 mm^2 或铝中性导体截面 ≥ 25 mm^2。
- 在正常工作时，包括谐波电流在内的中性导体预期最大电流不超过中性导体的允许载流量。
- 中性导体已进行了过电流保护。

③ 在三相四线制线路中有谐波电流时，计算中性导体电流应计入谐波电流。当中性导体电流大于相导体电流，应按中性导体电流选择截面。当三相平衡系统中有谐波电流时，4 芯或 5 芯电缆内中性导体截面与相导体截面相等，电缆载流量的降低系数如表 5–1 所示。

表 5–1　电缆载流量的降低系数

相电流中三次谐波电流 /%	降低系数	
	按相电流选择截面	按中性导体电流选择截面
0 ～ 15	1.0	—
＞15 且≤ 33	0.86	0.86
＞45	—	1.0

（2）保护导体（保护线、PE 线）截面的选择

保护导体截面 S_{PE} 应满足短路热稳定度的要求，并满足下列规定。

① 当 $S_\varphi \leqslant 16\ mm^2$ 时

$$S_{PE} \geqslant S_\varphi \tag{5-6}$$

② 当 $16mm^2<S_\varphi \leqslant 35\ mm^2$ 时

$$S_{PE} \geqslant 16\ mm^2 \tag{5-7}$$

③ 当 $S_\varphi \geqslant 35\ mm^2$ 时

$$S_{PE} \geqslant 0.5\, S_{\varphi} \tag{5-8}$$

（3）保护接地中性导体（保护接地线、PEN 线）截面的选择

保护接地中性导体具有保护导体和中性导体的双重功能，其截面按两者的最大值选取。在配电线路中固定敷设的铜保护接地中性导体的截面不应小于 10 mm^2，铝保护中性导体的截面不应小于 16 mm^2。

5.3.2 按经济电流密度选择导体和电缆截面

选择导体和电缆截面除了要满足技术条件，还要满足经济条件。导体和电缆截面的大小直接影响到线路的投资和年运行费用。因此从经济方面考虑，导体和电缆应选择一个比较合理的截面。其选择原则从以下两方面考虑。

（1）选择截面越大，电能损耗就越小，但线路投资、有色金属消耗量及维修管理费用就越高。

（2）虽然截面选择得小，线路投资、有色金属消耗量及维修管理费用低，但电能损耗大。

因此，从全面的经济效益考虑，按线路的投资和运行费用最少，即总费用最少原则选择导体和电缆截面，即

$$C_{T}=C_{I}+C_{OP} \tag{5-9}$$

式中 C_T——线路的总费用；

C_I——线路的投资，包含线路主材费用、附件费用和施工费用等，主要与导体的截面有关；

C_{OP}——线路的运行费用，与负荷的大小、年最大负荷利用小时、导体的截面、电价和使用寿命等有关。

在一定的敷设条件下，每一线芯截面都有一个经济电流范围。与经济电流对应的截面，称为经济截面，用 S_{ec} 表示。对应于经济截面的电流密度称为经济电流密度，用 j_{ec} 表示。

我国规定的经济电流密度如表 5-2 所示，该经济电流密度按年运行费用最少原则求得，未考虑投资收益、利润、税金、利息、负荷增长率和能源成本增长率等因素，是一种静态计算，而且线路的投资已增长了很多。经济电流密度的确定涉及电能、有色金属的供应、分配和国民经济发展情况。

表 5-2　我国规定的经济电流密度 j_{ec}　　单位：A/mm^2

导体材料	年最大负荷利用小时		
	3 000 h 以下	3 000 ～ 5 000 h	5 000 h 以上
铝绞线、钢芯铝绞线	1.65	1.15	0.90
铜绞线	3.00	2.25	1.75
铝芯电缆	1.92	1.73	1.54
铜芯电缆	2.50	2.25	2.00

线路的总费用、经济电流上下限和经济电流密度的计算公式见《电力工程电缆设计规范》（GB 50217—2007），经济电流密度曲线见《导体和电器选择设计技术规定》（DL/T 5222—2005）及有关设计手册。按经济电流选择导体和电缆截面的方法，计算繁杂，工作量大，适用于计算机计算。

按经济电流密度选择导体和电缆截面的公式为

$$S \leqslant \frac{I_c}{J_{es}} \tag{5-10}$$

式中　I_c——线路的计算电流。

根据式（5-10）计算出截面后，从相关手册中选取与该值接近且稍小的标称截面，再校验其他条件即可。

任务 5.4　电力线路的结构和敷设

任务描述

在现代电力工程中，随着用电需求的日益增长和复杂多样的应用场景出现，科学规划电力线路的结构并选择合适的敷设方式变得愈发重要。本任务将学习电力线路的结构和敷设的相关知识。

任务分析

随着城市化进程的加快和人们对电力需求的不断增加，如何合理、安全、经济地铺设电力线路已成为了人们面临的重要问题。通过本任务的学习，帮助学生了解架空线路和电缆线路的基本结构，以及它们在实际工程中的铺设方法和注意事项。

任务实施

电力线路有架空线路和电缆线路等，其结构和敷设各不相同。架空线路具有投资少、施工维护方便、易于发现和排除故障、受地形影响小等优点；电缆线路具有运行可靠、不易受外界影响、美观等优点。

5.4.1 电力线路的结构

扫一扫

电力线路的结构

1. 架空线路的结构

架空线路是指室外架设在电杆上用于输送电能的线路。架空线路由导体、电杆、横担、绝缘子、线路金具等组成。有的电杆上还装有拉线或扳桩，用来平衡电杆各方向的拉力，增强电杆的稳定性。110 kV 及以上架空线路上架设有接闪线，以防止雷击。

导线传导电流，输送电能。导体材质必须具有良好的导电性、耐腐蚀性和机械强度，一般采用铝绞线和钢芯铝绞线，钢芯铝绞线截面示意图如图 5-10 所示。导线在电杆上的排列方式有三角形排列、水平排列或垂直排列等。

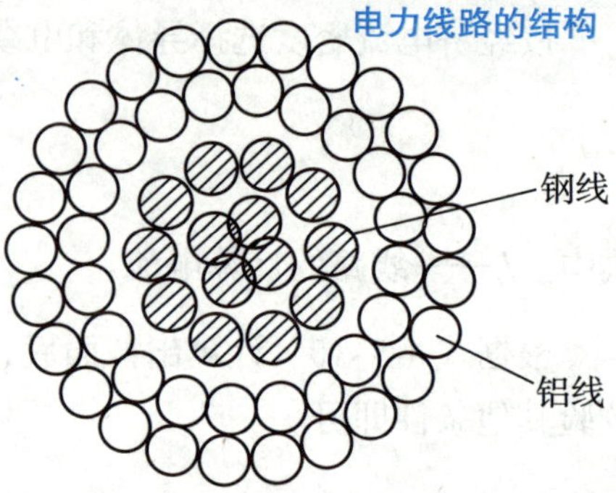

图 5-10 钢芯铝绞线截面示意图

电杆用于支持导线和接闪线，是架空线路的主要组成部分。电杆按采用材料分为水泥杆、钢杆和铁塔 3 种；按其受力不同可分为承力杆和直线杆两种。

承力杆承担线路方向的拉力，按其作用又可分为耐张杆、转角杆、终端杆、分支杆和跨越杆等。耐张杆位于若干直线杆之间，作为线路分段的支持点，当线路断线时，承受断线拉力，限制故障扩大，耐张杆通常兼作小转角杆；转角杆位于线路改变方向处，在正常情况下承受导线、接闪线的转角合力，事故情况下承受断线张力，也起到控制事故范围的作用；终端杆位于线路起止两端，承受导线、接闪线较大的张力差。

直线杆位于线路的直线段上，又称中间杆，承担导线、接闪线的垂直和水平负荷，但不承担线路方向的拉力。

架空线路的杆型应用示意图如图 5-11 所示。

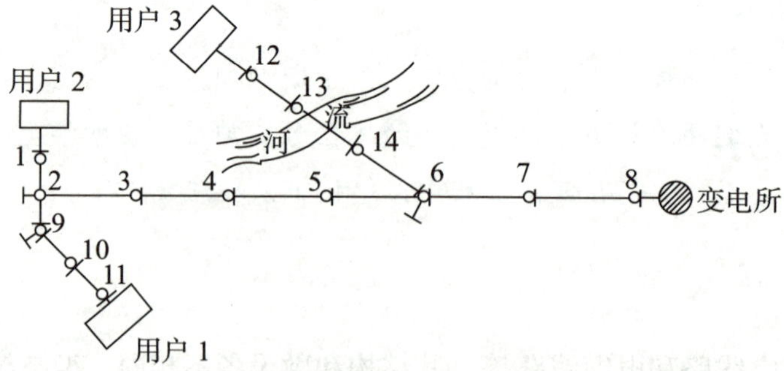

1，8，11，14- 终端杆；2，6- 分支杆；3，4，5，7，10- 直线杆；9- 转角杆；12，13- 跨越杆。

图 5-11 架空线路的杆型应用示意图

横担有铁横担、瓷横担。横担与电杆组装在一起，其作用是支持绝缘子架设导线，保证导线对地及导线与导线之间有足够的距离。

绝缘子有针式绝缘子和悬式绝缘子两类。绝缘子使导线与横担、杆塔之间保持足够的绝缘，同时承受导线的重量与其他作用力，要有足够的电气绝缘强度与机械强度。

线路金具有压接管、并沟线夹、悬式线夹、挂环、挂板、U 形抱箍和花篮螺丝等。线路金具用来连接导线、横担和绝缘子等的金属部件。

2. 电缆线路的结构

电缆线路由电力电缆和电缆头组成。电力电缆由导体、绝缘层和保护层 3 部分组成，油浸纸绝缘电力电缆结构示意图如图 5-12 所示。

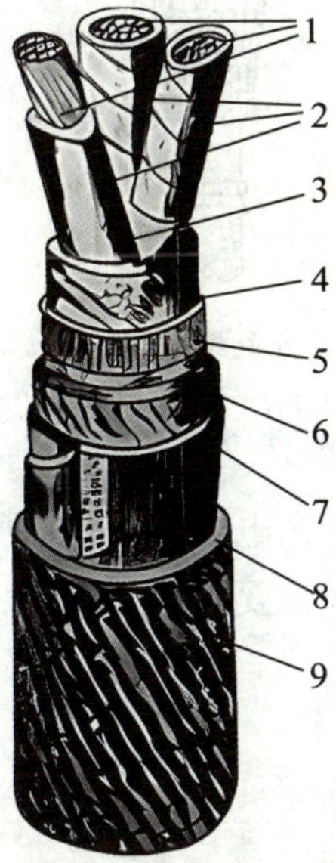

1- 载流线芯；2- 电缆纸；3- 黄麻填料；4- 束带绝缘；5- 铅包皮；6- 纸带；
7- 黄麻内保护层；8- 钢铠；9- 黄麻外保护层。

图 5-12　油浸纸绝缘电力电缆结构示意图

导体一般由多股铜线或铝线绞合而成，便于弯曲。线芯采用扇形，可减小电缆外径。绝缘层用于导体线芯之间或线芯与大地之间良好的绝缘。保护层用来保护绝缘层，使其密封，并保持一定的机械强度，以承受电缆在运输和敷设时所受的机械力，并且防止潮气进入。

电缆头包括电缆中间接头和电缆终端头。图 5-13 为电缆环氧树脂中间接头。图 5-14 为户内式环氧树脂终端头。环氧树脂浇注的电缆头具有绝缘性能好、体积小、重量轻、密封性好及成本低等优点，在 10 kV 系统中应用较广泛。

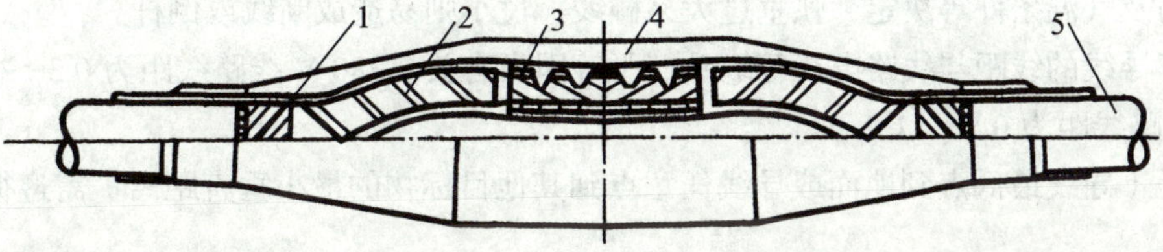

1- 统包绝缘层；2- 缆芯绝缘；3- 扎锁管（管内两线芯对接）；4- 扎锁管涂色层；5- 铅包。

图 5-13　电缆环氧树脂中间接头

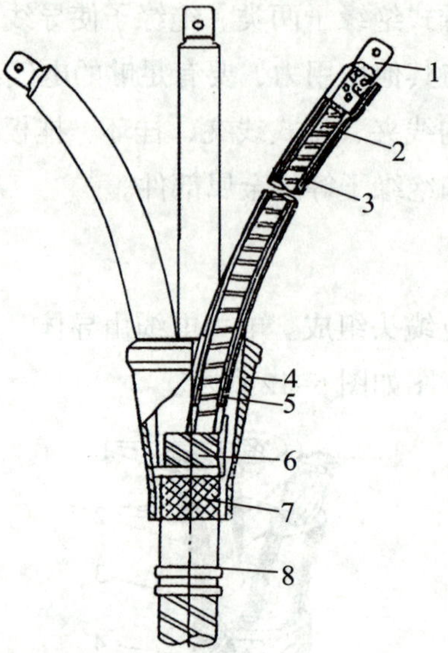

1- 引线鼻子；2- 缆芯绝缘；3- 缆芯（外包绝缘层）；4- 预制环氧外壳（可代以铁皮模具）；5- 环氧树脂（现场浇注）；6- 统包绝缘；7- 铅包；8- 接地线卡子。

图 5-14 户内式环氧树脂终端头

电缆线路的故障大部分情况发生在电缆接头处，所以，电缆头是电缆线路中的薄弱环节。对电缆头的安装质量尤其要重视，要求密封性好，有足够的机械强度，耐压强度不低于电缆本身的耐压强度。

5.4.2 电力线路的敷设

1. 架空线路的敷设

架空线路的敷设原则如下。

（1）在施工和竣工验收中必须遵循有关规程规定，以保证施工质量和线路安全运行。

（2）合理选择路径，做到路径短，转角小，交通运输方便，并与建筑物保持一定的安全距离。

（3）确定杆位和杆型，应满足以下要求。

不同电压等级线路的挡距不同（也称跨距，即同一线路上相邻两电杆中心线之间的距离）。一般 380 V 线路挡距为 50 ～ 60 m，6 ～ 10 kV 线路挡距为 80 ～ 120 m。

弧垂（架空导线最低点与悬挂点间的垂直距离）要根据挡距、导线型号与截面、导线所受拉力及气温条件等决定，弧垂过大易碰线，过小则易造成断线或倒杆。

同杆导线的线距与线路电压等级及挡距等因素有关。380 V 线路线距为 0.3 ～ 0.5 m，10 kV 线路线距为 0.6 ～ 1.0 m。

限距（导线最低点到地面或导线任意点到其他目标物的最小垂直距离）需遵循有关手册规定。

（4）架空线路与地面及其他设施的最小距离必须按有关规程要求。

2. 电缆线路的敷设

电缆线路常用的敷设方式有以下几种。

（1）直接埋地敷设

直接埋地敷设方式是首先挖好壕沟；然后沟底敷砂土、放电缆；再填以砂土，上加保护盖板；最后再回填土，如图 5-15 所示。其施工简单，散热效果好，且投资少。但检修不便，易受机械损伤和土壤中酸性物质的腐蚀。所以，如果土壤有腐蚀性，须经过处理后再敷设。直接埋地敷设适用于电缆数量少、敷设途径较长的场合。

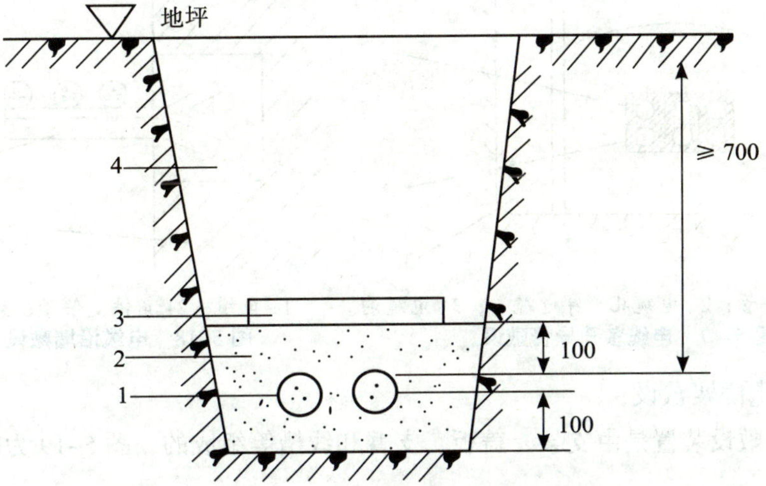

1- 电力电缆；2- 砂土；3- 保护盖板；4- 填土。

图 5-15 电缆直接埋地敷设（单位 mm）

（2）电缆沟敷设

电缆沟敷设方式是将电缆敷设在电缆沟的电缆支架上。电缆沟由砖砌成或混凝土浇筑而成，上加盖板，内侧有电缆架，如图 5-16 所示。其投资稍高，但检修方便，占地面积少，所以在配电系统中应用很广泛。

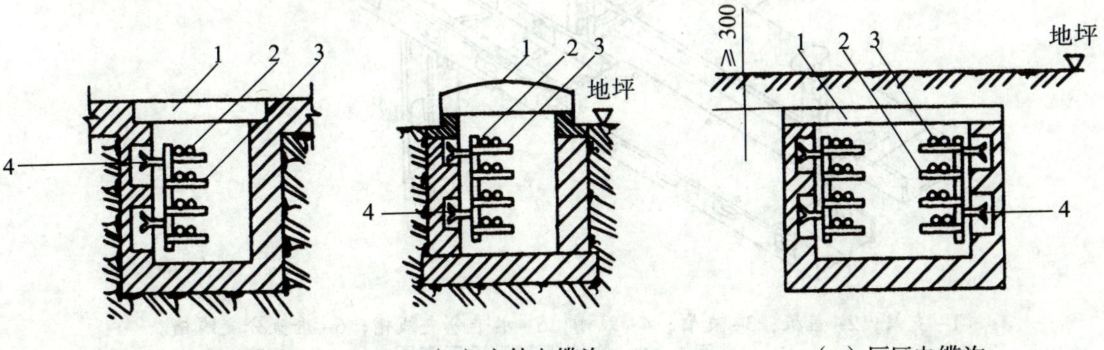

（a）户内电缆沟 （b）户外电缆沟 （c）厂区电缆沟

1- 盖板；2- 电缆；3- 电缆支架；4- 预埋铁件。

图 5-16 电缆沟敷设（单位：mm）

（3）电缆多孔导管敷设

电缆多孔导管敷设方式适用于电缆数量不多（一般不超过 12 根），而道路交叉较多，路径拥挤，又不宜采用直埋或电缆沟敷设的地段。电缆多孔导管可采用石棉水泥管或混凝土管或 PVC 管，其结构如图 5–17 所示。

（4）电缆沿墙敷设

电缆沿墙敷设方式要在墙上预埋铁件，预设固定支架，电缆沿墙敷设在支架上，如图 5–18 所示。其结构简单，维修方便，但积灰严重，易受热力管道影响，且不够美观。

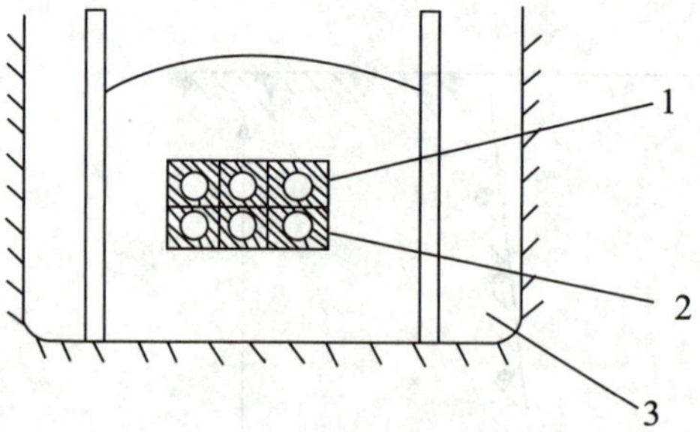

1– 多孔导管；2– 电缆孔（穿电缆）；3– 电缆沟。

图 5–17 电缆多孔导管敷设

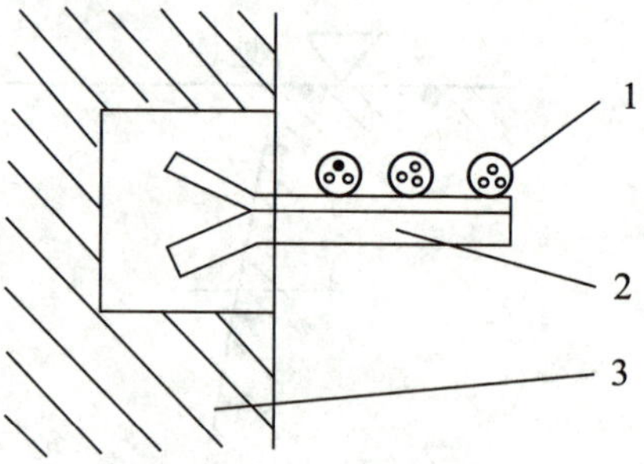

1– 电缆；2– 角铁支架子；3– 墙。

图 5–18 电缆沿墙敷设

（5）电缆桥架敷设

电缆桥架敷设装置是由支架、盖板、支臂和线槽等组成的，图 5–19 为电缆桥架敷设示意图。

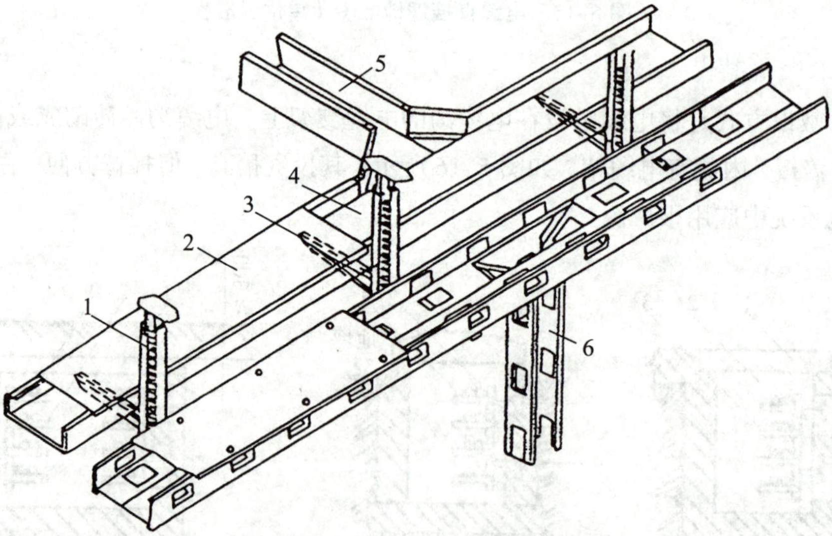

1– 支架；2– 盖板；3– 支臂；4– 线槽；5– 水平分支线槽；6– 垂直分支线槽。

图 5–19 电缆桥架敷设示意图

电缆桥架敷设的采用，克服了电缆沟敷设电缆时存在的积水、积灰、易损坏电缆等多种弊端，改善了运行条件，且具有占用空间小、投资少、建设周期短、便于采用全塑电缆和工厂系列化生产等优点，因此在国内已广泛应用。

3. 敷设电缆需遵循的原则

敷设电缆需遵循的原则如下。

（1）电缆类型要符合所选敷设方式的要求，如直埋地电缆应有铠装和防腐层保护。

（2）如果敷设条件允许，可给电缆考虑 1.5% ～ 2% 的长度余量，作为检修时备用。

（3）电缆敷设的路径要力求少弯曲，弯曲半径与电缆外径的倍数关系应符合有关规定，以免弯曲扭伤。

（4）垂直敷设的电缆和沿陡坡敷设的电缆，其最高点与最低点之间的最大允许高度差不应超过规定值。

（5）以下地点的电缆应穿钢管保护（注意钢管内径不能小于电缆外径的 2 倍）：电缆从建筑物引入、引出或穿过楼板及主要墙壁处；从电缆沟引出到电杆，或沿墙敷设的电缆距地面 2 m 高及埋入地下小于 0.25 m 深的一段；电缆与道路、铁路交叉的一段。

（6）直埋地电缆埋地深不得小于 0.7 m，并列埋地电缆相互间的距离应符合规定（如 10 kV 电缆间不应小于 0.1 m）。电缆沟距建筑物基础应大于 0.6 m，距电杆基础应大于 1 m。

（7）不允许在煤气管、天然气管及液体燃料管的沟道中敷设电缆；一般不要在热力管道的明沟或隧道中敷设电缆，特殊情况时，可允许少数电缆放在热力管道沟道的另一侧或热力管道的下面，但必须保证不至于使电缆过热；允许在水管或通风管的明沟或隧道中敷设少数电缆，或电缆与之交叉。

（8）户外电缆沟的盖板应高出地面（但注意厂区户外电缆沟盖板应低于地面 0.3 m，上面铺以沙子或碎土），户内电缆沟的盖板应与地板平。电缆沟从厂区进入厂房处应设防火隔板，沟底应有不小于 0.5% 的排水坡度。

（9）电缆的金属外皮、金属电缆头及保护钢管和金属支架等，均应可靠接地。

5.4.3 车间电力平面布置图

电气平面布置图就是在建筑平面图上，按《电气简图用图形符号　第 11 部分：建筑安装平面布置图》（GB/T 4728.11—2022）规定，标出用电设备和配电设备的安装位置及标注，标出电气线路的部位、路径和敷设方式的电气平面图。电气平面布置图有电力平面布置图、照明平面布置图和弱电系统平面布置图等。车间电力平面布置图是表示供配电系统对车间用电设备配电的电气平面布置图。

1. 用电设备的位置和标注

须标出所有用电设备的位置，并依次进行编号。在用电设备或电动机出口处标注设备编号和容量，标注的格式为

$$\frac{a}{b} \tag{5-11}$$

式中 a——设备编号；

b——设备额定容量，kW。

2. 配电设备的位置和标注

须标出所有配电设备的位置，并依次进行编号，图形符号符合相关规定，并标注其型号，配电设备标注的格式一般为

$$-a \text{ 或 } -a+b/c \tag{5-12}$$

式中 a——设备种类代号，在不会引起混淆时，前缀“–”可取消；

b——设备安装的位置代号；

c——设备型号。

例如，–APl+1 · B6/XL21–15 表示动力配电箱种类代号为 –AP1，位置代号 +1 · B6 即安装位置在一层 B、6 轴线，型号为 XL21–15，位置代号可省略。

3. 线路的走向和敷设方式标注

须标出所有线路的走向，注明导体或电缆的型号、规格和敷设方式，标注的格式为

$$ab-c\,(d\times e+f\times g)\,i-jh \tag{5-13}$$

式中 a——线缆编号；

b——线缆型号，不需要可省略；

c——线芯根数；

d——电缆芯数；

e——芯线截面，mm^2；

f——PE、PEN 线芯数；

g——芯线截面；

i——线缆敷设方式；

j——线缆敷设部位；

h——线缆敷设安装高度。

以上字母无内容则省略该部分。线路敷设方式及敷设部位的文字代号如表 5-3 所示。

表 5-3　线路敷设方式及敷设部位的文字代号

线路敷设方式的文字代号				线路敷设部位的文字代号			
直接埋地敷设	DB	穿焊接钢管敷设	SC	吊顶内敷设	SCE	暗敷在柱内	CLC
电缆沟敷设	TC	穿电线管敷设	MT	沿墙面敷设	WS	暗敷在墙内	WC
电缆桥架敷设	CT	穿硬塑料管敷设	PC	沿或跨柱敷设	AC	暗敷在梁内	BC

续表

线路敷设方式的文字代号				线路敷设部位的文字代号			
混凝土排管敷设	CE	穿阻燃半硬塑料管敷设	FPC	沿或跨梁（屋架）敷设	AB	暗敷在屋面或顶板内	CC
塑料线槽敷设	PR	穿可挠金属电线保护套管敷设	CP	沿天棚或顶板面敷设	CE	地板或地面下敷设	FC
金属线槽敷设	MR	穿塑料波纹电线管敷设	KPS	—	—	—	—
钢索敷设	M	—	—	—	—	—	—

例如，WP01 YJV-0.6/1kV-2（3×150+2×70）SC80-WS3.5 表示电缆编号为 WP01，电缆型号、规格为 YJV-0.6/1kV-（3×150+2×70），两根电缆并联连接，敷设方式为穿 SC80 焊接钢管沿墙明敷，电缆敷设高度距地 3.5 m。

图 5-20 为某机械加工车间（一角）的电力平面布置图。该图中动力配电箱的型号为 XL-21，引入线的型号为 BV-500，3 根相线截面为 25 mm^2，中性线截面为 16 mm^2，敷设方式为穿 SC40 焊接钢管地面内暗敷。

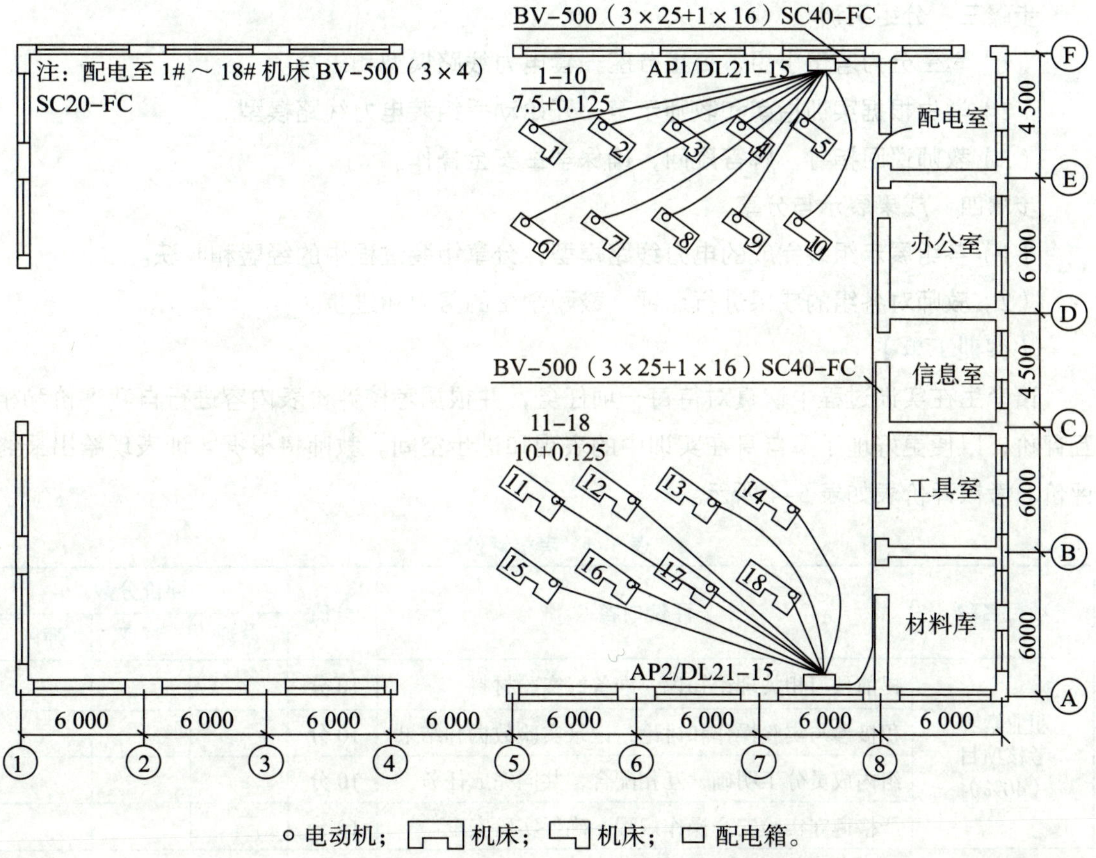

图 5-20　某机械加工车间（一角）的电力平面布置图（单位 :mm）

项目工单

【实训名称】

电力线路基础组装与敷设体验

【实训目的】

1. 使学生初步了解电力线路的基本组件。
2. 掌握电力线路简单组装与敷设的基本技能。

【实训步骤】

步骤一：活动导入

教师简短介绍电力线路在电力系统中的作用，以及本次实训的目的和重要性。

步骤二：理论讲解与示范

（1）使用 PPT 或实物展示，简要介绍电力线路的基本组件，如导线、绝缘子、杆塔等。

（2）教师现场演示电力线路的简单组装过程，包括导线与绝缘子的连接、杆塔的搭建等。

步骤三：分组实训

（1）学生分为若干小组，每组分配一套电力线路模型和工具。

（2）学生根据实训指南和教师示范，开始动手组装电力线路模型。

（3）教师巡回指导，解答疑问，确保学生安全操作。

步骤四：成果展示与分享

（1）各组展示组装完成的电力线路模型，分享组装过程中的经验和收获。

（2）教师对各组的成果进行点评，鼓励学生的努力和进步。

【实训工单】

请学生在实训过程中认真对待每一项任务，并根据考核评价表内容进行自我评价和相互评价，以便更好地了解自身在实训中的表现和进步空间。教师将根据实训表现给出最终评价。考核评价表如表 5-4 所示。

表 5-4　考核评价表

项目名称	评价内容	分值	评价分数		
			自评	互评	师评
职业素养考核项目（40%）	提前预习相关理论知识，准备好实验材料	10 分			
	积极参与实验操作和讨论，记录实验数据和结果	10 分			
	组内成员分工明确，互相配合，共同完成任务	10 分			
	严格遵守实验安全操作规程，确保实验安全	10 分			

续表

项目名称	评价内容	分值	评价分数		
			自评	互评	师评
专业能力考核项目（60%）	准确完成导线与绝缘子的连接	20 分			
	正确搭建杆塔并确保结构稳定	20 分			
	组装过程中展现出良好的问题解决能力	20 分			
合计：综合分数________自评（20%）+互评（20%）+师评（60%）		100 分			

项目小结

本项目主要介绍了电力线路相关知识。首先介绍了电力线路的接线方式，包括放射式、树干式和环形，分析了它们的特点、适用场景及优缺点；其次介绍了导体和电缆选择的一般原则，涵盖型号和截面选择，以及不同类型导体和电缆的选择要点；再次介绍了导体和电缆截面的选择方法，如按允许载流量、经济电流密度等原则进行选择；最后介绍了电力线路的结构和敷设，包括架空线路和电缆线路的结构组成、敷设方式及注意事项，以及车间电力平面布置图的相关内容。通过本项目的学习，学生能够全面了解电力线路的基本知识，掌握电力线路工程的相关技能，提升对电力线路设计、安装和维护的实际操作能力。

课后练习

一、填空题

1. 电力线路的常用的接线方式有________、________和________3 种。
2. 高压放射式接线有________、________、________和________4 种。
3. 绝缘导体的线芯材料有________和________两种。
4. 当中性导体电流大于相导体电流，应按________选择截面。
5. 电缆沟敷设方式是将电缆敷设在________的电缆支架上。

二、简答题

1. 简述放射式接线的含义。
2. 电缆线路常用的敷设方式有哪几种？

项目 6　自动化控制系统应用过程中涉及的技术和装置

项目导读

从早期的模拟仪表控制系统到集中式数字控制系统，再到如今的集散控制系统和现场总线控制系统，控制系统经历了多次技术革新。这些技术革新不仅提高了生产效率，还极大地提升了控制系统的可靠性和灵活性。本项目通过分析计算机控制系统的演变历程，结合当前最新的现场总线技术和网络控制技术，旨在为学生提供一个全面、系统的知识体系，以理解并掌握工业控制网络的基本原理、技术特点及其应用。

学习目标

◎知识目标

1. 了解计算机控制网络与工业控制系统的发展历程。
2. 掌握各类控制系统的基本原理和体系结构。
3. 深入理解现场总线控制系统的技术特点、通信协议及主要设备。
4. 掌握工业控制网络的基本概念、通信方式及差错控制技术。

◎能力目标

1. 能够根据实际需求，选择合适的控制系统方案，进行初步的系统设计与配置。
2. 熟练掌握现场总线控制系统的集成与扩展方法。
3. 能够对工业控制网络进行性能分析与优化，提高系统的实时性和可靠性。

◎素质目标

1. 培养学生的工程实践能力和创新精神，能够在自动化控制系统的设计与实施中发现问题、分析问题并解决问题。

2. 增强学生的职业素养和社会责任感，使其在从事自动化控制领域的工作时，能够遵守行业规范。

3. 注重产品质量和安全，为工业生产的智能化、自动化发展做出贡献。

思政目标

1. 了解我国在工业控制网络领域的发展历程和取得的成就，增强学生的民族自豪感和爱国情怀。

2. 认识到工业控制网络在现代工业生产中的重要性，以及学生在国家工业发展中的责任和使命。

任务6.1 工业控制网络

任务描述

某些大型工厂是如何在无人或少人的情况下，依然能够高效、精准地完成各项生产任务的呢？这一切的背后，离不开一个强大的“指挥官”——自动化控制系统。

任务分析

在自动化控制领域，工业控制网络扮演着举足轻重的角色。它不仅是连接各个控制设备和系统的桥梁，更是实现信息传输、共享和集成的重要工具。通过本任务的学习，帮助学生了解自动化控制系统的发展历程，熟悉工业控制网络的基本概念、特点以及如何影响控制系统的体系结构。

任务实施

6.1.1 控制系统与控制网络概述

1. 计算机控制系统的发展历程

计算机网络是计算机技术和通信技术相结合的产物，也是计算机应用广泛普及与计算机技术科学飞速发展的结果。计算机网络已广泛应用于数据收集与交换、经营管理、过程控制、信息服务，如情报检索、电子邮政、计算机辅助教育、办公室自动化等方面。计算机网络的通信范围已从一座办公楼、一个城市、一个国家扩展到洲际。计算机应用系统从包含单一计算机系统发展到计算机网络，标志着计算机应用进入一个新阶段。

计算机也称“网络”，把多台计算机及各种外部设备通过数据通信线路连接而成的多用户系统。按照计算机连接的方式可分为集中式网络和分布式网络。

集中式网络是由单一的中央计算机同一台以上终端连接形成的集中处理系统，其线路配置有点到点线路、多点线路及多路转接线路 3 种。集中式网络特点是有综合的数据库系统、精密的控制系统、集中数据处理、信息经济效益好；缺点是缺乏灵活性、操作系统协调困难。

分布式网络是由分散的多台独立运行的计算机连接组成的处理系统，工作站上的小型机或微机可分担多数的处理负荷，必要时才请求服务器系统支援。分布式网络有 3 种配置方式：星形、环形和分层联结。分布式网络的特点是面向多用户且具有灵活性、资源共享好、网络易于装配、能即时应答用户查询，但控制相对较难、数据不易保密、维护费用较高等。网络能迅速可靠地传输数据、共享计算机资源，适用于集团性企业之间及类似多单位之间对数据和信息进行集中和分散管理的情况。

计算机网络的发展并非一蹴而就，它经历了多个具有里程碑意义的阶段。

第一代计算机网络：从 20 世纪 50 年代中期开始，出现了计算机与通信技术相结合的尝试，出现了第一代计算机网络。它实际上是以单个计算机为中心的远程联机系统。这样的系统中除了一台计算机，其余的终端都没有自主处理信息的功能。系统主要存在的是终端和中心计算机之间的通信。虽然历史上也称作计算机网络，但是与后来出现的多个计算机互联的计算机网络有很大的区别，称为“面向终端的计算机网络”。

第二代计算机网络：是多个主计算机通过通信线路互联起来，提供服务。这是 20 世纪 60 年代后期开始兴起的，与这一代计算机网络的显著区别在于，这里的多个主计算机都具有自主处理能力，它们之间不存在主从关系，这样的多个主计算机互联的网络才是目前常用计算机网络。在系统中，终端与计算机的通信发展到了计算机与计算机之间的通信。

第三代计算机网络：20 世纪 70 年代后期人们认识到了第二代计算机网络的缺点，由于第二代计算机网络主要由各研究单位，部门各自研制的，这就带来了不同网络难于互联的缺点。为了解决这个问题，就产生了第三代计算机网络，第三代网络是开放的和标准的计算机网络，它具有统一的网络体系结构并遵循国际标准协议。

第四代计算机网络：自 20 世纪 80 年代末以来，局域网技术逐渐发展成熟，开始出现光纤及高速网络技术，多媒体，智能网络，渐渐发展为以 Internet 为核心的互联网。此时，对用户来说整个计算机网络系统就像透明的一样。

第四代计算机网络的崛起与互联网核心架构的成熟，不仅重塑了信息交互的边界，更深刻推动了工业控制系统的范式转型。

计算机从产生的那天起就开始了在控制系统中的应用。20 世纪 60 年代，人们利用微处理器和一些外围电路构成了数字式仪表以取代模拟仪表，这种控制方式被称为直接数字控制（direct digital control，DDC），该控制方式提高了系统的控制精度和控制灵活性，而且在多回路的巡回采样及控制中具有传统模拟仪表无法比拟的性能价格比。

进入 20 世纪 80 年代后，由于计算机网络技术的迅速发展，同时也因为生产过程和控制系统的进一步复杂后，人们将计算机网络技术应用到了控制系统的前置机之间以及前置机和上位机的数据传输中。前置机仍然完成自己的控制功能，但它与上位机之间的数据（上位机的控制指令和控制结果信息）传输采用计算机网络实现。上位机在网络中的物理地位和逻辑地位与普通站点一样，只是完成的逻辑功能不同，另外，上位机增加了系统组态功能，即网络的配置功能。这样的控制系统称为 DCS。DCS 是计算机网络技术在控制系统中的应用成果，提高了系统的可靠性和可维护性，在今天的工业控制领域仍然占据着主导地位。然而，不可忽视的是：DCS 采用的是普通商业网络的通信协议和网络结构，在解决工业控制系统的自身可靠性方面没有做出实质性的改进，为加强干扰和可靠性采用了冗余结构，从而提高了控制系统的成本。另外，DCS 不具备开放性，布线复杂，费用高。

人们在 DCS 的基础上开始开发一种通用于工业环境的网络结构和网络协议，并实现传感器、控制器层的通信，这就是现场总线。由于从根本上解决了网络控制系统的自身可靠性问题，现场总路线技术逐渐成为计算机控制系统的发展趋势。从那时起，一些发达的工业国家和跨国工业公司都纷纷推出自己的现场总线标准和相关产品，形成了群雄逐鹿之势。

2. 控制系统的网络化发展背景

（1）应用背景

根据工厂管理、生产过程及功能要求，计算机集成制造系统（computer integrated manufacturing system，CIMS）体系结构可分为 5 层，即工厂级、车间级、单元级、工作站和现场级。简化的 CIMS 则 3 层，即工厂级、车间级和现场级。现场级与车间级自动化监控及信息集成是工厂自动化及 CIMS 不可缺少的重要部分，该系统主要完成底层设备单机控制、联机控制、通信联网、在线设备状态检测及现场设备运行、生产数据的采集、存储、统计等功能，保证现场设备高质量完成生产任务，并将现场设备生产及运行数据信息传送到工厂管理层，向工厂级 CMIS 系统数据库提供数据，同时也可接受工厂管理层下达的生产管理及调度命令并执行。因此，现场级与车间级自动化临近及信息集成系统是实现工厂自动化及 CIMS 系统的基础。

传统的现场级与车间级自动化监控及信息集成系统（包括基于 PC、PLC、DCS 产品的分布式控制系统），其特点是现场层设备和控制器之间的连接是一对一的 I/O 接线方式，即一个 I/O 点对设备的一个测控点，传送 4–20 mA 模拟量信号或 24 V DC 开关量信号，这种传统的现场级与车间级自动化监控及信息集成系统有以下缺点。

① 信息集成能力不强。控制器与现场设备之间靠 I/O 边线连接，传送 4–20 mA 模拟量信号或 24VCD 等开关量信号，并以此监控现场设备。这样控制器获取信息量有限，大量的数据如设备参数、故障及记录等很难得到。底层数据不全，信息能力不强，不能完全满足 CIMS 系统对底层数据的要求。

② 系统不开放，可集成性差。专业性不强除现场设备均靠标准 4–20 mA/24 V DC 连接外，系统其他软件通常只能使用一家产品。不同厂商缺乏互操作性和互换性，因此可集成性差。这种系统很少留出接口，允许其他厂商将自己专长的控制技术，如控制算法、工艺流程、配方等集成到通用系统中去，因此，面向行业的系统很少。

③ 可靠性不易保证。对于大范围的分布式系统，大量的 I/O 电缆及敷设施工，不仅增加了成本，也增加了系统的不可靠性。

④ 可维护性不高。由于现场级设备信息不全，现场级设备的在线故障诊断、报警、记录功能不强。另外也很难完成现场设备的远程参数设定、修改等参数化功能，影响了系统的可维护性。

（2）技术背景

从发展历程看，信息网络体结构的发展与控制系统结构的发展有相似之处。计算机出现以后人们便开始探索两台或多台计算机之间的通信问题，纵观企业信息网络的发展，它经历了以下几个发展阶段。

① 基于主机的集中模式。由强大的主机完成几乎所有的计算和处理任务，用户和主机的交互很少。

② 基于工作组的分层结构。微机和局域网技术的发展使工作性质相近的人员组成群体，共享某些公共资源，用户之间的交流和协作得到了加强。

③ 客户 / 服务器网络模式。计算机网络技术的发展使它成为现代信息技术的主流。该模式提高了信息资源的安全性和利用率，成为网络计算的流行模式。

④ 基于 Internet/Intranet/Extranet 和 fieldbus 的企业网。Internet 的发展和普及应用使它

成为公认的未来全球信息基础设施的雏形。采样 Internet 成熟的技术和标准，人们又提出了 Internet 和 Extranet 的概念，分别用于企业内部网和企业外联网的实现，于是便形成了以 Internet 为中心，以 Extranet 为补充，依托于 Internet 的新一代企业信息基础设施（企业网）。

而计算机控制系统也大体经历了集中控制、递阶分层控制、基于现场总线的网络控制等发展阶段。信息网络与控制系统在体系结构发展过程上的相似性不是偶然的。在计算机控制系统运行的过程中，每一种结构的控制系统总是滞后于相应计算机技术的发展。正是在计算机领域一种新技术出现以后，人们才开始研究如何将这种新技术应用于控制领域。

3. 控制系统网络化发展的阶段

随着电子、计算机和网络技术的发展，控制系统经历了组合式模拟控制系统、集中式数字控制系统、DCS 发展到当前现场总线控制系统和开放嵌入式网络化控制系统阶段。控制系统发展呈现出向分散化、网络化、智能化发展的方向。其中，以生产过动化、仪表监控诊断、楼宇自动化和家庭智能化控制等方面网络化趋势最为显著。

传统集中控制系统和 DCS 曾极大地推动了控制工业的发展。由于技术的发展、控制和管理要求的不断增加，使得控制系统正由封闭的集中体系加速向开放分布式体系发展。控制界正在向网络化转变。同时，由于各种控制网络协议的产生和控制技术发展的延续性，底层控制系统出现了多种网络技术、多种网络协议共存的局面。根据 Metcalfa 定理：网络的功能将随着网络节点的增长而成指数级增长。

因此，控制网络扩展性和兼容性越好，网络控制节点越多，控制功能也越强。不同控制网络的集成化是当前控制系统网络化的主要特点之一。企业与外界交流的信息不仅包括管理信息，还包括设备状态和生产控制信息。控制网络与信息网络的集成可以实现微观控制和企业宏观决策的一体化，为生产控制和企业管理决策带来一种新的模式。

从控制系统的出现，就产生了控制信息交流和共享的问题。由于技术上的限制，控制系统发展的早期采取的是一种封闭结构。这同计算机技术发展早期相似；而且，控制系统的网络化发展也跟计算机网络的发展进程有某种相似的对应关系。控制网络技术的发展是从 DCS 才真正开始的，并呈现以下 3 个阶段。

（1）传统 DCS

DCS 针对集中控制系统风险集中的弊端，把一个控制过程分解为多个子系统，由多台计算机协同完成。其结构主要有以下特点：具有现场级的控制单元（PLC、MCU 等），现场级控制单元与现场设备用电缆连接，采用标准 4–20 mA 模拟信号传输；具有中央控制单元（CPU），中央控制单元与现场级控制单元之间采用 RS–232/485 等以专用非开放协议通信。目前，DCS 领域主要由 Honeywell、Fisher、ABB、Foxboro、西门子等公司占据。

集散控制系统具有了一定的网络化思想，适应于当时的计算机和网络技术水平，但是在实际应用中也体现出了不足。首先，集散系统仍然是模拟数字混合系统，模拟信号的转换和传输使系统精度受到限制；其次，它在结构上遵循主从式思想的原则，没有完全突破集中控制模式的束缚，一旦主机故障，系统可靠性就无法保障；最后，DCS 属非开放式专用网络系统，各系统互不兼容，不利于继续提高系统可维护性和组态灵活性。集散控制系统在控制领域类似于计算机领域中主机与终端的共用。

（2）现场总线控制系统

现场总线控制系统（FCS）是一种开放的分布式控制系统。突破了 DCS 中采用专用网络的缺陷，把专用封闭协议变成标准开放协议。同时，使系统具有完全数字计算和数字通信能力。结构上，它采用了全分布式方案，把控制功能彻底下放到现场，提高了系统可靠性和灵活性。因而，FCS 与 DCS 相比较具有很多优点：是现场通信网络，设备之间可点对点、点对多点或广播多种方式通信；利用统一组态与任务下载，使得如 PID、数字滤波、补偿处理等简单控制任务可动态下载到现场设备；可减少传输线路与硬件设备数量，节省系统安装维护的成本；还增强了不同厂家设备的互操作性和互换性。目前，出现了多种现场总线：基金会总线（FF）、LON 总线、Profibus、HART 及 CAN 总线等。

现场总线控制系统主要不足是：各种现场总线尽管都是开放协议，遵循同一种协议不同厂家的产品可以兼容。但是，各种协议并没有统一，不同总线协议的系统不易互联。而且，现场总线通信协议与上层管理信息系统或进一步的 Internet 所广泛采用的 TCP/IP 协议是不兼容的，也存在协议转换问题。这些增加了控制和管理信息一体化网络的实现难度。

（3）开放嵌入式网络化控制系统

控制系统采用统一的网络协议和结构模型。TCP/IP 协议是一个跨平台的通信协议族，能方便地实现异种机互联。因此，TCP/IP 协议由信息网络向底层控制网络延伸和扩展，形成控制与信息一体化分布式全开放网络，符合计算机、网络和控制技术融合的潮流，是逻辑的必然。网络和微处理器技术的发展，使得网络的频带不断加宽，微处理器的体积不断缩小，运算能力不断增加。宽带网和更高性能处理器的出现使得 TCP/IP 协议有可能应用于实时测控系统中，从而导致了开放嵌入式网络化控制系统的产生。测控仪表和家庭智能化领域已经出现了小型嵌入式设备以 TCP/IP 协议联网的应用。

开放嵌入式网络化控制系统借助于局域网和互联网使得遥感、遥控成为可能。由于借鉴了计算机软、硬件和网络技术，可以降低系统成本，进一步增加系统的开放性。除了应用层外，通信协议的统一将不再有不同协议转换问题，为控制网络和信息网络集成提供了最完美的解决方案。

目前绝大多数实时控制还是在隔离或封闭网段上实现，真正的跨网络远程实时控制还没有出现；大量设备上网导致的 IP 地址资源不足也是一个问题。解决的办法是：继续提高网络速度；增加微处理器的运算能力；完成 TCP/IP 协议软件的小型化；尽快以 IPv6 替代 IPv4，扩展 IP 资源。

4. 控制系统网络化现状

任何技术的变革都是连续渐进的。由于技术上的特点和市场利益的竞争，控制系统网络化必然是一个缓慢的过程。在目前控制应用领域中，同时并存着以上 3 种形式的控制系统。因此，多种形式控制网络集成是当前控制系统网络化的应用重点。

（1）集散控制系统与现场总线控制系统的集成

为保持竞争力，目前部分集散控制系统也开始采用现场总线技术对自身进行改造，产生了一些 DCS 和现场总线的混合集成系统。

实现 DCS 和现场总线集成主要有以下 3 种方式。

① 现场总线集成在 DCS 的 I/O 设备层上，即通过接口卡将现场总线挂接在 DCS 的 I/O 总线上，来完成两者信息的映射。这种方式优点是结构比较简单；缺点是扩展规模受到接口卡的限制。Fisher-Rosemount 公司 Delta 集散系统就采用了此方式，开发了专用接口卡，将符合 H1 规范的 FF 总线集成到该系统中。

② 现场总线通过专用网关与 DCS 集成，网关实现了通信协议的转换和信息的互访。此方式的优点是系统扩展性较好，便于利用集散系统的组态监控软件。缺点是结构较复杂；当现场总线系统结构改变时，网关要进行相应设置。例如，Honeywell 公司 Excel 50 000 pen 系统中由 Q7750 完成了其专用 RS-485 协议和 LON 总线的互联。

③ 现场总线的管理机通过 LAN 集成到 DCS 的操作站上，这种形式采用较少。它实质是借助计算机网络来实现集成，由于进行了多层转换，系统实时性稍差。

（2）各种现场总线控制系统之间的集成

在现场总线国际标准制定的过程中，共有 8 种现场总线同时成为 IEC 现场总线标准的子集。可见，多种总线共存的局面在一个很长时间内存在仍是无法避免的。为了适应各种不同现场总线协议，必须实现各种现场总线控制系统的集成。主要解决方案有：以专用网关实现控制量的对应转换；或者进行协议上的修改，以尽可能兼容。例如，由 ISP 和 World FIP 合并的基金会总线本身就是遵循现场总线间协议统一的产物。各个公司顺应这一情况，也相继推出能够让多种现场总线协同工作的控制系统。Smar 公司 System302 系统能够同时包容 FF、Profibus、HART 等总线协议；法国 Alstom 公司 Alspa8000 系统由 Ethernet、WorldFIP 为主构成，并用一个 Gateway 与 Hart 智能仪表相连。多种现场总线集成，协同完成复杂测控任务，是目前组成自动化系统的重要方式。

（3）嵌入式网络化控制系统发展现状

嵌入式控制系统是以应用对象为中心，直接对硬件设备操作，并且根据对功能、可靠性、体积和成本的严格要求，可以剪裁系统软、硬件的计算机控制系统。嵌入式控制系统按处理器不同可分 3 类：第一类是基于嵌入式 PC，主要有 Am186/88、386EX、PowerPC、68 000、ARM 系列等；第二类是 16 和 8 位嵌入式微控制器（MCU），代表为 MCS-51、Intel8096/196、MC68HC05 等，新型高速微控制器如 SX48/52 运算能力已经达到 100 MIPS；

第三类是嵌入式 DSP，TI 公司 TMS320C2000 系列 DSP 对外部接口进行了集成，使之适应快速控制系统应用。

嵌入式实时多任务操作系统（RTOS）网络功能的增强促进了嵌入式控制系统的网络化。各种商业化嵌入式实时操作系统 PSOS、VXWork、VRTX、QNX、Windows CE 等都带有可以剪裁的 TCP/IP 网络协议包，可以很方便地实现控制设备联网。

在计算机网络方面，令牌环、FDDI 和 ATM 等确定性网络的频带在不断提高；以太网标准在确定性、速度和优先法则方面也有了很大提高。现在，以太网不仅有成熟的 10/100 M 技术，还出现了 1 000 M 以上的高速以太网。运用以太网交换机，接入的节点各自独占一条线路，避免了冲突；采用高速背板交换或微处理器交换，网络响应时间是确定的。据 ARC 公司分析，126 个节点的 100 M 交换式以太网的响应时间是 2 ～ 3 ms，可以满足几乎所有控制系统的要求。

6.1.2 工业控制网络

扫一扫

工业控制网络

工业控制网络作为一种特殊的网络，直接面向生产过程的测量和控制，肩负着工业生产运行一线测量与控制信息传输的特殊任务，因而具有一些特殊的要求，如较强的实时性、高可靠性与安全性，工业生产现场恶劣环境的适应性、总线供电与本质安全等。另外，开放性、分散化和低成本也是工业控制网络应具备的重要特征。

相比一般的电信、计算机信息网络，工业控制网络具有以下特点。

1. 实时性要求

控制网络中数据传输的及时性和系统响应的实时性是控制系统最基本的要求；在信息网络的大部分工作中，实时性是可以忽略的。

2. 环境适应性与安全性

控制网络应具有在高温、潮湿、振动、腐蚀、电磁干扰等恶劣的工业环境中长时间、连续、可靠、完整地传送数据的能力，在可燃和易爆场合，还应具有本质安全性能。

3. 通信方式差异

工业控制网络的通信方式多使用广播或组播方式；而信息网络多采用点对点的通信方式。

4. 信息传输特性

工业控制网络传输的信息多为短帧信息，长度较小且信息交换频繁，在正常工作状态下周期性信息（如过程测进、控制、监控信息等）较多，非周期性信息（如突发事件报警）较少；而信息网络恰恰与此相反。

5. 信息流方向性

工业控制网络的信息流具有明确的方向性，如测量信息由变送器到控制器，控制信息由控制器到执行器，过程监控与突发信息由现场仪表传向操作站等；而信息网络的信息流向不具有明显的方向性。

6. 互操作性问题

工业控制网络必须解决多家公司产品和系统在同一网络中相互兼容，即互操作性的问题。

6.1.3 工业控制网络对控制系统体系结构的影响

工业控制网络的出现，使控制系统的体系结构发生了根本性变化。把基本控制功能下放到现场具有智能的芯片或功能块中，不同现场设备中的功能块可以构成完整的控制回路，使控制功能彻底分散，直接面向对象。把具有控制、测量与通信功能的功能块与功能块应用进程作为网络节点，采用开放的控制网络协议进行互联，形成底层控制网络。整个自动化系统形成了在功能上管理集中、控制分散，在结构上横向分散、纵向分级的体系结构。控制系统体系结构经历了以下几个阶段。

1. 模拟仪表控制系统

模拟仪表控制系统于20世纪60～70年代占主导地位。其显著缺点是模拟信号精度低，易受干扰。

2. 集中式数字控制系统

集中式数字控制系统于20世纪70～80年代占主导地位。采用单片机、PLC或微机作为控制器，控制器内部传输的是数字信号，因此克服了模拟仪表控制系统中模拟信号精度低的缺陷，提高了系统的抗干扰能力。集中式数字控制系统的优点是易于根据全局情况进行控制计算和判断，在控制方式、控制时机的选择上可以统一调度和安排。不足的是，对控制器本身要求很高，必须具有足够的处理能力和极高的可靠性，当系统任务增加时，控制器的效率和可靠性将急剧下降。

3. DCS

DCS在20世纪80～90年代占主导地位。核心思想是集中管理、分散控制，即管理与控制相分离，上位机用于集中监视管理功能，若干台下位机分散到现场实现分布式控制，各上下位机之间用控制网络互连以实现相互之间的信息传递。

因此，这种分布式的控制系统的体系结构有力地克服了集中式数字控制系统中对控制器处理能力和可靠性要求高的缺陷。在集散控制系统中，分布式控制思想的实现正是得益于网络技术的发展和应用。不同的DCS厂家为达到垄断经营的目的而对其控制通信网络采用各自专用的封闭形式，导致不同厂家的 DCS 之间以及 DCS 与上层 Intranet，Internet 信息网络之间难以实现网络互联和信息共享。因此集散控制系统从该角度而言实质是一种封闭专用的、不具可互操作性的分布式控制系统。在这种情况下，用户对网络控制系统提出了开放化和降低成本的迫切要求。

4. FCS

FCS 正是顺应以上潮流而诞生，它用“现场总线”这一开放的，具有可互操作性的网络将现场各控制器及仪表设备互连，构成现场总线控制系统，同时控制功能彻底下放到现场，降低了安装成本和维护费用。FCS 实质是一种开放的、具可互操作性的、彻底分散的分布式控制系统。在现场总线技术快速发展的过程中，以太网技术也从办公自动化向工业自动化领域拓展，形成的工业以太网技术在迅速发展。

纵观控制系统体系结构的发展，每一代新的控制系统推出都是针对老一代控制系统存在的缺陷而给出的解决方案，最终在用户需求和市场竞争两大外因的推动下占领市场的主导地位。以现场总线和工业以太网技术为代表的工业控制网络技术的不断发展，彻底改变了工业控制系统体系结构，必将成为 21 世纪控制系统的主流产品。

6.1.4 工业控制网络技术基础

1. 通信系统的构成

不同的系统经由线路相互交换数据就是通信。通信的主要目的是将数据从一端传送到另一端，达到数据交换的目的。例如，从人与人之间的对话、计算机与设备之间的数据交换到计算机与计算机间的数据传送，乃至于广播或卫星都是通信的一种。一个完整的通信系统包括信息源、信息接受者、发送设备、接受设备和传输介质 5 部分。

信息源和信息接收者是信息的产生者和使用者，信息源输出分为模拟信号和数字信号两种。在数字通信系统中传输的是数字化后的信息，这些信息可能是原始数据，也可能是计算机处理后的数据，甚至是某些指令等。发送设备的基本功能是将信息源和传输介质匹配起来，即将信息源产生的信号通过编码变换成易于传送的信号形式，送往传输介质。有时为了达到某些特殊要求而进行各种处理，如保密处理、纠错编码处理等。传输介质是指发送设备到接收设备之间信号传递所经的媒介，包括有线的和无线的，有线传输介质有同轴电缆、双绞线和光缆等；无线传输介质有电磁波、红外线等。信号在介质中传输时必然会引入某些干扰，如热噪声、脉冲干扰、衰减等。接收设备的基本功能是完成发送设备的反变换，即进行解调译码解密等，其任务的关键是从带有干扰的信号中正确恢复出原始信息来。

在工业控制网络中，发送设备与接收设备往往都与数据源紧密连接为一个整体。许多测量控制装置既是发送设备又是接收设备。

在工业控制网络系统中典型的发送与接收设备如下。

（1）各种变送器、传感器、执行机构。

（2）各种数据采集与控制装置，如 DCS、FCS。

（3）智能仪表，如无纸记录仪、显示仪表、多功能控制仪。

（4）PLC。

（5）变频器、视觉识别系统、伺服驱动器、机器人。

（6）作为监控操作设备的监控计算机、数据服务器或工作站。

（7）网络连接设备，如中继器、网桥、网关等。

2. 数据的通信方式

根据通信的不同特点，数据通信方式的分类有多种，如分成并行通信和串行通信；异步通信和同步通信；单工、半双工和全双工通信。

（1）并行通信和串行通信

① 并行通信。并行通信是指一条信息的各位数据被同时传送的通信方式，以字节、字或双字为单位并行传输，每一个数据位都要单独占用一根数据线。并行通信的速度快，适用于近距离的数据通信。例如，计算机或 PLC 各种内部总线就是以并行方式传送数据的。另外，在 PLC 底板上，各种模块之间通过底板总线交换数据也以并行方式进行。但在长距离的数据通信中，并行传输所需要的通信电缆费用将大量增加，成本很高，此时一般采用串行通信。

② 串行通信。串行通信是指组成一条信息的各位数据被逐位按顺序传送的通信方式，串行通信时数据是一位一位顺序传送，只用很少几根通信线，比较便宜，成本低，传送的距离可以很长，但串行传送的速度要慢一些，并且要注意传输中的同步问题，使得收发双方在时间基准上保持一致。

在工业生产中，串行通信因其成本低、传输距离远而得到广泛的应用。常用的通用串行通信接口有 RS–232、RS–485 等。RS–232、RS–485 等是由美国电子工业协会（electronic industries association，EIA）正式公布的，是异步串行通信中应用较广泛的标准总线，它规定连接电缆和机械、电气特性、信号功能及传送过程。计算机上一般都有 1 ～ 2 个标准 RS–232 串口，即通道 COM1 和 COM2。近距离的传输可以采用 RS–232 接口，当需要几百米及上千米的远距离传输时则采用 RS–485 接口（两线差分平衡传输）。如果要求通信双方均可主动发送数据，必须采用 RS–422（四线差分平衡传输），RS–232 通过转换器可以变成 RS–485，当需要多个 RS–485 接口时，可以在 PC 上插入基于 PCI 总线的专用板卡（如 PCI1612 板卡）。

（2）异步通信和同步通信

在串行通信中，同步通信是十分重要的。当发送器通过传输介质向接收器传输数据信息时，每次发出一个字符（或一个数据帧）的数据信号，要求接收器必须能识别出该字符（或该帧）数据信号的开始和结束，以便在适当的时刻正确地读取该字符（或该帧）数据信号的每一位信息。

① 异步通信。在异步通信方式中，数据以字符为单位依次传输，两个字符之间可以有间隔，间隔时间是任意的。

发送方发送一个字符数据时，先发送一个起始位（逻辑 0，低电平），之后以相同的速率发送字符的各个位及奇偶校验位，接收方以同样的速率接收，最后用一个停止位（逻辑1，高电平）作为一个字符传送结束的标志。通常，数据位有 5、6、7 或 8 位，停止位有 1、1.5 或 2 位，是否有奇偶校验位可根据实际需要而定。前后两个字符的间隔时间是任意的，此时处于空闲状态，线上的状态是高电平，可以理解成停止位的延续。之后，接收方收到一个低电平信号表示一个新的字符传送过程的开始。可见，在一个字符的传送过程中，收发双方基本保持同步，异步只是指两个字符之间的间隔的不确定性。

在异步通信中，双方的同步并不是基于同一个时钟，会有一定的差异，位数越多，差异越明显。但是，每次只传送一个字符，接收方每次都利用起始位进行同步关系的校正。也就是收发双方在每一个字符上都是同步的，不会造成误差的积累。异步通信对时钟的要求不高，设备简单容易实现。

② 同步通信。同步通信把许多字符组成一个信息组或称为信息帧，其传输单位是帧，每帧含有多个字符，字符之间没有间隙，字符前后也没有起始位和停止位。同步通信中的同步包括位同步和帧同步两个层次。位同步是指在传送数据流的过程中，收发对每一个数据位都要准确地保持同步，可以在发送端与接收端之间设置专门的时钟线，称为外同步，如 I^2C 总线采用的就是外同步；还可以在数据传输中嵌入同步时钟，如曼彻斯特编码，称为内同步。帧同步是在每个帧的开始和结束都附加标志序列，接收端通过检查这些标志实现与发送端帧级别上的同步。在数据传输量较大时，同步通信的效率高于异步通信。

串行通信的速度一般用波特率来表示，波特率是指串行通信时每秒钟传输数据的位数，其单位为波特（baud）。注意：串行通信双方的波特率、数据传输格式必须事先约定一致。

（3）单工、半双工和全双工通信

根据通信双方的分工和信号传输方向，串行通信有单工、半双工及全双工 3 种方式。

① 单工方式。参与通信的双方分工明确，在任意时刻，只能由发送器向接收器的单一固定方向上传送数据。例如，收音机作为接收器只能收听由电台发送的信息。

② 半双工方式。通信双方设备中的每一个既是发送器，也是接收器，两台设备可以相互传送数据，但某一时刻则只能向一个方向传送数据。例如，步话机是半双工设备，因为在一个时刻只能有一方说话。

③ 全双工方式。通信双方设备既是发送器，也是接收器，两台设备可以同时在两个

方向上传送数据。例如，电话是全双工设备，因为双方可同时说话。

3. 网络拓扑结构

拓扑是一种研究与大小、形状无关的线和面特性的方法，由数学图论演变而来。在网络中，把计算机等网络单元抽象为点，把网络中的通信媒体（如电缆）抽象为线，从而抽象出网络的拓扑结构，即用网络拓扑结构来描述组成计算机网络的各个节点所构成的物理布局。常见的网络拓扑结构有星形、树形、环形和总线型结构。

（1）星形结构

星形结构中，每个节点均以一条单独信道与中心节点相连。任何两个节点间要通信必须通过中心节点转接，中心节点是控制中心。星形结构的优点是建网容易、控制简单。缺点是网络共享能力差，网络可靠性低，一旦中心节点出现故障，则全网瘫痪。

（2）树形结构

树形结构网络是天然的分级结构，其特点是网络成本低，结构比较简单。在网络中，任意两个节点之间不产生回路，每个链路都支持双向传输；并且，网络中节点扩充方便、灵活，寻查链路路径比较简单。树形结构非常适合于分主次、分等级的层次型管理系统。

（3）环形结构

网络中各节点通过一条首尾相连的通信链路连接起来的一个闭合环形结构网，数据在环上单向流动。由于各节点共享环路，因此需要采取措施（如令牌控制）来协调控制各节点的发送。环形结构的优点是无信道选择问题，缺点是不便于扩充，系统响应延时大。

（4）总线型结构

总线型结构是最普遍使用的一种网络拓扑结构，它是将各个节点和一根总线相连。总线型结构的优点是结构简单、灵活、可扩充性好、可靠性高、资源共享能力强。但由于同环形结构一样采用共享通道，因此需处理多站争用总线的问题，如以太网。

4. 差错控制技术

信号在传输过程中，会因为各种干扰造成信号的失真，造成通信的接收端所收二进制数和发送端实际发送的不一致。由“1”变为“0”，或由“0”变为“1”，这就是差错。差错控制是指在数据通信过程中，发现差错、并对差错进行纠正，从而把差错限制在数据传输所允许的尽可能小的范围内。

最常用的差错控制方法是差错控制编码。数据信息位在向信道发送之前，先按照某种关系附加上一定的冗余位，构成一个码字后再发送，这个过程称为差错控制编码过程。接收端收到该码字后，检查信息位和附加的冗余位之间的关系，以检查传输过程中是否有差错发生，这个过程称为检验过程。差错控制编码可分为检错码和纠错码。

（1）检错码。检错码是指能自动发现差错的编码。

（2）纠错码。纠错码是指不仅能发现差错而且能自动纠正差错的编码。

奇偶校验码是通过增加冗余位来使得码字中“1”的个数保持奇或偶数的编码方法，是一种检错码。它是一种可以纠正一位差错的编码，而且编码效率要比正反码高。奇偶校验码作为一种检错码虽然简单，但是漏检率较高，在计算机网络和数据通信中，运用广泛的是漏检率低也便于实现的循环冗余码。

5. ISO/OSI 参考模型

为了促进计算机网络的发展，实现计算机网络构件（包括硬件和软件）的标准化和网络的互连互通，国际标准化组织在 1984 年正式公布了开放系统互联（open system interconnection，OSI）基本参考模型，即 ISO/OSI。OSI 模型将计算机网络划分为 7 个层次，每层完成一个明确定义的功能集合，并按协议相互通信。每层向上层提供所需要的服务，同时为了完成本层协议也要使用下层提供的服务。

OSI 模型将计算机网络划分为 7 个层次，包括物理层、数据链路层、网络层、传输层、会话层、表示层、应用层，每层完成一个明确定义的功能集合，并按协议相互通信。

在发送方从上到下逐层传递的过程中，每层都要加上适当的控制信息，统称为报头。到最底层成为由“0”或“1”组成的数据比特流，然后再转换为电信号在物理媒体上传输至接收方。接收方在向上传递时过程正好相反，要逐层剥去发送方相应层加上的控制信息。

因接收方的某一层不会收到底下各层的控制信息，而高层的控制信息对于它来说又只是透明的数据，所以它只阅读和去除本层的控制信息，并进行相应的协议操作。发送方和接收方的对等实体看到的信息是相同的，就好像这些信息通过虚通信直接给了对方一样。

这种层级间的服务交互通过服务原语实现，包括请求（Request）、指示（Indication）、响应（Response）、确认（Confirm）四类基本操作，构成了层间通信的标准化语义。

（1）物理层

物理层定义了为建立、维护和拆除物理链路所需的机械的、电气的、功能的和规程的特性，其作用是使原始的数据比特流能在物理媒体上传输。具体涉及接插件的规格，“0”“1”信号的电平表示、收发双方的协调等内容。

（2）数据链路层

比特流被组织成数据链路协议数据单元（通常称为帧），并以其为单位进行传输，帧中包含地址、控制、数据及校验码等信息。数据链路层的主要作用是通过校验、确认和反馈重发等手段，将不可靠的物理链路改造成对网络层来说无差错的数据链路。数据链路层还要协调收发双方的数据传输速率，即进行流量控制，以防止接收方因来不及处理发送方发来的高速数据而导致缓冲器溢出及线路阻塞。

（3）网络层

数据以网络协议数据单元（分组）为单位进行传输。网络层关心的是通信子网的运行控制，主要解决如何使数据分组跨越通信子网从源传送到目的地的问题，这就要在通信子网中进行路由选择。另外，为避免通信子网中出现过多的分组而造成网络阻塞，需要对流入的分组数量进行控制。当分组要跨越多个通信子网才能到达目的地时，还要解决网际互联的问题。

(4) 传输层

传输层是第一个端到端，也即主机到主机的层次。传输层提供的端到端的透明数据传输服务，使高层用户不必关心通信子网的存在，由此用统一的传输原语书写的高层软件便可运行于任何通信子网上。传输层还要处理端到端的差错控制和流量控制问题。

(5) 会话层

会话层是进程到进程的层次，其主要功能是组织和同步不同的主机上各种进程间的通信（也称为对话）。会话层负责在两个会话层实体之间进行对话连接的建立和拆除。在半双工情况下，会话层提供一种数据权标来控制某一方何时有权发送数据。会话层还提供在数据流中插入同步点的机制，使得数据传输因网络故障而中断后。可以不必从头开始而仅重传最近一个同步点以后的数据。

(6) 表示层

表示层为上层用户提供共同的数据或信息的语法表示变换。为了让采用不同编码方法的计算机在通信中能相互理解数据的内容，可以采用抽象的标准方法来定义数据结构，并采用标准的编码表示形式。表示层管理这些抽象的数据结构，并将计算机内部的表示形式转换成网络通信中采用的标准表示形式。数据压缩和加密也是表示层可提供的表示变换功能。

(7) 应用层

应用层是开放系统互连环境的最高层。不同的应用层为特定类型的网络应用提供访问OSI 环境的手段。网络环境下不同主机间的文件传送访问和管理、传送标准电子邮件的文电处理系统、使不同类型的终端和主机通过网络交互访问的虚拟终端协议等都属于应用层的范畴。

任务 6.2 现场总线技术与控制系统

任务描述

现场总线技术被誉为第五代控制系统，它实现了真正的全分布式结构，将控制功能下放到现场，使控制系统更加走向于分布化、扁平化、网络化、集成化和智能化。那么，什么是现场总线技术？它有哪些特点？

任务分析

现场总线技术不仅能够提高生产效率和设备可靠性，还能降低系统和工程的成本，为企业带来更大的经济效益。通过本任务的学习，帮助学生了解现场总线的定义、技术特点以及其在控制系统中的应用。

任务实施

6.2.1 现场总线技术

1. 现场总线的定义

现场总线是应用在生产现场、连接智能现场设备和自动化测量控制系统的数字式、双向传输、多分支结构的网络系统与控制系统。它以单个分散的数字化、智能化的测量和控制设备作为网络节点，用总线连接，实现相互交换信息，共同完成自动控制任务。

现场总线不仅是一种通信协议，也是用数字信号传输的仪表代替模拟信号（DC4～20 mA）传输的仪表，关键是用新一代的现场总控制系统 FCS 代替传统的集散控制系统 DCS，实现现场通信网络与控制系统的集成。现场总线体现在以下 6 个方面。

（1）全数字化通信

全数字化通信和半数字化的 DCS 不同，现场总线系统是一个纯数字系统。现场总线是用于过程自动化和制造自动化的现场设备或现场仪表互连的现场数字通信网络，利用数字信号代替模拟信号，其传输抗干扰性强，测量精度高，大大提高了系统的性能。

（2）现场设备互连

现场设备或现场仪表是指传感器、变送器和执行器等，这些设备通过一对传输线互连。传输线可以使用双绞线、同轴电缆和光纤等。

（3）互操作性

互操作性的含义来自不同制造厂的现场设备，不仅可以互相通信，而且可以统一组态，构成所需的控制回路，共同实现控制策略。

（4）分散功能块

FCS 取消了 DCS 的输入 / 输出单元和控制站，把 DCS 控制站的功能块分散地分配给现场仪表，实现了彻底的分散控制。

（5）通信线供电

现场总线的常用传输介质是双绞线，通信线供电方式允许现场仪表直接从通信线上摄取能量。

（6）开放式互联网络

现场总线为开放式互联网络，既可与同类网络互联，也可与不同网络互联，还可以实现网络数据库共享。

2. 现场总线控制系统体系结构

现场总线技术将专用微处理器置入传统的测量控制仪表，使它们各自都具有了一定的数字计算和数字通信能力，成为能独立承担某些控制、通信任务的网络节点。它们分别通过普通的双绞线、同轴电缆、光纤等多种途径进行信息传输，这样就形成了以多个测量控制仪表、计算机等作为节点连接成的网络系统。该网络系统按照公开、规范的通信协议，在位于生产现场的多个微机化自控设备之间，以及现场仪表与用作线、管理的远程计算机之间，实现数据传输与信息共享，进一步构成了各种适应实际需要的自动控制系统。现场总线控制系统把单个分散的测量控制设备变成网络节点，并以现场总线为纽带，把它们连接成可以互相沟通信息，并和其他计算机共同完成自控任务的网络系统与控制系统。

现场总线控制系统的体系结构如下：最底层为 Intranet 控制网，也就是 FCS。在这一架构中，各控制器节点分散下放至现场，从而构建起一种完全的分布式控制体系结构。其网络拓扑结构具有任意性，涵盖总线型、星形、环形等多种形式。并且，通讯介质不受限制，像双绞线、电力线、无线、红外线等各种形式均可采用。由 FCS 所形成的 Intranet 控制网，能够轻松与 Intranet 企业内部网以及 Internet 全球信息网相互连接，进而构成一个完整的企业网络三级体系结构。

3. 现场总线的技术特点

（1）系统的开放性

开放系统是指通信协议公开，各不同厂家的设备之间可进行互连并实现信息交换，现场总线开发者致力于建立统一的工厂底层网络的开放系统。这里的开放是指对相关标准的一致、公开性，强调对标准的共识与遵从。一个开放系统，它可以与任何遵守相同标准的其他设备或系统相连。一个具有总线功能的现场总线网络系统必须是开放的，开放系统把系统集成的权利交给了用户。用户可按自己的需要和对象把来自不同供应商的产品组成大小随意的系统。

（2）互可操作性与互用性

互可操作性是指实现互联设备间、系统间的信息传送与沟通，可实行点对点，一点对多点的数字通信。而互用性则意味着不同生产厂家的性能类似的设备可进行互换而实现互用。

（3）现场设备的智能化与功能自治性

现场设备的智能化与功能自治性将传感测量、补偿计算、工程量处理与控制等功能分散到现场设备中完成。仅靠现场设备即可完成自动控制的基本功能，并可随时诊断设备的运行状态。

（4）系统结构的高度分散性

由于现场设备本身已可完成自动控制的基本功能，使得现场总线已构成一种新的全分布式控制系统的体系结构。现场总线控制系统从根本上改变了现有 DCS 集中与分散相结合的集散控制系统体系，简化了系统结构，提高了可靠性。

（5）对现场环境的适应性

作为工厂网络底层的现场总线，是专为在现场环境工作而设计的，它可支持双绞线、同轴电缆、光缆、射频、红外线、电力线等，具有较强的抗干扰能力，能采用两线制实现送电与通信，并可满足本质安全防爆要求等。

4. 现场总线技术的产生与发展

现场总线是用于现场仪表与控制系统和控制室之间的一种分散、全数字化、智能、双向、多变量、多点、多站的通信系统。

现场总线是 20 世纪 80 年代末，90 年代初发展形成的，用于过程自动化、制造自动化、楼宇自动化、家庭自动化等领域的现场智能设备互联设备通信网络。作为工厂数字通信网络的基础，现场总线沟通了生产过程现场级控制设备之间及其与更高控制管理层次之间的联系，现场总场技术以智能传感、控制、计算机、数据通信为主要内容的综合技术已受到世界范围的关注而成为自动化技术发展的热点，并将导致造化系统结构与设备的深刻变革，现场总结与企业网相结合，有可能将构成一个企业的控制和信息系统的骨架。

模集成电路的发展，许多传感器、执行机构、驱动装置等现场设备智能化，即内置 CPU 控制器，完成诸如线性化、量程转换、数字滤波甚至回路调节等功能。因此，对于这些智能现场设备增加一个串行数据接口（如 RS-485/RS-232）是非常方便的。有了这样的接口控制器就可以按其规定的协议，通过串行通信方式而不是 I/O 方式完成对现场设备的监控。如果设想全部或大部分现场设备都具有串行通信接口并具有统一的通信协议，控制器只需一根通信电缆就把分散的现场设备连接起来，完成对所有现场设备的监控，这就是现场总路线技术的最初想法。

在过往的几十年间，工业过程控制仪表始终采用 4-20 mA 标准的模拟信号。伴随微电子技术以及大规模、超大规模集成电路的飞速发展，微处理器在过程控制装置、变送器、调节阀等仪表装置中的应用日益广泛，智能变送器、智能调节阀等一系列高新技术仪表产品应运而生。现代化的工业生产过程控制，在速率、精度、成本等多个维度对仪表装置提出了更为严苛的要求，这促使数字信号传输技术取代现行模拟信号传输技术成为必然趋势。这种用于现场信号传输的技术，便是现场总线。

5. 现场总线技术产生的意义

现场总线控制系统继气动信号控制系统 PCS，4–20 mA 等点动模拟信号控制系统，数字计算机集中控制系统和 DCS 之后，被誉为第五代控制系统。它采用了基于公开化、标准化的开放式解决方案，实现了真正的全分布式结构，将控制功能下放到现场，使控制系统更加走向于分布化，扁平化、网络化、集成化和智能化。

现场总线的产生和发展，使一个企业的现场级控制网络可以更方便有效地与办公信息网络通信，二者的集成对企业信息基础设施的改进具有重大意义。现场总线从开始出现时就是为了融入已通行的 TCP/IP 信息网络中，并与其有效的集成到一起，为企业提供一个强有力的控制与通信基础设施。现场总线技术产生的意义如下。

（1）现场总线技术：工业现场级设备数字化通信革命

现场总线技术是实现现场级设备数字化通信的一种工业现场层网络通信技术，这是工业现场级设备通信的一次数字化革命。应用现场总线技术可用一条电缆将带有通信接口的智能化现场设备连接起来，使用数字化通信代替 4–20 mA、24 V DC 信号，完成现场设备控制、检测、远程参数化等功能。

（2）传统现场级自动化监控系统的局限性

传统的现场级自动化监控系统采用一对一连线的 4–20 mA、24 V DC 信号，信息量有限，难以实现设备之间及系统与外界之间的信息交换，使自控系统成了工厂中的“信息孤岛”，严重制约了企业信息集成及企业综合自动化的实现。

（3）基于现场总线的自动化监控系统与企业信息集成

基于现场总线的自动化监控系统采用计算机数字化通信技术，使自控系统与设备加入工厂信息网络，成为企业信息网络底层，使企业信息沟通的覆盖范围一直延伸到生产现场。在 CIMS 系统中，现场总线是计算机网络到现场级设备的延伸，是支持现场与车间级信息集成的技术基础。

基于现场总线的现场级与车间级自动化监控及信息集成系统所具有的优点如下。

① 增强了现场级信息集成能力。现场总线可从现场设备获取大量丰富信息，能够更好地满足自动化及 CIMS 系统的信息集成要求。现场总线是数字化通信网络，它不单纯取代 4 ～ 20 mA，还可实现设备状态、故障、参数信息传送。系统除完成远程监控之外，还可完成远程参数化工作。

② 开放式、互操作性、互换性、可集成性。开放式是指允许其他厂商将自己专长的控制技术，如控制算法、工艺流程、配方等集成到通用系统中去。因此，市场上将有许多

面向行业特点的监控系统。互操作性是指不同厂家产品只要使用同一总线标准。因为互换性所以设备具有很好的可集成性。

③ 系统可靠性高、可维护性好。基于现场总线物自动化监控系统采用总线连接方式替代一对一的 I/O 连线，对于大规模 I/O 系统来说，减少了由接线点造成的不可靠因素。同时，系统具有现场级设备的在线故障诊断、报警、记录功能，可完成现场设备的远程参数设定、修改等参数化工作，也增强了系统的可维护性。

④ 降低了系统及工程成本。对于大范围、大规模的 I/O 分布式系统来说，省去了大量的电缆、I/O 模块及电缆敷设工程费用，降低了系统及节约工程成本。

6.2.2 现场总线控制系统

1. 现场总线系统的优点

现场总线系统结构的简化，使控制系统的设计、安装、投运到正常生产运行及检修维护，体现出了优越性。

（1）节省硬件数量与投资

由于现场总线系统中分散在设备前端的智能设备能直接执行多种传感、控制、报警和计算功能。因而可减少变送器的数量，不再需要单独的控制器、计算单元等；也不再需要 DCS 的信号调理、转换、隔离技术等功能单元极其复杂接线；还可以用工控 PC 作为操作站，从而节省了一大笔硬件投资，由于控制设备的减少，还可以减少控制室的占地面积。

（2）节省安装费用

现场总线系统的接线十分简单，由于一对双绞线或一条电缆上可挂接多个设备，因此电缆、端子、槽盒、桥架的用量大大减少，连线设计与接头校对的工作量也相对于减少。当需要增加现场控制设备时，无须增设新的电缆，可就近连接在原有的电缆上，既节省了投资，也减少了设计、安装的工作量。

（3）节省维护开销

由于现场控制设备具有自诊断与简单故障处理的能力，并通过数字通讯将相关的诊断维护信息送往控制室，用户可以查询所有设备的运行，诊断维护信息，以便早期分析故障原因并快速排除。这样不仅缩短了维护停工时间，同时由于系统结构简化，连线简单而减少了维护工作量。

（4）用户具有高度的系统集成主动权

用户可以自由选择不同厂商所提供的设备来集成系统。避免因选择了某一品牌的产品而被限制了选择范围，不会为系统集成中不兼容的协议、接口而一筹莫展，使系统集成过程中的主动权完全掌握在用户手中。

（5）提高了系统的准确性与可靠性

由于现场总线设备的智能化、数字化，与模拟信号相比，它从根本上提高了测量与控制的准确度，减少了传送误差。同时，由于系统的结构简化，设备与连线减少，现场仪表内部功能加强，减少了信号的往返传输，提高了系统的工作可靠性。此外，由于它的设备标准化和功能模块化，因而还具有设计简单，易于重构等优点。

2. 现场总线控制系统采取的实时性措施

（1）控制功能分散化与面向对象设计

控制功能实现了彻底分散，采用直接面向对象的设计理念，其接口直观且简洁。基本控制功能被下放到现场具备智能的芯片或功能块之中。这些功能块不仅具备测量、变送、控制功能，还拥有通信能力，它们作为网络节点，相互连接形成底层总线网络。

以 Profibus 总线系统为例，该系统按照主站、从站进行划分，将底层的通信与控制任务集中到从站来完成。各公司厂商提供了丰富且齐全的主站与从站系列芯片，使得系统的实现既简单又经济。

再如 Lon Works，尽管其通信协议和 OSI 一样为 7 层，但这些协议全部被固化在一个神经元芯片中，无需通过网络传输，有效加快了实时响应速度。网络变量存储于神经元芯片的 ROM 中，在节点代码编译时就已确定。相同类型的网络变量连接起来就能实现自动控制，极大地简化了分布式系统的开发和安装过程。

（2）介质访问协议

大多数现场总线控制系统采用令牌传递总线访问方式，这种方式既能保证通信的快速性，又具有较高的性价比。而 Lon Works 则采用了改进型的带预测 P 的 CS－MA 访问方式。相较于传统的多路访问冲突检测 CSMA 方法，它有效减少了网络碰撞率，提高了在高负载情况下的运行效率。此外，Lon Works 还采用了紧急优先机制，进一步提升了系统的实时性和可靠性。

（3）通信方式

通信一般分调度通信和非调度通信。调度通信用于设备间周期性传输，控制的数据预先设定；非调度通信用于参数设定、设备诊断报警处理。通信系统设备以其功能分，有主站和从站。从站仅在收到信息时确认或当主站发出请求时向它发信息，所以只需总线协议一小部分，既经济，实时性也强。

3. 现场总线控制系统主要设备

现场总线将现场变送器、控制器、执行器，以及其他设备以节点设备形式连接起来，便组成现场总线控制系统，其基本设备有如下几类。

（1）变送器

常用现场总线变送器有温度、压力、流量、物位和成分分析等，具有检测、变换、零点与增益校正和非线性补偿等功能，同时还常嵌有 PID 控制和各种运算功能。现场总线变送器是一种智能变送器，具有模拟量（DC4–20 mA）和数字量输出，以及符合总线要求的通信协议。

（2）执行器

常用现场总线执行器有电动和气动两大类，除了具有驱动和执行两种基本功能外，还具有调节阀输出特性补偿、嵌有 PID 控制和运算功能，以及对阀门的特性进行自检和自诊断等。

（3）服务器和网桥

利用 FF 现场总线组成控制系统，必须在服务器下连接 H1 和 H2 总线系统，而网桥用于 H1 和 H2 之间的连通。

（4）辅助设备

为使现场总线系统正常工作，还必须有各种转换器、总线电源、安全栅和便携式编程器等辅助设备。

（5）监控设备

在现场总线控制系统中，设备类型丰富且功能各异。除了配备供工程师进行硬件与软件组态的设备，以及供操作人员执行生产工艺操作的设备外，用于工程建模、控制以及优化调度的计算机工作站也是不可或缺的组成部分。

与常规仪表控制系统显著不同，现场总线控制系统中的所有设备均为数字化、智能化仪表。它们不仅具备支持现场总线系统的接口，还运行着符合现场总线控制系统通信协议的程序。值得注意的是，在现场总线控制系统里，分散于变送器和执行器中的 PID 控制，借助硬件组态便能轻松构建串级、比值、前馈—反馈控制等多回路控制系统。然而，当控制系统需要运用更为复杂的 PID 控制规律，或是采用非 PID 控制规律，如自适应控制、推理控制、Smith 预估控制等时，嵌入式 PID 单元往往无法满足需求。在这种情况下，通常由现场总线网络上的监控计算机承担此类任务。

另外，传统仪表所具备的显示、记录、打印等功能，在现场总线控制系统中均由网络上的监控计算机通过相应软件来实现。只有在存在特殊需求时，才会启用现场总线显示仪表、记录仪表和打印仪表。

4. 现场总线控制系统的结构

（1）现场总线控制系统的一般结构

利用现场总线将网络上的监控计算机和现场总线单元设备连接起来，便组成了现场总线控制系统，由于采用不同的现场总线，其结构形式略有差异，但该结构形式是一般性结构。

现场总线控制系统将传统仪表单元微机化，并用现场网络方式代替了点对点的传统连接方式，从根本上改变了过程控制系统的结构和关联方式。对于不同的现场总线标准，其相应的现场总线控制系统也有一定的差别。

（2）基于 FF 现场总线组成的典型现场总线控制系统

基于 FF 总线的 FCS 结构把现场总线仪表分为两类：一类是通信数据较多，通信速率要求高和要求实时性强的现场总线仪表直接连接在 H2 总线系统上；另一类数据通信速率较慢、实时性要求不高的现场总线仪表，则全部连接在 H1 总线上。由于每一条总线只能连接 32 台现场总线仪表，因而多条 H1 总线可通过网桥连接到 H2 总线上，以提高通信速率，保证整个系统的实时性要求和控制需要。多条 H1 和 H2 总线通过服务器和局域网（LAN）与监控计算机或操作站进行数据通信。

（3）基于 Lon Works 现场总线组成的典型现场总线控制系统

图 6–1 为基于 Lon Works 的典型 FCS 系统结构。由于 Lon Works 总线的网络功能较强，能支持多种现场总线系统和底层总线系统，因此由其组成的现场总线系统结构较为复杂，功能较为全面。凡是符合 Lon Works 总线系统自身规范的现场总线仪表，均可通过路由器连接到 Lon Works 总线网络上。而其他现场总线，如 Profibus、DeviceNet 等，则可通过网关连接到 Lon Works 总线网络上。由于不同现场总线系统的通信速率各异，故由此组成的控制系统实际上是一个混合网络系统。在该混合系统中，多种网络共存于一体，而在每一网段的通信速率是不同的。

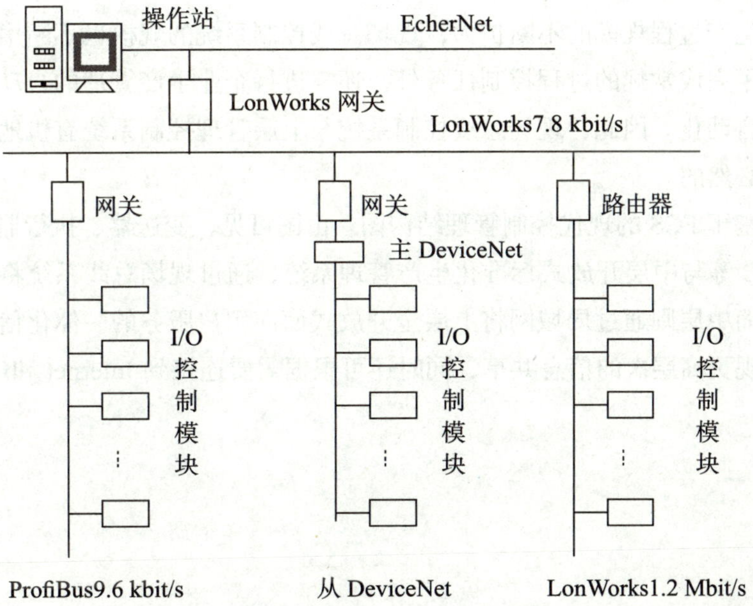

图 6–1　基于 Lon Works 的典型 FCS 系统结构

5. 现场总线控制系统的集成与扩展

现场总线控制系统是通过网络将现场总线传感器、变送器、调节器和执行器等利用现场总线连接而成。对于传统的设备，如 DCS、PLC、通用的模拟单元和数字单元等，将这些传统设备经网络化处理后，用现场总线系统连接起来，实现一定控制功能系统，成为现场总线控制系统的集成。

图 6–2 为现场总线控制系统的集成系统结构图。由图可见，该系统除了将现有的 DCS 和 PLC 等控制装备，以及检测、变送、控制、计算、执行和显示等现场总线仪表集成到系统中外，还将 I/O 接口、测量仪表、执行机构和监控显示器等传统仪表集成到系统中。此外，为了实时监视系统的运行状态和分析故障，还集成了分析检测、组态维护、数控装置和手动操作等专用或特殊设备。

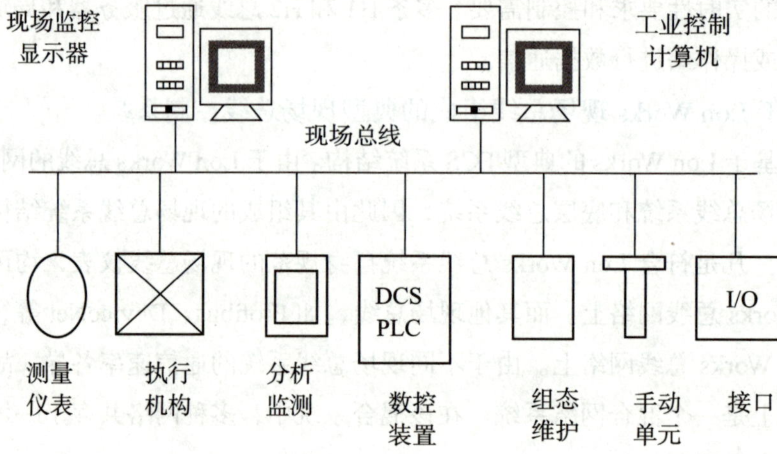

图 6–2　现场总线控制系统的集成系统结构图

随着现代生产过程规模的不断扩大，现场总线控制系统的规模也不断增大，控制任务也在扩展。除了完成常规的过程控制任务外，还需进行企业生产管理的自动化和协调化，实现企业综合自动化。因此，现场总线控制系统与上层管理控制系统有机地结合起来实现系统的扩展是必然的。

图 6–3 为基于 FCS 的现代控制管理结构图。由图可见，变送器、执行器、分析监测、DCS 和组态 PC 等与中层开放式标准化生产管理系统，通过现场总线系统将所有信息集成和管理起来。而中层则通过局域网将上层全开放式面向用户服务的一体化信息管理系统连接起来，以实现更高层次的信息共享，同时还可根据需要连接到 Internet 和广域网上。

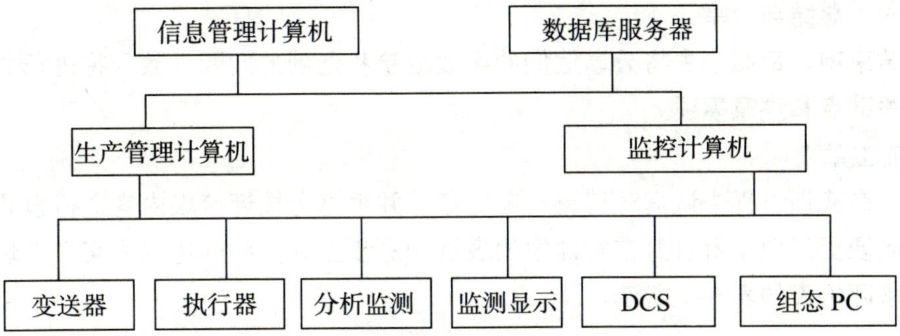

图 6–3　基于 FCS 的现代控制管理系统结构图

项目工单

【实训名称】

现场总线控制系统基础操作实践

【实训目的】

1. 掌握现场总线控制系统的基础操作流程。

2. 加深对现场总线控制系统在工业控制网络作用中的理解。

【实训步骤】

步骤一：理论回顾

活动开始前，教师将简要回顾现场总线控制系统的基本概念、特点及其在工业控制网络中的应用，确保每位学生对现场总线控制系统有基本的认识。

步骤二：设备展示

教师展示现场总线控制系统的关键设备，如传感器、执行器、控制器等，并解释它们在系统中的功能和作用。

步骤三：基础操作实践

（1）将学生们分成若干小组，每组分配一套现场总线控制系统的简易实验装置。

（2）在教师的指导下，学生们需要正确连接传感器、执行器与控制器，构建一个小型的现场总线控制系统。

步骤四：系统测试

连接完成后，学生们将启动系统，进行简单的功能测试，观察系统的运行状态，并记录下测试结果。

步骤五：问题讨论

在操作过程中，教师将鼓励学生们提出问题，并引导大家进行讨论，共同寻找解决方案。

步骤六：总结与分享

活动结束前，每组学生将分享他们的实践经验和遇到的问题，教师将进行总结，强调实践中的关键点和注意事项。

【实训工单】

请学生在实训过程中认真对待每一项任务，并根据考核评价表内容进行自我评价和相互评价，以便更好地了解自身在实训中的表现和进步空间。教师将根据实训表现给出最终评价。考核评价表如表 6–1 所示。

表 6–1 考核评价表

项目名称	评价内容	分值	评价分数		
			自评	互评	师评
职业素养考核项目（40%）	提前预习相关理论知识，准备好实验材料	10 分			
	积极参与实验操作和讨论，记录实验数据和结果	10 分			
	组内成员分工明确，互相配合，共同完成任务	10 分			
	严格遵守实验安全操作规程，确保实验安全	10 分			
专业能力考核项目（60%）	正确连接传感器、执行器与控制器，构建系统	20 分			
	系统启动后，能进行基本的功能测试并观察系统运行状态	10 分			
	准确记录测试结果，并能对结果进行基本分析	20 分			
	能清晰表达实践经验和遇到的问题	10 分			
合计：综合分数______自评（20%）+ 互评（20%）+ 师评（60%）		100 分			

项目小结

本项目主要介绍了自动化控制系统的技术和设备。首先介绍了计算机控制系统的发展，从模拟仪表到 DCS，再到 FCS，以及工业控制网络对体系结构的影响；其次介绍了工业控制网络的基础知识，包括通信系统、数据通信、网络结构、差错控制和 ISO/OSI 模型；最后介绍了现场总线技术，包括定义、特点、发展、应用、优点、实时性措施、主要设备、结构和集成方法。通过学习本项目，学生将全面掌握工业控制网络原理和技术，为深入理解自动化控制系统打下坚实基础。

课后练习

一、填空题

1. 按照计算机连接的方式可分为________和________。

2. CIMS 体系结构可分为 5 层，即________、________、________、________和________。

3. FCS 实质是一种开放的、________、________的分布式控制系统。

4. 通信的主要目的是将________，达到数据交换的目的。

5. ________是开放系统互连环境的最高层。

二、简单题

1. 什么是并行通信？

2. 现场总线的技术特点有哪些？

项目7 自动化控制与PLC技术

项目导读

随着科技的不断发展，PLC技术也在不断更新换代，从最初的简单逻辑控制到现在的复杂网络系统控制，其功能和应用范围不断得到拓展。本项目将深入介绍PLC的基本原理、发展历程、硬件组成以及功能特点，并探讨其在自动化控制系统中的重要地位和应用价值。同时，我们还将关注PLC技术的最新发展趋势，包括向大型网络化、综合化方向发展以及向速度快、功能强的小型化方向发展等。

学习目标

◎知识目标

1. 了解PLC的基本概念。
2. 掌握PLC的硬件组成。
3. 了解PLC的功能特点。
4. 熟悉PLC的工作原理。
5. 认识PLC的通信与联网功能。

◎能力目标

1. 能够根据控制对象的实际需求，选择合适的PLC型号和配置，包括CPU、存储器、I/O模块等。

2. 能够定期对 PLC 系统进行维护和检查，优化系统性能。

3. 能够掌握 PLC 的通信联网技术，实现 PLC 与上位计算机、远程站点等设备的通信和数据交换。

◎素质目标

1. 在 PLC 项目的设计、实施与调试过程中，学生能够与团队成员紧密合作，有效沟通，共同完成任务。

2. 能够结合 PLC 技术的发展趋势，勇于创新，提出新的解决方案，提高实践能力和创新能力。

思政目标

1. 通过 PLC 技术的学习与实践，引导学生树立精益求精的工匠精神，追求卓越，不断提高专业技能和综合素质。

2. 让学生了解 PLC 技术在工业自动化控制领域的重要性，认识到所学专业对社会发展的贡献，增强社会责任感和使命感。

任务 7.1　认识 PLC

任务描述

在日常生活的许多场景中，如钢铁、石油、化工、电力、建材、机械制造、汽车、轻纺、交通运输等领域，PLC 都扮演着至关重要的角色。那么，PLC 究竟是如何实现这些复杂的控制任务的呢?

任务分析

PLC 是一种专为在工业环境下应用而设计的数字运算操作的电子装置。它采用可以编制程序的存储器，用来在其内部存储执行逻辑运算、顺序运算、计时、计数和算术运算等操作的指令。通过本任务的学习，帮助学生了解 PLC 诞生的背景和它在现代工业中的重要性。

任务实施

PLC 是一种数字运算操作的电子系统，是在 20 世纪 60 年代末面向工业环境由美国科学家首先研制成功的。根据国际电工委员会（International Electrotechnical Commission，IEC）在 1987 年的可编程控制器国际标准第三稿中对其定义为："可编程控制器是一种数字运算操作的电子系统，专为在工业环境应用而设计的。"它采用可编程序的存储器，其内部存储执行逻辑运算、顺序控制、定时、计数和算术运算等操作指令，并通过数字的、模拟的输入和输出，控制各种类型的机械或生产过程。PLC 及其有关设备，都是按易于与工业控制系统形成一体、易于扩充其功能的原则设计的。

PLC 自产生至今只有 50 多年的历史，却得到了迅速发展和广泛应用，成为当代工业自动化的主要支柱之一。

7.1.1 PLC 产生与发展

现代社会要求生产厂家对市场的需求做出迅速的反应，生产出小批量、多品种、多规格、低成本和高质量的产品。老式的继电器控制系统已无法满足这一要求，迫使人们去寻找一种新的控制装置取而代之。

1969 年美国数字设备公司（digital equipment corporation，DEC）研制出了第一台 PLC，并在（general motors company，GM）的汽车自动装配线上首次使用，获得成功。从此，这项新技术便迅速发展起来。这种新型的工业控制装置以其简单易懂、操作方便、可靠性高、通用灵活、体积小、使用寿命长等优点，很快推广到其他工业领域。到 1971 年，已经成功地应用于食品、饮料、冶金、造纸等工业。虽然 PLC 问世时间不长，但是随着微处理器的出现，大规模、超大规模集成电路技术的迅速发展和数据通信技术的不断进步，使 PLC 也迅速发展，其发展过程分为以下 4 个阶段。

第一代：1969—1973 年。这一时期是 PLC 的初创时期。在这个时期，PLC 从有触点不可编程的硬接线顺序控制器发展成为小型机的无触点可编程逻辑控制器。可靠性与以往的继电器控制系统相比有很大提高，灵活性也有所增强，主要功能包括逻辑运算、计时、计数和顺序控制，CPU 由中小规模集成电路组成，存储器为磁芯存储器。

第二代：1974—1977 年。这一时期是 PLC 的发展中期。在这个时期，由于 8 位单片 CPU 和集成存储器芯片的出现，PLC 得到了迅速发展和完善，并逐步趋向系列化和实用化，普遍应用于工业生产过程控制。PLC 除了原有功能外，又增加了数值运算、数据的传递和比较、模拟量的处理和控制等功能，可靠性进一步提高，开始具备自诊断功能。

第三代：1978—1983 年。PLC 进入成熟阶段。在这个时期，微型计算机行业已出现了 16 位 CPU，MCS-51 系列单片机也由 Intel 公司推出，使 PLC 也开始朝着大规模、高速度和高性能方向发展，PLC 的生产量在国际上每年以 30% 的递增量迅速增长。在结构上，PLC 除了采用微处理器及 EPROM，EE-PROM，CMCS RAM 等 LSI 电路外，还向多微处理器发展，使 PLC 的功能和处理速度大大提高。PLC 的功能又增加了浮点运算、平方、三角函数、相关数、查表、列表、脉宽调制变换等，初步形成了分布式可编程控制器的网络系统，具有通信功能和远程 I/O 处理能力，编程语言较规范和标准化。此外，自诊断功能及容错技术发展迅速，使 PLC 系统的可靠性得到了进一步提高。

第四代：1984 年至今。PLC 的规模更大，存储器的容量又提高了 1 个数量级（最高可达 896 K），有的 PLC 已采用了 32 位微处理器，多台 PLC 可与大系统一起连成整体的分布式控制系统，在软件方面有的已与通用计算机系统兼容。编程语言除了传统的梯形图、流程图语句表外，还有用于算术 BASIC 语言、用于机床控制的数控语言等。在人机接口方面，采用了现实信息等更多直观的 CRT，完全代替了原来的仪表盘，使用户的编程和操作更加方便灵活。PLC 的 I/O 模件一方面发展自带微处理器的智能 I/O 模件，另一方面也注意增大 I/0 点数，以适应控制范围的增大和在系统中使用 A/D，D/A 通信及其他特殊功能模件的需要。同时，各 PLC 生产厂家还注意提高 I/O 的密集度，生产高密度的 I/O 模件，以节省空间，降低系统的成本。

综上所述第一代 PLC 功能太弱，已基本淘汰；第四代 PLC 面向复杂大型系统，应用还不广泛。目前，在各行业应用最多的是第二代和第三代产品。另外，在 PLC 的发展过程中，产生了三类按 I/O 点分类的 PLC，分别为小型、中型和大型。一般小于 256 点为小型（小于 64 为超小型或微型 PLC）；控制点不大于 2 048 点为中型 PLC；2 048 点以上为大型 PLC（超过 8 192 点为超大型 PLC）。

7.1.2 PLC 研究现状

1. 国外可编程控制器研究现状

目前，全世界 PLC 生产厂家约 200 家，生产 300 多个品种，全球 PLC 硬件市场规模在 2020 年约为 123 亿美元。中国市场在 2023 年 PLC 市场规模约为 155 亿元，尽管同比下降 0.5%，但在项目型市场的推动下，如汽车、电力、冶金、交通运输、市政等行业对 PLC 的需求持续增长。在 2024 年，中国 PLC 整体市场面临宏观经济放缓、OEM 和项目型行业低迷以及代理商库存高位等多重挑战，市场规模呈现下降趋势，同比下降 18.9%。在全球 PLC 制造商中，根据美国自动化协会（automation research control，RAC）调查，世界 PLC 领导厂家分别为西门子（Siemens）公司、A-B（Allen—Bradley）公司、施耐德（Schneider）公司、三菱（Mitsubishi）公司、欧姆龙（Omron）公司，他们的销售额约占全球总销售额的 2/3。从西门子公司的 SIMATIC7S-400 的性能可对 PLC 窥见一斑，SIMATIC57-400 是匣式封装模块，可卡在导轨上安装，由 0 总线和通信总线建立电气连接，模块可在工作或加电时替换或插、拔，可快速安装维护，修改方便，其主要性能有以下几点。

（1）CPU 存储器容量为 64 KB，可扩展到 1.6 MB。

（2）位和字处理速度为 80 ns 至 200 ns。

（3）最高系统计算能力可以有 4 个 CPU 同时计算。

（4）强大的扩展能力，57 ～ 400 中央控制器最多能连接 21 个扩展单元。

（5）每个 CPU 上多点接口（MPD）能力，可同时连接编程装置、操作员接口系统等。

（6）CPU 上的 SINEC-2L-DP 附加有分散 I/O 的集成性能。

（7）提供与计算机和其他 Siemens 产品或系统的连接接口。

（8）高可靠性，完善的自诊断和清除故障功能。

2. 国内 PLC 研究现状

我国小型 PLC 已批量生产；中型 PLC 也已有产品；大型 PLC 已经开始研制。有的产品不仅供应国内市场，而且还出口。国内 PLC 形成产品化的生产企业约 30 多家，主要生产单位有：苏州电子计算机厂、苏州机床电器厂、上海香岛机电制造有限公司、天津市自动化仪表厂、杭州通灵控制电脑公司、北京机械工业自动化所和江苏嘉华实业有限公司等。对于国内 PLC 的认识，可以从江苏嘉华实业有限公司生产的 JH120 系列产品窥见一斑，其主要性能有以下几点。

（1）输入输出从 20 点到 120 点任意配置。

（2）内置 32 个定时器、31 个计数器、几百个中间继电器和数据寄存器，可方便地完成逻辑控制、定时、计数控制、高速计数、数据处理、模拟量控制等功能。

（3）编程简便，108 条指令功能齐全。

（4）DNI 标准卡槽安装，可拆端子排接线。

（5）高可靠性，强抗干扰，用于各种工业环境。

综上所述，国产 PLC 的发展有一定的基础。然而，从产品结构分析，国内自主研发或引进技术制造的 PLC 主要集中在中低端市场，尚未打造出市场主流产品或一系列完整的产品线。

7.1.3 PLC 组成部分、分类及特点

1. PLC 组成部分

PLC 由软件系统和硬件系统组成，其中硬件系统可分为中央处理器和储存器，软件系统则为 PLC 软件程序和 PLC 编程语言。

（1）软件系统

① PLC 软件。PLC 软件运行主要依靠系统程序和编程语言。通常，控制器的系统程序在出厂前就已经被锁定在了 ROM 系统程序的储存设备中。

② PLC 编程语言。PLC 编程语言主要用于辅助 PLC 软件的运作和使用，它的运作原

理是利用编程元件继电器代替实际原件继电器进行运作，将编程逻辑转化为软件形式存在于系统当中，从而帮助 PLC 软件运作和使用。

（2）硬件系统

① 中央处理器。中央处理器在 PLC 中的作用相当于人的大脑，用于控制系统运行的逻辑，执行运算和控制。它由运算系统和控制系统组成；运算系统执行数据运算和分析；控制系统则根据运算结果和编程逻辑执行对生产线的控制、优化和监督。

② 储存器。储存器主要执行数据储存、程序变动储存、逻辑变量，以及工作信息等。储存系统也用于储存系统软件，这一储存器叫作程序储存器。PLC 中的储存硬件在出厂前就已经设定好了系统程序，而且整个控制器的系统软件也已经被储存在了储存器中。

③ 输入输出模块。输入输出模块是工业控制系统中连接现场设备与核心控制器（如 PLC）的关键硬件，承担着数据采集与指令执行的双重功能。其通过输入模块接收来自传感器、开关等现场设备的信号（如数字量开关状态或模拟量 4 ～ 20 mA 电流信号），经滤波、隔离及模数转换后传输至 PLC 的中央处理器（CPU）；CPU 根据预设程序进行逻辑运算，生成控制指令后通过输出模块将低功率电信号（如 24 V DC）转换为驱动工业设备的高功率电信号（如 220 V AC），从而控制电磁阀、电机、接触器等执行机构动作。

2. PLC 分类

PLC 产品种类繁多，其规格和性能也各不相同。PLC 根据其结构形式的不同、功能的差异和 I/O 点数的多少等分为以下几类。

（1）按结构形式分类

根据 PLC 的结构形式，可将 PLC 分为整体式和模块式两类。

① 整体式 PLC 是将 CPU、存储器、I/O 部件等组成部分集中于一体，安装在印刷电路板上，并连同电源一起装在一个机壳内，形成一个整体，通常称为主机或基本单元。整体式结构的 PLC 具有结构紧凑、体积小、质量轻、价格低的优点，一般小型或超小型 PLC 多采用这种结构。整体式 PLC 由不同 I/O 点数的基本单元（又称主机）和扩展单元组成。基本单元内有 CPU、I/O 接口、与 I/O 扩展单元相连的扩展口，以及与编程器或 EPROM 写入器相连的接口等。扩展单元内除了 I/O 和电源等，没有其他的外设。基本单元和扩展单元之间一般用扁平电缆连接。整体式 PLC 一般还可配备特殊功能单元，如模拟量单元、位置控制单元等，使其功能得以扩展。

② 模块式 PLC 是把各个组成部分做成独立的模块，如 CPU 模块、输入模块、输出模块、电源模块等。各模块作成插件式，并将组装在一个具有标准尺寸并带有若干插槽的机架内。模块式 PLC 由框架或基板和各种模块组成，模块装在框架或基板的插座上。这种模块式 PLC 的特点是配置灵活，装配和维修方便，易于扩展，大、中型 PLC 一般采用模块式结构。

还有一些 PLC 将整体式和模块式的特点结合起来，构成叠装式 PLC。叠装式 PLC 其

CPU、电源、I/O 接口等也是各自独立的模块，但它们之间是靠电缆进行连接，并且各模块可以一层层地叠装。这样，不但可以灵活配置系统，还可做得体积小巧。

（2）按功能分类

PLC 按功能分为低档、中档、高档 3 类。

① 低档 PLC 具有逻辑运算、定时、计数、移位及自诊断、监控等基本功能，还具有实现少量模拟量输入/输出、算术运算、数据传送和比较、通信的功能，主要用在逻辑控制、顺序控制或少量模拟量控制的单机控制系统中。

② 中档 PLC 不仅具有低档 PLC 的功能外，还具有模拟量输入/输出、算术运算、数据传送和比较、数制转换、远程 I/O、子程序、通信联网等强大的功能。有些还可增设中断控制、PID 控制等功能，比较适用于复杂控制系统中。

③ 高档 PLC 不仅具有中档机的功能外，还增加了带符号算术运算、矩阵运算、位逻辑运算、平方根运算及其他特殊功能函数的运算、制表及表格传送等功能。高档 PLC 机具有更强的通信联网功能，可用于大规模过程控制或构成分布式网络控制系统，实现工厂自动化控制。

（3）按 I/O 点数分类

可编程控制器用于对外部设备的控制，外部信号的输入、PLC 的运算结果的输出都要通过 PLC 输入、输出端子来进行接线，输入、输出端子的数目之和被称作 PLC 的输入、输出点数，简称 I/O 点数。

3. PLC 特点

（1）通用性强，使用方便

由于 PLC 产品的系列化和模块化，PLC 配备有品种齐全的各种硬件装置供用户选用。当控制对象的硬件配置确定后，就可通过修改用户程序，方便快速地适应工艺条件的变化。

（2）功能性强，适应面广

PLC 不仅具有逻辑运算、计时、计数、顺序控制等功能，而且还具有 A/D 和 D/A 转换、数值运算、数据处理等功能。因此，它既可对开关量进行控制，也可对模拟量进行控制；既可控制 1 台生产机械、1 条生产线，也可控制 1 个生产过程。另外，PLC 还具有通信联络功能，可与上位计算机构成分布式控制系统，实现遥控功能。

（3）可靠性高，抗干扰能力强

绝大多数用户都将可靠性作为选择控制装置的首要条件。针对 PLC 是专为在工业环境下应用而设计的，故采取了一系列硬件和软件抗干扰措施。

硬件方面，隔离是抗干扰的主要措施之一。PLC 的输入和输出电路一般用光电耦合器来传递信号，使外部电路与 CPU 之间无电路联系，有效抑制了外部干扰源对 PLC 的影响。同时，还可以防止外部高电压窜入 CPU 模块。滤波是抗干扰的另一主要措施，在 PLC 的电源电路和 I/O 模块中，设置了多种滤波电路，对高频干扰信号有良好的抑制作用。

软件方面，设置故障检测与诊断程序。采用以上抗干扰措施后，一般 PLC 平均无故障时间高达 40 000 ～ 50 000 h。

（4）编程方法简单，容易掌握

PLC 配备有易于接受和掌握的梯形图语言，该语言编程元件的符号和表达方式与继电器控制电路原理图接近。

（5）控制系统的设计、安装、调试和维修方便

PLC 用软件功能取代了继电器控制系统中大量的中间继电器、时间继电器、计数器等部件，使控制柜的设计、安装接线工作量大为减少。PLC 的用户程序大都可以在实验室模拟调试，调试好后再将 PLC 控制系统安装到生产现场，进行联机统调。在维修方面，PLC 的故障率很低，且有完善的诊断和实现功能，一旦 PLC 外部的输入装置和执行机构发生故障，就可根据 PLC 上发光二极管或编程器上提供的信息，迅速查明原因。若是 PLC 本身问题，则可更换模块，迅速排除故障，维修极为方便。

（6）体积小、质量小、功耗低

由于 PLC 是将微电子技术应用于工业控制设备的新型产品，因而结构紧凑，坚固，体积小，质量小，功耗低，而且具有很好的抗震性和适应环境温度、湿度变化的能力。因此，PLC 很容易装入机械设备内部，是实现机电一体化较理想的控制设备。

7.1.4 PLC 工作原理

可编程控制器通电后，需要对硬件及其使用资源做一些初始化的工作，为了使可编程控制器的输出即时地响应各种输入信号，初始化后系统反复不停地分阶段处理各种不同的任务，这种周而复始的工作方式称为扫描工作方式。根据 PLC 的运行方式和主要构成特点来讲，PLC 实际上是一种计算机软件，且是用于控制程序的计算机系统，它的主要优势在于比普通的计算机系统拥有更为强大的工程过程接口，这种程序更加适合于工业环境。PLC 的运作方式属于重复运作，主要通过循序扫描，以及循环工作来实现，在主机程序的控制下，PLC 可以重复对目标进行信息采集。

1. 系统初始化

PLC 上电后，要进行对 CPU 及各种资源的初始化处理，包括清除 I/O 映像区、变量存储器区、复位所有定时器，检查 I/O 模块的连接等。

2. 读取输入

在可编程序控制器的存储器中，设置了一片区域来存放输入信号和输出信号的状态，它们分别称为输入映像寄存器和输出映像寄存器。在读取输入阶段，可编程序控制器把所有外部数字量输入电路的 ON/OFF（1/0）状态读入输入映像寄存器。外接的输入电路闭合

时，对应的输入映像寄存器为 1 状态，梯形图中对应输入点的常开触点接通，常闭触点断开。外接的输入电路断开时，对应的输入映像寄存器为 0 状态，梯形图中对应输入点的常开触点断开，常闭触点接通。

3. 执行用户程序

可编程序控制器的用户程序由若干条指令组成，指令在存储器中按顺序排列。在用户程序执行阶段，在没有跳转指令时，CPU 从第一条指令开始，逐条有顺序地执行用户程序，直至遇到结束（END）指令。遇到结束指令时，CPU 检查系统的智能模块是否需要服务。

在执行指令时，从 I/O 映像寄存器或其他位元件的映像寄存器读出其 0/1 状态，并根据指令的要求执行相应的逻辑运算，运算的结果写入相应的映像寄存器中。因此，各映像寄存器（只读的输入映像寄存器除外）的内容随着程序的执行而变化。

在程序执行阶段，即使外部输入信号的状态发生了变化，输入映像寄存器的状态也不会随之而变，输入信号变化的状态下只能在下一个扫描周期的读取输入阶段被读入。执行程序时，对输入 / 输出的存取通常是通过映像寄存器，而不是实际的 I/O 点，这样执行的原因有：程序执行阶段的输入值是固定的，程序执行完后再用输出映像寄存器的值更新输出点，使系统运行稳定；用户程序读写 I/O 映像寄存器比读写 I/O 点快得多，这样可以提高程序的执行速度；I/O 点必须按位来存取，而映像寄存器可按位、字节来存取，灵活性更好。

4. 通信处理

在智能模块及通信信息处理阶段，CPU 模块检查智能模块是否需要服务，如果需要，读取智能模块的信息并存放在缓冲区中，供下一扫描周期使用。在通信信息处理阶段，CPU 处理通信口接收到的信息，在适当的时候将信息传送给通信请求方。

5. CPU 自诊断测试

CPU 自诊断测试包括定期检查 EPROM、用户程序存储器、I/O 模块状态，以及 I/O 扩展总线的一致性，将监控定时器复位，以及完成一些其他内部工作。

6. 修改输出

CPU 执行完用户程序后，将输出映像寄存器的 0/1 状态传送到输出模块并锁存起来。梯形图中某一输出位的线圈通电时，对应的输出映像寄存器为 1 状态。信号经输出模块隔离和功率放大后，继电器型输出模块中对应的硬件继电器的线圈通电，其常开触点闭合，使外部负载通电工作。若梯形图中输出点的线圈断电，对应的输出映像寄存器中存放的二进制数为 0，将它送到物理输出模块，对应的硬件继电器的线圈断电，其常开触点断开，外部负载断电，停止工作。

7. 中断程序处理

如果 PLC 提供中断服务，而用户在程序中使用了中断，中断事件发生时立即执行中断程序，中断程序可能在扫描周期的任意时刻上被执行。

8. 立即 I/O 处理

在程序执行过程中使用立即 I/O 指令可以直接存取 I/O 点。如果用立即 I/O 指令读输入点的值时，相应的输入映像寄存器的值未被更新。如果用立即 I/O 指令来改写输出点时，相应的输出映像寄存器的值被更新。

7.1.5 可编程控制器应用领域

扫一扫

可编程控制器应用领域

PLC 已经广泛应用于钢铁、石油、化工、电力、建材、机械制造、汽车、轻纺、交通运输、环保及文化娱乐等行业。随着 PLC 性能价格比的不断提高，一些过去使用专用计算机的场合，也转向使用了 PLC。PLC 的应用范围在不断扩大，主要体现在以下几方面。

1. 开关量的逻辑控制

PLC 取代继电器控制系统，实现了逻辑控制。例如，机床电气控制，冲床、铸造机械、运输带、包装机械的控制，注塑机的控制，化工系统中各种泵和电磁阀的控制，冶金企业的高炉上料系统、轧机、连铸机、飞剪的控制，电镀生产线、啤酒灌装生产线、汽车配装线、电视机和收音机的生产线控制等。

2. 运动控制

PLC 可用于对直线运动或圆周运动的控制。早期直接用开关量 I/O 模块连接位置传感器与执行机构，现在一般使用专用的运动控制模块。这类模块一般带有微处理器，用来控制运动物体的位置、速度和加速度，它可以控制直线运动或旋转运动、单轴或多轴运动。它们使运动控制与可编程控制器的顺序控制功能有机地结合在一起，被广泛地应用在机床、装配机械等场合。

3. 闭环过程控制

在工业生产中，一般使用闭环控制方法来控制温度、压力、流量、速度这一系列连续变化的模拟量，无论是使用模拟调节器的模拟控制系统，还是使用计算机（包括 PLC）的控制系统，即比例 - 积分 - 微分调节（proportional integral differential，PID）都因其良好的控制效果，得到了广泛的应用。PLC 通过模拟量 I/O 模块实现模拟量与数字量之间的 A/D，D/A 转换，并对模拟量进行闭环 PID 控制，可使用 PID 子程序来实现，也可使用专用的 PID 模块。PLC 的模拟量控制功能已经广泛应用于塑料挤压成型机、加热炉、热处理炉、锅炉等设备，还广泛用于轻工、化工、机械、冶金、电力和建材等行业。

利用 PLC 实现对模拟量的 PID 闭环控制，具有性价比高、用户使用方便、可靠性高、抗干扰能力强等特点。用 PLC 对模拟量进行数字 PID 控制时，可采用 3 种方法：使用 PID 过程控制模块；使用 PLC 内部的 PID 功能指令；或者用户自己编制 PID 控制程序。前两种方法价格昂贵，在大型控制系统中才会使用；因此，如果有的 PLC 没有 PID 功能指令，或者虽然可以使用 PID 指令，但是希望采用其他的 PID 控制算法，则可采用第 3 种方法，即自编 PID 控制程序。

PLC 在模拟量的数字 PID 控制中的控制特征是：由 PLC 自动采样，同时将采样的信号转换为适于运算的数字量，存放在指定的数据寄存器中；由数据处理指令调用、计算处理后，再由 PLC 自动送出。其 PID 控制规律可用梯形图程序来实现，因而具有很强的灵活性和适应性，一些原在模拟 PID 控制器中无法实现的问题，在引入 PLC 的数字 PID 控制后就可以得到解决。

4. 数据处理

PLC 具有数学运算、数据传递、转换、排序和查表、位操作等功能，还可以完成数据的采集、分析和处理。这些数据可以与储存在存储器中的参考值做比较，也可以用通信功能传送到其他智能装置，或将其打印制表。数据处理一般用在大、中型控制系统，如柔性制造系统、过程控制系统等。

5. 机器人控制

机器人作为工业过程自动生产线中的重要设备，已成为未来工业生产自动化的三大支柱之一。现在许多机器人制造公司，选用 PLC 作为机器人控制器来控制各种机械动作。随着 PLC 体积进一步缩小，功能进一步增强，PLC 在机器人控制中的应用也将更加普遍。

6. 通信联网

PLC 的通信包括 PLC 之间的通信、PLC 与上位计算机和其他智能设备之间的通信。PLC 和计算机具备接口，利用双绞线、同轴电缆或光缆将其联成网络，以实现信息的交换，并可构成“集中管理，分散控制”的分布式控制系统。目前一些 PLC 生产厂家采用工业标准总线，并向标准通信协议靠拢。

7.1.6 PLC 发展趋势

1. 传统 PLC 发展趋势

（1）技术发展迅速，产品更新换代快

随着微子技术、计算机技术和通信技术的不断发展，PLC 的结构和功能不断改进，生产厂家不断推出功能更强的 PLC 新产品，平均 3 ～ 5 年更新换代一次。PLC 的发展有以下两个重要趋势。

① PLC 向体积更小、速度更快、功能更强、价格更低的微型化发展，以适应复杂单机、数控机床和工业机器人等领域的控制要求，实现机电一体化。

② PLC 向大型化、复杂化、多功能、分散型、多层分布式工厂全自动网络化方向发展。例如，美国通用电气公司（general electric company，GE）推出的 Gen-ettwo 工厂全自动化网络系统，不仅具有逻辑运算、计时、计数等功能，还具有数值运算、模拟量控制、监控、计算机接口、数据传递等功能；而且还能进行中断控制、智能控制、过程控制、远程控制等。该系统配置了 GE/BASIC 语言，向上能与上位计算机进行数据通信，向下不仅能直接控制 CNC 数控机床、机器人，还可以通过下级 PLC 去控制执行机构。在操作台上如果配备该公司的 Factory Master 数据采集和分析系统、Viewaster 彩色图像系统，则管理、控制整个工厂十分方便。

（2）开发各种智能 I/O 模块，增强过程控制功能

智能 I/O 模块是以微处理器为基础的功能部件，它的 CPU 与 PLC 的主 CPU 并行工作，占用主机 CPU 的时间很少，有利于提高 PLC 的扫描速度。智能 I/O 模块主要有模拟量 I/O、PID 回路控制、通信控制、机械运动控制等，还具有高速计数、中断输入、BA-SIC 和 C 语言组件等。智能 I/O 模块的应用，使过程控制功能增强。

（3）与个人计算机相结合

目前，个人计算机主要用作 PLC 的编程器、操作站或人-机接口终端，其发展是使 PLC 具备计算机的功能。大型 PLC 采用功能很强的微处理器和大容量存储器，将逻辑控制、模拟量控制、数学运算和通信功能紧密结合在一起。这样，PLC 与个人计算机、工业控制计算机、集散控制系统在功能和应用方面相互渗透，使控制系统的性能价格比不断提高。

（4）PLC 通信联网功能的增强

PLC 的通信联网功能在不断发展和强化。借助这一功能，PLC 与 PLC 之间、PLC 与计算机之间能够实现信息交换，从而构建一个统一的整体，达成分散控制与集中管理的目标。例如在大型工厂自动化生产线中，各个分布的 PLC 设备可以实时交换数据，同时将数据上传至计算机进行集中监控和分析，便于操作人员及时掌握生产状态，做出准确决策。

（5）创新编程语言与人机对话技术

在编程语言方面不断创新，除了传统的梯形图、流程图、专用语言指令外，新增加了如 BASIC 语言的编程功能，为编程人员提供了更多的选择。同时，着重增强了容错功能，以满足工业生产对极高可靠性的要求。常见的容错技术包括双机热备，即两台 PLC 同时运行，当一台出现故障时，另一台能立即自动接替工作；自动切换 I/O，确保在 I/O 模块出现问题时能快速切换至备用模块；双机表决，将输入状态与 PLC 逻辑状态进行比较，若出现错误则自动断开该输出；I/O 三重表决，通过对 I/O 状态进行软硬件表决，选取两台相同的结果作为最终输出。

在人机对话技术上，也取得了显著的进步。结合高性能的外部设备和图形监控技术，

让操作人员与 PLC 系统之间的交互更加直观、便捷。操作人员可以通过图形界面实时监控设备状态、修改参数、查看历史数据等，大大提高了工作效率。

（6）PLC 技术的规范化与标准化

随着 PLC 技术的发展，各厂家在不断升级硬件与编程工具的同时，越来越注重技术的规范化和标准化。他们积极向制造自动化协议（MAP）靠拢，努力使 PLC 的基本部件，如输入、输出模块、接线端子、通信协议、编程语言和编程工具等，在技术上实现规范化和标准化。这样一来，不同厂家生产的 PLC 产品之间能够更好地互相兼容，方便进行组网。在实际应用中，用户可以根据需求灵活选择不同品牌和型号的 PLC 设备进行组合，构建复杂的自动化控制系统，真正实现工厂生产的自动化，降低了系统集成的难度和成本。

2. 新型可编程序控制器发展趋势

目前，人们正致力于寻求开放型的硬件或软件平台，新一代 PLC 主要有以下两种发展趋势。

（1）向大型网络化、综合化方向发展

实现信息管理和工业生产相结合的综合自动化是 PLC 技术发展的趋势。现代工业自动化已不再局限于某些生产过程的自动化，一般采用 32 位微处理器的多 CPU 并行工作和大容量存储器的超大型 PLC 可实现超万点的 I/O 控制。大中型 PLC 功能有：函数运算、浮点运算、数据处理、文字处理、队列、阵运算、PID 运算、超前补偿、滞后补偿、多段斜坡曲线生成、处方、配方、批处理、故障搜索、自诊断等。强化通信能力和网络化功能是大型 PLC 发展的一个重要方面，主要表现在：向下将多个 PLC 与远程工 10 站点相连，向上与工控机或管理计算机相连，构成整个工厂的自动化控制系统。

（2）向速度快、功能强的小型化方向发展

当前小型化 PLC 在工业控制领域具有不可替代的地位，随着应用范围的扩大，体积小、速度快、功能强、价格低的 PLC 广泛应用到工控领域的各个层面。小型 PLC 将由整体化结构向模块化结构发展，系统配置的灵活性得以增强。小型化发展具体表现在：结构上的更新、物理尺寸的缩小、运算速度的提高、网络功能的加强、价格成本的降低。小型 PLC 的功能得到进一步强化，可直接安装在机器内部，适用于回路或设备的单机控制，不仅能够完成开关量的 I/O 控制，还可以实现高速计数、高速脉冲输出、PWM 波输出、中断控制、PID 控制、网络通信等功能，更利于机电一体化的形成。

现代 PLC 在模块功能、运算速度、结构规模以及网络通信等方面都有了跨越式发展，它与计算机、通信、网络、半导体集成、控制、显示等技术的发展密切相关。PLC 已经融入了工 PC 和 DCS 的特点。面对激烈的技术市场竞争，PLC 面临其他控制新技术和新设备所带来的冲击，PLC 必须不断融入新技术、新方法，结合自身的特点，推陈出新，功能更加完善。PLC 技术的不断进步，加之在网络通信技术方面出现新的突破，新一代 PLC 将能够更好地满足各种工业自动化控制的需要，其技术发展趋势有如下特点。

① 网络化。PLC 与 PLC 之间，以及 PLC 与计算机之间的通信是 PLC 的网络通信所包含的内容。人们在不断制订与完善通用的通信标准，以加强 PLC 的联网通信能力。PLC 典型的网络拓扑结构为设备控制、过程控制和信息管理 3 个层次，工业自动化使用最多、应用范围最广泛的自动化控制网络便是 PLC 及其网络。

人们把现场总线引入设备控制层后，工业生产过程现场的检测仪表、变频器等现场设备可直接与 PLC 相连；过程控制层配置工具软件，人–机界面功能更加友好、方便；具有工艺流程、动态画面、趋势图生成等显示功能和各类报表制作等多种功能，还可使 PLC 实现跨地区的监控、编程、诊断、管理，实现工厂的整体自动化控制；信息管理层使控制与信息管理融为一体。在制造业自动化通信协议规约的推动下，PLC 网络中的以太网通信将会越来越重要。

② 模块多样化和智能化。各厂家拥有多样的系列化 PLC 产品，形成了应用灵活，使用简便、通用性和兼容性更强的用户的系统配置。智能的输入 / 输出模块不依赖主机，通常也具有中央处理单元、存储器、输入 / 输出单元以及与外部设备的接口，内部总线将它们连接起来。智能输入 / 输出模块在自身系统程序的管理下，进行现场信号的检测、处理和控制，并通过外部设备接口与 PLC 主机的输入 / 输出扩展接口连接，从而实现与主机的通信。智能输入 / 输出模块既可以处理快速变化的现场信号，还可使 PLC 主机能够执行更多的应用程序。

适应各种特殊功能需要的各种智能模块，如智能 PID 模块、高速计数模块、温度检测模块、位置检测模块、运动控制模块、远程 I/O 模块、通信和人–机接口模块等，其 CPI 与 PLC 的 CPU 并行工作，占用主机的 CPU 时间很少，可以提高 PLC 的扫描速度和完成特殊的控制要求。智能模块的出现，扩展了 PLC 功能，扩大了 PLC 应用范围，从而使得系统的设计更加灵活方便。

③ 高性能和高可靠性。如果 PLC 具有更大的存储容量、更高的运行速度和实时通信能力，必然可以提高 PLC 的处理能力、增强控制功能和范围。高速度包括运算速度、交换数据、编程设备服务处理高以及外部设备响应等方面的高速化，运行速度和存储容量是 PLC 非常重要的性能指标。

自诊断技术、冗余技术、容错技术在 PLC 中得到广泛应用，在 PLC 控制系统发生的故障中，外部故障发生率远远大于内部故障的发生率。PLC 内部故障通过 PLC 本身的软、硬件能够实现检测与处理，检测外部故障的专用智能模块将进一步提高控制系统的可靠性，具有容错和冗余性能的 PLC 技术将得以发展。

④ 编程朝着多样化、高级化方向发展。硬件结构的不断发展和功能的不断提高，PLC 编程语言，除了梯形图、语句表外，还出现了面向顺序控制的步进编程语言、面向过程控制的流程图语言以及与微机兼容的高级语言等，将满足适应各种控制要求。另外，功能更强、通用的组态软件将不断改善开发环境，提高开发效率。PLC 技术进步的发展趋势也将

是多种编程语言的并存、互补与发展。

⑤ 集成化。软件集成就是将 PLC 的编程、操作界面、程序调试、故障诊断和处理、通信等集于一体。监控软件集成，系统将实现直接从生产中获得大量实时数据，并将数据加以分析后传送到管理层；此外，还能将过程优化数据和生产过程的参数迅速地反馈到控制层。现在，系统的软、硬件只需通过模块化、系列化组合，便可在集成化的控制平台上“私人定制”的客户需要的控制系统，包括 PLC 控制系统、伺服控制系统、DCS 以及 SCADA 系统等，系统维护更加方便。将来，PLC 技术将会集成更多的系统功能，逐渐降低用户的使用难度，缩短开发周期以及降低开发成本，以满足工业用户的需求。在一个集成自动化系统中，设备间能够最大限度地实现资源的利用与共享。

⑥ 开放性与兼容性。信息相互交流的即时性、流通性对于工业控制系统而言，要求越来越高，系统整体性能更重要，人们更加注重 PLC 和周边设备的配合，用户对开放性要求强烈。系统不开放和不兼容会令用户难以充分利用自动化技术，给系统集成、系统升级和信息管理带来困难和附加成本。PLC 的品质既要看其内在技术是否先进，还需考察其符合国际标准化的程度和水平。标准化既可保证产品质量，也将保证各厂家产品之间的兼容性、开放性。编程软件统一、系统集成接口统一、网络和通信协议统一是 PLC 的开放性主要体现。目前，总线技术和以太网技术的协议是公开的，它为支持各种协议的 PLC 开放，提供了良好的条件。国际标准化组织提出的开放系统互联参考模型按钮，通信协议的标准化使各制造厂商的产品相互通信，促进 PLC 在开放功能上有较大发展。PLC 的开放性涉及通信协议、可靠性、技术保密性、厂家商业利益等众多问题，PLC 的完全开放还有很长的路要走。PLC 的开放性会使其更好地与其他控制系统集成，这是 PLC 未来的主要发展方向之一。

系统开放可使第三方软件在符合开放系统互联标准的 PLC 上得到移植；采用标准化的软件可大大缩短系统开发时间，提高系统的可靠性。软件的发展也表现在通信软件的应用上，近年推出的 PLC 都具有开放系统互联和通信的功能。标准编程方法将会使软件更容易操作和学习，软件开发工具和支持软件也相应地得到更广泛的应用。维护软件功能的增强，降低了维护人员的技能要求，减少了培训费用。面向对象的控件和 OCP 技术等高新技术被广泛应用于软件产品中。PLC 已经开始采用标准化的软件系统，高级语言编程也正逐步形成，为进一步的软件开放打下了基础。

⑦ 集成安全技术应用。集成安全基本原理能够感知非正常工作状态并采取动作。安全集成系统与 PLC 标准控制系统共存，它们共享一个数据网络，安全集成系统的逻辑在 PLC 和智能驱动器硬件上运行。安全控制系统包括安全输入设备，例如急停按钮、安全门限位开关或连锁开关、安全光栅或光幕、双手控制按钮；安全控制电气元件，例如安全继电器、安全 PLC、安全总线；安全输出控制，例如，主回路中的接触器、继电器、阀等。

由于安全集成系统与控制系统共享一条数据总线或者一些硬件，系统的数据传输和处理速度可以大幅度提高，同时还节省了大量布线、安装、试运行及维护成本。罗克韦尔推出了模块式与分布式的安全 PLC，西门子的安全 PLC 业已应用于汽车制造系统中。可以预见，安全 PLC 技术将会广泛应用于汽车、机床、机械、船舶、石化、电厂等领域。

任务 7.2　软 PLC 技术的基本知识

任务描述

一家工厂的 PLC 突然出现故障，生产线停摆，但技术人员迅速用一台电脑和特定软件搭建了一个临时的控制系统，恢复了生产。这个临时的控制系统，就是本任务要学习的软 PLC 技术。

任务分析

传统 PLC 的生产成本较高，且难以构建开放的硬件体系结构，限制了进一步的发展。因此，软 PLC 技术应运而生，成为传统 PLC 的有力补充和替代。本任务旨在通过学习软 PLC 技术，了解并掌握其软 PLC 技术产生背景、工作原理、系统组成以及发展趋势等关键内容。

任务实施

7.2.1 软 PLC 技术产生的背景

长期以来，计算机控制和传统 PLC 控制一直是工业领域的两种主要控制方法。PLC 自 1969 年问世以来，以功能强、可靠性高、使用方便、体积小等优点在工业自动化领域得到迅速推广，成为工业自动化领域中极具竞争力的控制工具。但传统 PLC 的体系结构是封闭的，各个 PLC 厂家的硬件体系互不兼容，编程语言及指令系统各异，用户选择了一种 PLC 产品后，必须选择与其相应的控制规程，学习特定的编程语言，这不利于终端用户功能的扩展。

近年来，工业自动化控制系统的规模不断扩大，控制结构更趋分散化和复杂化，需要更多的用户接口。同时，企业整合和开放式体系的发展要求自动控制系统应具有强大的网络通信能力，使企业能及时地了解生产过程中的诸多信息，灵活选择解决方案。配置硬件和软件，根据市场行情及时调整生产。此外，为了扩大控制系统的功能，许多新型传感器被加装到控制单元上，但这些传感器通常都很难与传统 PLC 连接，且传统 PLC 价格较贵。因此，改革现有的 PLC 控制技术，发展新型 PLC 控制技术已成为当前工业自动化控制领域迫切需要解决的技术难题。

虽然计算机控制技术能够提供标准的开发平台、高端应用软件、标准的高级编程语言及友好的图形界面，但其在恶劣控制环境下的可靠性和可扩展性受到限制。因此，人们在综合计算机和 PLC 控制技术优点的基础上，逐步提出并开发了一种基于 PLC 的新型控制技术——软 PLC 控制技术。

7.2.2 软 PLC 技术概述

随着计算机技术和通信技术的发展，采用高性能微处理器作为其控制核心，基于平台的技术得到迅速的发展和广泛的应用，基于技术既具有传统的在功能、可靠性、速度、故障查找方面的特点，又具有高速运算、丰富的编程语言、方便的网络连接等优势。

基于 PC 的 PLC 技术是以 PC 的硬件技术、网络通信技术为基础，采用标准的 PC 开发语言进行开发，同时通过其内置的驱动引擎提供标准的 PLC 软件接口，使用符合（IEC 61131-3）标准的工业开发界面及逻辑块图等软逻辑开发技术进行开发。通过软 PLC（PC-Based PLC）的驱动引擎接口，一种 PC-Based PLC 可以使用多种软件开发，一种开发软件也可用于多种 PC-Based PLC 硬件。工程设计人员可以利用不同厂商的 PC-Based PLC 组成功能强大的混合控制系统，然后统一使用一种标准的开发界面，用熟悉的编程语言编制程序，以充分享受标准平台带来的益处，实现不同硬件之间软件的无缝移植，与其他 PLC 或计算机网络的通信方式可以采用通用的通信协议和低成本的以太网接口。

目前，利用 PC-Based PLC 设计的控制系统已成为最受欢迎的工业控制方案，PLC 与计算机已相互渗透和结合，不仅是 PLC 与 PLC 的兼容，还是 PLC 与计算机的兼容，使其可以充分利用 PC 现有的软件资源。而且（IEC 61131-3）标准作为统一的工业控制编程已逐步网络化，不仅能与控制功能和信息管理功能融为一体，并能与工业控制计算机、集散控制系统等进一步地渗透和结合，实现大规模系统的综合性自动控制。

7.2.3 软 PLC 工作原理

软 PLC 是一种基于 PC 的新型工业控制软件，它不仅具有硬 PLC 在功能、可靠性、速度、故障查找等方面的优点，而且有效地利用了 PC 的各种技术，具有高速处理数据能力和强大的网络通信能力。

利用软逻辑技术，可以自由配置 PLC 的软、硬件，使用用户熟悉的编程语言编写程序，可以将标准的工业 PC 转换成全功能的 PLC 型过程控制器。软 PLC 技术综合了计算机和 PLC 的开关量控制、模拟量控制、数学运算、数值处理、网络通信、PID 调节等功能，通过一个多任务控制内核，提供强大的指令集、快速而准确的扫描周期、可靠的操作和可连接各种 I/O 系统及网络的开放式结构。它遵循（IEC 61131–3）标准，支持 5 种编程语言：①结构化文本；②指令表语言；③梯形图语言；④功能块图语言；⑤顺序功能图语言，以及它们之间的相互转化。

7.2.4 软 PLC 系统组成

1. 系统硬件

软 PLC 系统具有良好的开放性能，其硬件平台较多，既有传统的 PLC 硬件，也有当前较流行的嵌入式芯片，对于在网络环境下的 PC 或者 DCS 更是软 PLC 系统的优良硬件平台。

2. 开发系统

符合（IEC 61131–3）标准的开发系统应提供一个标准 PLC 编辑器，并将五种语言编译成目标代码经过链接后下载到硬件系统中，同时应具有对应用程序的调试和与第三方程序通信的功能，开发系统主要具有以下功能。

（1）开放的控制算法接口，支持用户自定义的控制算法模块。

（2）仿真运行实时在线监控，可以方便地进行编译和修改程序。

（3）支持数据结构，支持多种控制算法，如 PID 控制、模糊控制等。

（4）编程语言标准化，它遵循（IEC 61131–3）标准，支持多种语言编程，并且各种编程语言之间可以相互转换。

（5）拥有强大的网络通信功能，支持基于 TCP/IP 网络，可以通过网络浏览器来对现场进行监控和操作。

3. 运行系统

软 PLC 的运行系统，是针对不同的硬件平台开发出的（IEC 61131–3）虚拟机，可完成对目标代码的解释和执行。对于不同的硬件平台，运行系统还必须支持与开发系统和相应的 I/O 模块的通信。这一部分是软 PLC 的核心，完成输入处理、程序执行、输出处理等工作。通常由 I/O 接口、通信接口、系统管理器、错误管理器、调试内核和编译器组成。

（1）I/O 接口：与 I/O 通信，包括本地 I/O 和远程 I/O，远程 I/O 主要通过现场总线 InterBus、ProfBus、CAN 等实现。

（2）通信接口：使运行系统可以和编程系统软件按照各种协议进行通信。

（3）系统管理器：处理不同任务、协调程序的执行，从 I/O 映像读写变量。

（4）错误管理器：检测和处理错误。

7.2.5 软 PLC 技术的发展

传统 PLC 的一些弱点使它的发展受到限制：① PLC 的软、硬体系结构封闭、不开放，专用总线、通信网络协议、各模块不通用；② 编程语言虽多，但其组态、寻址、语言结构都不一致；③ 各品牌的 PLC 通用性和兼容性差；④ 各品牌产品的编程方法差别很大，技术专有性较强，用户使用某种品牌 PLC 时，不但要重新了解其硬件结构，还必须重新学习编程方法及其他规定。

随着工业控制系统规模的不断扩大，控制结构日趋分散化和复杂化，需要 PLC 具有更多的用户接口、更强大的网络通信能力、更好的灵活性。近年来，随着（IEC 61131-3）标准的推广，PLC 呈现出 PC 化和软件化趋势。相对于传统 PLC，软 PLC 技术以其开放性、灵活性和低成本占有很大优势。

软 PLC 按照（IEC 61131-3）标准，打破以往各个 PLC 厂家互不兼容的局限性，可充分利用工业控制计算机（IPC）或嵌入式计算机（EPC）的硬、软件资源，用软件来实现传统 PLC 的功能，使系统从封闭走向开放。软 PLC 技术提供 PLC 的相同功能，也具备了 PC 的各种优点。

软 PLC 具有高速数据处理能力和强大网络功能，可以简化自动化系统的体系结构，把控制、数据采集、通信、人机界面及特定应用，集成到一个统一开放系统平台上，采用开放的总线网络协议标准，满足未来控制系统开放性和柔性的要求。

基于 PC 的软 PLC 系统简化了系统的网络结构和设备设计，简化了复杂的通信接口，提高了系统的通信效率，降低了硬件投资，易于调试和维护。通过 OPC 技术能够方便地与第三方控制产品建立通信，便于与其他控制产品集成。

目前，软 PLC 技术还处于发展初期，成熟完善的产品不多。软 PLC 技术也存在一些问题，主要是以 PC 为基础的控制引擎的实时性问题及设备的可靠性问题。随着技术的发展，相信软 PLC 会逐渐走向成熟。

任务 7.3　PLC 控制系统的安装与调试

任务描述

假设你现在是一名资深的自动化工程师，刚刚接手了一个全新的 PLC 控制系统项目。你的任务是在规定的时间内，完成这 PLC 系统的安装和调试，确保能够顺利地接入生产线，并稳定运行。本任务将学习 PLC 控制系统的安装与调试。

任务分析

PLC 控制系统能够实现对各种机械设备的精准控制，提高生产效率，降低生产成本。因此，掌握 PLC 控制系统的安装与调试技能，对于从事自动化控制领域的技术人员来说至关重要。

任务实施

7.3.1 PLC 使用的工作环境要求

任何设备的正常运行都需要一定的外部环境，PLC 对使用环境有特定的要求。PLC 在安装调试过程中应注意以下几点。

1. 温度

PLC 对现场环境温度有一定要求。一般水平安装方式要求环境温度 0 ～ 60 ℃，垂直安装方式要求环境温度为 0 ～ 40 ℃，空气的相对湿度应小于 85%（无凝露）。为了保证合适的温度、湿度，在 PLC 设计、安装时，必须考虑如下事项。

① 电气控制柜的设计。柜体应该有足够的散热空间。柜体设计应该考虑空气对流的散热孔，对发热厉害的电气元件，应该考虑设计散热风扇。

② 安装注意事项。PLC 安装时，不能放在发热量大的元器件附近，要避免阳光直射以及防水防潮；同时，要避免环境温度变化过大，以免内部形成凝露。

2. 振动

PLC 应远离强烈的振动源，防止 10 ～ 55 Hz 的振动频率频繁或连续振动。火电厂大型电气设备中，如送风机、一次风机、引风机、电动给水泵、磨煤机等，工作时产生较大的振动，因此 PLC 应远离以上设备。当使用环境不可避免振动时，必须采取减振措施，如采用减振胶等。

3. 空气

避免有腐蚀和易燃的气体，例如氯化氢、硫化氢等。对于空气中有较多粉尘或腐蚀性气体的环境，可将 PLC 安装在封闭性较好的控制室或控制柜中，并安装空气净化装置。

4. 电源

PLC 供电电源为 50 Hz、220 ×（1 ± 10%）V 的交流电。对于电源线来的干扰，PLC 本身具有足够的抵制能力。对于可靠性要求很高的场合或电源干扰特别严重的环境，可以安装一台带屏蔽层的变比为 1 : 1 的隔离变压器，以减少设备与地之间的干扰。

7.3.2 PLC 自动控制系统调试

调试工作是检查 PLC 控制系统能否满足控制要求的关键工作，是对系统性能的一次客观、综合的评价。系统投用前必须经过全系统功能的严格调试，直到满足要求并经有关用户代表、监理和设计等签字确认后才能交付使用。调试人员应受过系统的专门培训，对控制系统的构成、硬件和软件的使用和操作都比较熟悉。调试人员在调试时发现的问题，都应及时联系有关设计人员，在设计人员同意后方可进行修改，修改需做详细的记录，修改后的软件要进行备份。并对调试修改部分做好文档的整理和归档。调试内容主要包括输入输出功能、控制逻辑功能、通信功能、处理器性能测试等。

1. 调试方法

PLC 实现的自动控制系统，其控制功能基本都是通过设计软件来实现。这种软件是利用 PLC 厂商提供的指令系统，根据机械设备的工艺流程来设计的。这些指令基本都不能直接操作计算机的硬件。程序设计者不能直接操作计算机的硬件，减少了软件设计的难度，使得系统的设计周期缩短，同时又带来了控制系统其他方面的问题。在实际调试过程中，有时出现这样的情况：一个软件系统从理论上推敲能完全符合机械设备的工艺要求，而在运行过程中无论如何也不能投入正常运转。在系统调试过程中，如果出现软件设计达不到机械设备的工艺要求，除考虑软件设计的方法外，还可从以下几个方面寻求解决的途径。

（1）输入输出回路调试

① 模拟量输入回路调试。要仔细核对 I/O 模块的地址分配；检查回路供电方式（内供电或外供电）是否与现场仪表相一致；用信号发生器在现场端对每个通道加入信号，通常取 0、50% 和 100% 三点进行检查。对有报警、连锁值的 AI 回路，还要在报警连锁值（如高报、低报和连锁点以及精度）进行检查，确认有关报警、连锁状态的正确性。

② 模拟量输出回路调试。可根据回路控制的要求，用手动输出（即直接在控制系统中设定）的办法检查执行机构（如阀门开度等），通常也取 0、50% 和 100% 三点进行检查；同时通过闭环控制，检查输出是否满足有关要求。对有报警、连锁值的 A0 回路，还要在报警连锁值（如高报、低报和连锁点以及精度）进行检查，确认有关报警、连锁状态的正确性。

③ 开关量输入回路调试。在相应的现场端短接或断开，检查开关量输入模块对应通道地址的发光二极管的变化，同时检查通道的通、断变化。

④ 开关量输出回路调试。可通过 PLC 系统提供的强制功能对输出点进行检查。通过强制，检查开关量输出模块对应通道地址的发光二极管的变化，同时检查通道的通、断变化。

（2）回路调试注意事项

① 对开关量输入输出回路，要注意保持状态的一致性原则，通常采用正逻辑原则，

即当输入输出带电时，为“ON”状态，数据值为“1”；反之，当输入输出失电时，为“OFF”状态，数据值为“0”。这样，便于理解和维护。

② 对负载大的开关量输入输出模块应通过继电器与现场隔离，即现场接点尽量不要直接与输入输出模块连接。

③ 使用 PLC 提供的强制功能时，要注意在测试完毕后，应还原状态；在同一时间内，不应对过多的点进行强制操作，以免损坏模块。

（3）控制逻辑功能调试

控制逻辑功能调试，须同设计、工艺代表和项目管理人员共同完成。要应用处理器的测试功能设定输入条件，根据处理器逻辑检查输出状态的变化是否正确，以确认系统的控制逻辑功能。对所有的连锁回路，应模拟连锁的工艺条件，仔细检查连锁动作的正确性，并做好调试记录和会签确认。

检查工作是对设计控制程序软件进行验收的过程，是调试过程中最复杂、技术要求最高、难度最大的一项工作。特别在有专利技术应用、专用软件等情况下，更加要仔细检查其控制的正确性，应留有一定的操作裕度，同时保证工艺操作的正常运作以及系统的安全性、可靠性和灵活性。

（4）处理器性能测试

处理器性能测试要按照系统说明书的要求进行，确保系统具有说明书描述的功能且稳定可靠，包括系统通信、备用电池和其他特殊模块的检查。对有冗余配置的系统必须进行冗余测试。即对冗余设计的部分进行全面的检查，包括电源冗余、处理器冗余、I/O 冗余和通信冗余等。

① 电源冗余。切断其中一路电源，系统应能继续正常运行，系统无扰动；被断电的电源加电后能恢复正常。

② 处理器冗余。切断主处理器电源或切换主处理器的运行开关，热备处理器应能自动成为主处理器，系统运行正常，输出无扰动；被断电的处理器加电后能恢复正常并处于备用状态。

③ I/O 冗余。选择互为冗余、地址对应的输入和输出点，输入模块施加相同的输入信号，输出模块连接状态指示仪表。分别通断（或热插拔，如果允许）冗余输入模块和输出模块，检查其状态是否能保持不变。

④ 通信冗余。可通过切断其中一个通信模块的电源或断开一条网络，检查系统能否正常通信和运行；复位后，相应的模块状态应自动恢复正常。

冗余测试，要根据设计要求，对一切有冗余设计的模块都进行冗余检查。此外，对系统功能的检查包括系统自检、文件查找、文件编译和下装、维护信息、备份等功能。对较为复杂的 PLC 系统，系统功能检查还包括逻辑图组态、回路组态和特殊 I/O 功能等内容。

2. 调试内容

（1）扫描周期和响应时间

用 PC 设计一个控制系统时，一个最重要的参数就是时间。PC 执行程序中的所有指令要用多少时间（扫描时间）？有一个输入信号经过 PC 多长时间后才能有一个输出信号（响应时间）？掌握这些参数，对设计和调试控制系统无疑非常重要。

当 PC 开始运行之后，串行地执行存储器中的程序。可以把扫描时间分为 4 个部分。

① 共同部分，例如清除时间监视器和检查程序存储器。

② 数据输入、输出。

③ 执行指令。

④ 执行外围设备指令。

时间监视器是 PC 内部用来测量扫描时间的一个定时器。所谓扫描时间，是执行上面 4 个部分总共花费的时间。扫描时间的多少取决于系统的购置、I/O 的点数、程序中使用的指令及外围设备的连接。当一个系统的硬件设计定型后，扫描时间主要取决于软件指令的长短。

从 PC 收到一个输入信号到向输出端输出一个控制信号所需的时间，叫响应时间。响应时间是可变的，例如在一个扫描周期结束时，收到一个输入信号，下一个扫描周期一开始，这个输入信号就起作用了。这时，这个输入信号的响应时间最短，它是输入延迟时间、扫描周期时间、输出延迟时间三者的和。如果在扫描周期开始收到了一个输入信号，在扫描周期内该输入信号不会起作用，只能等到下一个扫描周期才能起作用。这时，这个输入信号的响应时间最长，它是输入延迟时间、两个扫描周期的时间、输出延迟时间三者的和。因此，一个信号的最小响应时间和最大响应时间的估算公式为

$$\text{最小的响应时间} = \text{输入延迟时间} + \text{扫描时间} + \text{输出延迟时间}$$

$$\text{最大的响应时间} = \text{延迟时间} + 2\times \text{扫描时间} + \text{输出延迟时间}$$

从上面的响应时间估算公式可以看出，输入信号的响应时间由扫描周期决定。扫描周期一方面取决于系统的硬件配置；另一方面由控制软件中使用的指令和指令的条数决定。在砌块成型机自动控制系统调试过程中发生这样的情况：自动推板过程（把砌块从成型台上送到输送机上的过程）的启动，要靠成型工艺过程的完成信号来启动，输送砖坯的过程完成同时也是送板得过程完成，通知控制系统可以完成下一个成型过程。

单从程序的执行顺序上考察，控制时序的安排是正确的。但是，在调试的过程中发现，系统实际的控制时序是，当第一个成型过程完成后，并不进行自动推板过程，而是直接开始下一个成型过程。遇到这种情况，设计者和用户的第一反应一般都是怀疑程序设计错误。经反复检查程序，并未发现错误，这时才考虑到可能是指令的响应时间产生了问题。

砌块成型机的控制系统是一个庞大的系统，其软件控制指令达五六百条。分析上面的梯形图，成型过程的启动信号置位，成型过程开始记忆，控制开始下一个成型过程。而下

一个成型过程启动信号，由上一个成型过程的结束信号和有板信号产生。这时，就将产生这样的情况，在某个扫描周期内扫描到 HR002 信号，在执行置位推板记忆时，该信号没有响应，启动了成型过程。系统实际运行的情况是，时而工作过程正常，时而是当上一个成型过程结束时不进行推板过程，直接进行下一个成型过程，这可能是由于输入信号的响应时间过长引起的。在这种情况下，由于硬件配置不能改变，指令条数也不可改变。处理过程中，设法在软件上做调整，使成型过程结束信号早点发出，问题得到了解决。

（2）软件复位

在 PLC 程序设计中使用最平常的一种是称为保持继电器的内部继电器。PLC 的保持继电器从 HR000 到 HR915，共 10×16 个。另一种是定时器或计数器从 TIM00 到 TIM47（CNT00 到 CNT47）共 48 个（不同型号的 PLC 保持继电器，定时器的点数不同）。其中，保持继电器实现的是记忆的功能，记忆着机械系统的运转状况、控制系统运转的正常时序。在时序的控制上，为实现控制的安全性、及时性、准确性，通常采用当一个机械动作完成时，其控制信号（由保持继电器产生）用来终止上一个机械动作的同时，启动下一个机械动作的控制方法。考虑到非法停机时保持继电器和时间继电器不能正常被复位的情况，在开机前，如果不强制使保持继电器复位，将会产生机械设备的误动作。

系统设计时，通常采用的方法是设置硬件复位按钮，需要的时候，能够使保持继电器、定时器、计数器、高速计数器强制复位。在控制系统的调试中发现，如果使用保持继电器、定时器、计数器、高速计数器次数过多，硬件复位的功能很多时候会不起作用，也就是说，硬件复位的方法有时不能准确、及时地使 PLC 的内部继电器、定时器、计数器复位，从而导致控制系统不能正常运转。为了确保系统的正常运转，在调试过程中，人为地设置软件复位信号作为内部信号，可确保保持继电器有效复位，使系统在任何情况下均正常运转。

（3）硬件电路

PLC 组成的控制系统硬件电路当一个两线式传感器，例如，光电开关、接近开关或限位开关等，作为输入信号装置被接到 PLC 的输入端时，漏电流可能会导致输入信号为 ON。在系统调试中，如果偶尔产生误动作，有可能是漏电流产生的错误信号引起的。为了防止这种情况发生，在设计硬件电路时，可在输入端接一个并联电阻。其中，不同型号的 PLC 漏电流值可查阅厂商提供的产品手册。在硬件电路上做这样的处理，可有效地避免由于漏电流产生的误动作。

7.3.3 PLC 控制系统程序调试

PLC 控制系统程序调试一般包括 I/O 端子测试和系统调试两部分内容，良好调试步骤有利于加速总装调试过程。

1. I/O 端子测试

用手动开关暂时代替现场输入信号，以手动方式逐一对 PLC 输入端子进行检查、验证，PLC 输入端子示灯点亮，表示正常；反之，应检查接线是 I/O 点坏。

编写一个小程序，输出电源良好情况下，检查所有 PLC 输出端子指示灯是否全亮。PLC 输入端子指示灯点亮，表示正常；反之，应检查接线是 I/O 点坏。

2. 系统调试

系统调试应首先按控制要求将电源、外部电路与输入输出端连接好，然后装载程序于 PLC 中，运行 PLC 进行调试。将 PLC 与现场设备连接。正式调试前全面检查整个 PLC 控制系统，包括电源、接线、设备连接线、I/O 连线等。保证整个硬件连接在正确无误情况下即可送电。

把 PLC 控制单元工作方式设置为 RUN 开始运行。反复调试消除可能出现各种问题。调试过程中也可以根据实际需求对硬件做适当修改以配合软件调试。应保持足够长的运行时间使问题充分暴露并加以纠正。调试中多数是控制程序问题，一般分以下几步进行：对每一个现场信号和控制量做单独测试；检查硬件修改程序；对现场信号和控制量做综合测试；带设备调试；调试结束。

7.3.4 PLC 控制系统安装调试步骤

合理安排系统安装与调试程序，是确保高效优质的完成安装与调试任务的关键。经过现场检验并进一步修改后的步骤如下。

1. 前期技术准备

系统安装调试前的技术工作准备的是否充分对安装与调试的顺利与否起着至关重要的作用。前期技术准备工作包括以下几个内容。

（1）熟悉 PC 随机技术资料、原文资料，深入理解其性能、功能及各种操作要求，制定操作规程。

（2）深入了解设计资料，对系统工艺流程，特别是工艺对各生产设备的控制要求要吃透，做到这两点，才能按照子系统绘制工艺流程连锁图、系统功能图、系统运行逻辑框图，这将有助于对系统运行逻辑的深刻理解，是前期技术准备的重要环节。

（3）熟悉掌握各工艺设备的性能、设计与安装情况，特别是各设备的控制与动力接线图，将图纸与实物相对照，以便于及时发现错误并快速纠正。

（4）在吃透设计方案与 PC 技术资料的基础上，列出 PC 输入输出点号表（包括内部线圈一览表，I/O 所在位置，对应设备及各 I/O 点功能）。

（5）研读设计提供的程序，将逻辑复杂的部分输入、输串点绘制成时序图，在绘制时序图时会发现一些设计中的逻辑 错误，这样方便及时调整并改正。

（6）对分子系统编制调试方案，然后在集体讨论的基础上将子系统调试方案综合起来，成为全系统调试方案。

2. PLC 商检

PLC 商检应由甲乙双方共同进行，应确认设备及备品、备件、技术资料、附件等的型号、数量、规格，其性能是否完好待实验现场调试时验证。商检结果，双方应签署交换清单。

3. 实验室调试

（1）PLC 的实验室安装与开通制作金属支架，将各工作站的输入、输出模块固定其上，按安装提要将各站与主机、编程器、打印机等相连接起来，并检查接线是否正确，在确定供电电源等级与 PLC 电压选择相符合后，按开机程序送电，装入系统配置带，确认系统配置，装入编程器装载带、编程带等，按照操作规则将系统开通，此时即可进行各项试验的操作。

（2）键入工作程序，在编程器上输入工作程序。

（3）模拟 I/O 输入、输出，检查修改程序。本步骤的目的在于验证输入的工作程序是否正确，该程序的逻辑所表达的工艺设备的连锁关系是否与设计的工艺控制要求相符合，程序在运行过程中是否畅通。若不相符或不能运行完成全过程，说明程序有错误，应及时进行修改。在这一过程中，对程序的理解将会进一步加深，为现场调试做好充足的准备，同时也可以发现程序不合理和不完善的部分，以便于进一步优化与完善。

实验室调试方法有以下两种。

（1）模拟方法：按设计做一块调试版，以钮子开关模拟输入节点，以小型继电器模拟生产工艺设备的继电器与接触器，其辅助接点模拟设备运行时的返回信号节点。其优点是具有模拟的真实性，可以反映出开关速度差异很大的现场机械触点和 PLC 内的电子触点相互连接时，是否会发生逻辑误动作。其缺点是需要增加调试费用和部分调试工作量。

（2）强置方法：利用 PLC 强置功能，对程序中涉及现场的机械触点（开关），以强置的方法使其“通”“断”，迫使程序运行。其优点是调试工作量小，简便，无须另外增加费用。缺点是逻辑验证不全面，人工强置模拟现场节点“通”“断”，会造成程序运行不能连续，只能分段进行。

根据现场调试的经验，对部分重要的现场节点采取模拟方式，其余的采用强置方式，取二者之长互补。

逻辑验证阶段要强调逐日填写调试工作日志，内容包括调试人员、时间、调试内容、修改记录、故障及处理、交接验收签字，以建立调试工作责任制，留下调试的第一手资料。

对于设计程序的修改部分，应在设计图上注明，及时征求设计者的意见，力求准确体现设计要求。

4. PLC 的现场安装与检查

实验室调试完成后，待条件成熟，将设备移至现场安装。安装时应符合要求，插件插入牢靠，并用螺栓紧固；通信电缆要统一型号，不能混用，必要时要用仪器检查线路信号衰减量，其衰减值不超过技术资料提出的指标；测量主机、I/O柜、连接电缆等的对地绝缘电阻；测量系统专用接地的接地电阻；检查供电电源等，并做好记录，待确认所有各项均符合要求后，才可通电开机。

5. 现场工艺设备接线、I/O 接点及信号的检查与调整

对现场各工艺设备的控制回路、主回路接线的正确性进行检查并确认，在手动方式下进行单体试车；对进行 PLC 系统的全部输入点（包括转换开关、按钮、继电器与接触器触点，限位开关、仪表的位式调节开关等）及其与 PLC 输入模块的连线进行检查并反复操作，确认其正确性；对接收 PLC 输出的全部继电器、接触器线圈及其他执行元件及它们与输出模块的连线进行检查，确认其正确性；测量并记录其回路电阻，对地绝缘电阻，必要时应按输出节点的电源电压等级，向输出回路供电，以确保输出回路未短路；否则，当输出点向输出回路送电时，会因短路而烧坏模块。

一般来说，大中型 PLC 如果装上模拟输入输出模块，还可以接收和输出模拟量。在这种情况下，要对 PLC 输送模拟输入信号的一次检测或变送元件，以及接收 PLC 模拟输出信号的调节或执行装置进行检查，确认其正确性。必要时，还应向检测与变送装置送入模拟输入量，以检验其安装的正确性及输出的模拟量是否正确并是否符合 PLC 所要求的标准；向接收 PLC 模拟输出信号调节或执行元件，送入与 PLC 模拟量相同的模拟信号，检查调节可执行装置能否正常工作。装上模拟输入与输出模块的 PLC，可以对生产过程中的工艺参数（模拟量）进行监测，按设计方案预定的模型进行运算与调节，实行生产工艺流程的过程控制。

本步骤至关重要，检查与调整过程复杂且麻烦，必须认真对待。因为只要所有外部工艺设备完好，所有送入 PLC 的外部节点正确、可靠、稳定，所有线路连接无误，加上程序逻辑验证无误，则进入联动调试时，就能一举成功，收到事半功倍的效果。

6. 统模拟联动空投试验

统模拟联动空投试验目的是将经过实验室调试的 PLC 机及逻辑程序，放到实际工艺流程中，通过现场工艺设备的输入、输出节点及连接线路进行系统运行的逻辑验证。

试验时，将 PLC 控制的工艺设备（主要指电力拖动设备）主回路断开二相，仅保留作为继电控制电源的一相，使其在送电时不会转动。按设计要求对子系统的不同运转方式及其他控制功能，逐项进行系统模拟实验，先确认各转换开关、工作方式选择开关，其他预置开关的正确位置，然后通过 PLC 起动系统，按连锁顺序观察并记录 PLC 各输出节点所对应的继电器、接触器的吸合与断开情况，以及顺序、时间间隔、信号指示等是否与设计的工艺流程逻辑控制要求相符，观察并记录其他装置的工作情况。对模拟联动空投试验中不能动作的执行机构，料位开关、限位开关、仪表的开关量与模拟量输入、输出节点，与其他子系统的连锁等，视具体情况采用手动辅助、外部输入、机内强置等手段加以模拟，

以协助 PLC 指挥整个系统按设计的逻辑控制要求运行。

7. PLC 控制的单体试车

PLC 控制的单体试车试验的目的是确认 PCL 输出回路能否驱动继电器、接触器的正常接通，而使设备运转，并检查运转后的设备，其返回信号是否能正确送入 PLC 输入回路，限位开关能否正常动作。

单体试车是在 PLC 控制下，机内强置对应某一工艺设备（电动机、执行机构等）的输出节点，使其继电器、接触器动作，设备运转。这时应观察并记录设备运输情况，检查设备运转返回信号及限位开关、执行机构的动作是否正确无误。

试验时应特别注意，被强置的设备应悬挂运转危险指示牌，设专人值守。待机旁值守人员发出起动指令后，PLC 操作人员才能强置设备起动。应当特别重视的是，在整个调试过程中，没有充分的准备，绝不允许采用强置方法起动设备，以确保安全。

8. PLC 控制下的系统无负荷联动试运转

PLC 控制下的系统无负荷联动试运转试验目的是确认经过单体无负荷试运行的工艺设备与经过系统模拟试运行证明逻辑无误的 PLC 连接后，能否按工艺要求正确运行，信号系统是否正确，检验各外部节点的可靠性、稳定性。试验前，要编制系统无负荷联动试车方案，讨论确认后严格按方案执行。试验时，先分子系统联动，子系统的连锁用人工辅助（节点短接或强置），然后进行全系统联动，试验内容应包括设计要求的各种起停和运转方式、事故状态与非常状态下的停车、各种信号等。总之，应尽可能地充分设想，使之更符合现场实际情况。事故状态可用强置方法模拟，事故点的设置要根据工艺要求确定。

在联动负荷试车前，一定要再对全系统进行一次全面检查，并对操作人员进行培训，确保系统联动负荷试车一次成功。

7.3.5 PLC 控制系统安装调试中的问题

1. 信号衰减问题的讨论

（1）从 PLC 主机至 I/O 站的信号最大衰减值为 35 dB。因此，电缆敷设前应仔细规划，画出电缆敷设图，尽量缩短电缆长度（长度每增加 1 km，信号衰减 0.8 dB）；尽量少用分支器（每个分支器信号衰减 14 dB）和电缆接头（每个电缆接头信号衰减 1 dB）。

（2）通信电缆最好采用单总线方式敷设，即由统一的通信干线通过分支器接 I/O 站，而不是呈星状放射状敷设。PLC 主机左右两边的 I/O 站数及传输距离应尽可能一致，这样能保证一个较好的网络阻抗匹配。

（3）分支器应尽可能靠近 I/O 站，以减少干扰。

（4）通信电缆末端应接 750 电阻的 BNC 电缆终端器，与各 I/O 柜相连接，将电缆由

I/O 柜拆下时，带 75 Ω 电阻的终端头应连在电缆网络的一头，以保持良好的匹配。

（5）通信电缆与高压电缆间距至少应保证 40 cm/kV；必须与高压电缆交叉时，必须垂直交叉。

（6）通信电缆应避免与交流电源线平行敷设，以减少交流电源对通信的干扰。同理，通信电缆应尽量避开大电机、电焊机、大电感器等设备。

（7）通信电缆敷设要避开高温及易受化学腐蚀的地区。

（8）电缆敷设时要按每 100 米 0.05% ~ 0.1% 的长度留有余地，以满足热胀冷缩的要求。

（9）所有电缆接头，分支器等均应连接紧密，用螺钉紧固。

（10）剥削电缆外皮时，切忌损坏屏蔽层，切断金属箔与绝缘体时，一定要用专用工具剥线，切忌刻伤损坏中心导线。

2. 系统接地问题的讨论

（1）主机及各分支站以上的部分，应用 10 mm 的编织铜线汇接在一起经单独引下线接至独立的接地网，一定要与低压接地网分开，以避免干扰。系统接地电阻应小于 4 Ω。PLC 主机及各屏、柜与基础底座间要垫 3 mm 厚橡胶使之绝缘，螺栓也要经过绝缘处理。

（2）I/O 站设备本体的接地应用单独的引下线引至共用接地网。

（3）通信电缆屏蔽层应在 PLC 主机侧 I/O 处理模块处一起汇集接到系统的专用接地网，在 I/O 站一侧则不应接地。电缆接头的接地也应通过电缆屏蔽层接至专用接地网。要特别提醒的是决不允许电缆屏蔽层有二点接地形成闭合回路，否则易产生干扰。

（4）电源应采用隔离方式，即电源中性线接地，这样尚不平衡电流出现时将经电源中性线直接进入系统中性点，而不会经保护接地形成回路，造成对 PLC 运行的干扰。

（5）I/O 模块的接地接至电源中性线上。

3. 调试中应注意的问题

（1）系统联机前要进行组态，即确定系统管理的 I/O 点数，输入寄存器、保持寄存器数、通信端口数及其参数、I/O 站的匹配及其调度方法、用户占用的逻辑区大小等。组态一经确认，系统便按照一定的约束规则运行。重新组态时，按原组态的约定生成的程序将不能在新的组态下运行，否则会引起系统紊乱，这是要特别引起重视的。I/O 站、I/O 点数，寄存器数、通信端口数、用户存储空间等均要留有余地，以考虑近期的发展。但是，I/O 站、I/O 点数、寄存器数、端口数等的设置，都要占用一定的内存，同时延长扫描时间，降低运行速度；因此，余量又不能留得太多。特别引起注意的是运行中的系统不能重新组态。

（2）对于大中型 PLC 机来说，由于 CPU 对程序的扫描是分段进行的，每段程序分段扫描完毕，即更新一次 I/O 点的状态，因而大大提高了系统的实时性。但是，若程序分段不当，也可能引起实时性降低或运行速度减慢的问题。分段不同将显著影响程序运行的时间，个别程序段特长的情况尤其如此。一般地说，理想的程序分段是各段程序有大致相当的长度。

任务 7.4　PLC 通信及网络

任务描述

某个现代化的智能制造工厂，各种自动化设备和生产线通过复杂的网络相互连接，形成一个庞大的工业自动化系统。这座工厂就像一个巨大的生命体，每一个部分都在协同工作，确保生产流程的顺畅进行。而这一切，都离不开 PLC 通信及网络的支持。

任务分析

PLC 通信及网络作为连接各个 PLC 设备、实现数据交换和协同工作的重要技术，对于提高生产效率、优化生产流程具有重要意义。本任务将掌握 PLC 通信及网络的知识和技能。

任务实施

7.4.1 PLC 通信概述

1. PLC 通信介质

PLC 通信介质就是在通信系统中位于发送端与接收端之间的物理通路。通信介质一般可分为导向性和非导向性介质两种。导向性介质有双绞线、同轴电缆和光纤等，这种介质将引导信号的传播方向；非导向性介质一般通过空气传播信号，它不为信号引导传播方向，如短波、微波和红外线通信等。

（1）双绞线

双绞线是计算机网络中最常用的一种传输介质，一般包含 4 个双绞线对，两根线连接在一起是为了防止其电磁感应在邻近线对中产生干扰信号。双绞线分为屏蔽双绞线 STP 和非屏蔽双绞线 UTP，非屏蔽双绞线有线缆外皮作为屏蔽层，适用于网络流量不大的场合中。屏蔽式双绞线具有一个金属甲套，对电磁干扰具有较强的抵抗能力，比较适用于网络流量较大的高速网络协议应用。

双绞线由两根具有绝缘保护层的 22 号、26 号绝缘铜导线相互缠绕而成。把两根绝缘的铜导线按一定密度互相绞在一起，这种方法可以降低信号的干扰。每一组导线在传输中辐射的电波会相互抵消，以此降低电波对外界的干扰。把一对或多对双绞线放在一个绝缘套管中便成了双绞线电缆。在双绞线电缆内，不同线对有不同的扭绞长度，一般地说，扭绞长度在 114 cm 内并按逆时针方向扭绞，相邻线对的扭绞长度在 12.7 cm 以上。与其他传输介质相比，双绞线在传输距离、信道宽度和数据传输速度等方面均受到一定限制，但价格较为低廉。

在双绞线上传输的信号可以分为共模信号和差模信号，在双绞线上传输的语音信号和数据信号都属于差模信号的形式，而外界的干扰，例如线对间的串扰、线缆周围的脉冲噪声或者附近广播的无线电电磁干扰等属于共模信号。在双绞线接收端，变压器及差分放大器会将共模信号消除掉，而双绞线的差分电压会被当作有用信号进行处理，如图 7–1 所示。

图 7–1　双绞线

双绞线作为最常用的传输介质，具有以下特点。

① 能够有效抑制串扰噪声。和早期用来传输电报信号的金属线路相比，双绞线的共模抑制机制，在各个线对之间采用不同的绞合度可以有效消除外界噪声的影响并抑制其他线对的串音干扰，双绞线有效地提高了电缆的传输质量。

② 双绞线易于部署。线缆表面材质为聚乙烯等塑料，具有良好的阻燃性和较轻的质量，而且内部的铜质电缆的弯曲度很好，可以在不影响通信性能的基础上做到较大幅度的弯曲。双绞线这种轻便的特征，使其便于部署。

③ 传输速率高且利用率高。目前广泛部署的 5 类线传输速度达到 100 Mbps，并且还有相当潜力可以挖掘。在基于电话线的 DSL 技术中，电话线上可以同时进行语音信号和宽带数字信号的传输，互不影响，大大提高了线缆的利用率。

④ 价格低廉。目前双绞线线缆已经具有相当成熟的制作工艺，无论是同光纤线缆还是同轴电缆相比，双绞线都是价格低廉且购买容易。因为双绞线的这种价格优势，它能够

做到在不过多影响通信性能的前提下有效地降低综合布线工程的成本，这也是它被广泛应用的一个重要原因。

（2）同轴电缆

同轴电缆是局域网中最常见的传输介质之一。它是由相互绝缘的同轴心导体构成的电缆：内导体为铜线，外导体为铜管或铜网。圆筒式的外导体套在内导体外面，两个导体间用绝缘材料互相隔离，外层导体和中心铂芯线的圆心在同一个轴心上，同轴电缆因此而得名。同轴电缆的设计是为了将电磁场封闭在内外导体之间，减少辐射损耗，防止外界电磁波干扰信号的传输。常用于传送多路电话和电视。同轴电缆的组成：同轴电缆主要由 4 部分组成，包括铜导线、塑料绝缘层、编织屏蔽层、外套。同轴电缆以一根硬的铜线为中心，中心铜线又用一层柔韧的塑料绝缘体包裹。塑料绝缘体外面又有一片铜编织物或金属箔片包裹着，这层纺织物或金属箔片相当于同轴电缆的第二根导线，最外面的是电缆的外套。同轴电缆用的接头叫作间制电缆接插头。

目前得到广泛应用的同轴电缆主要有 50 Ω 和 75 Ω 电缆两类。50 Ω 电缆用于基带数字信号传输，又称基带同轴电缆。电缆中只有一个信道，数据信号采用曼彻斯特编码方式，数据传输速率可达 10 Mbps，这种电缆主要用于局域以太网。75 Ω 电缆是 CATV 系统使用的标准，它既可用于传输宽带模拟信号，也可用于传输数字信号。对于模拟信号而言，其工作频率可达 400 MHz。若在这种电缆上使用频分复用技术，则可以使其同时具有大量的信道，每个信道都能传输模拟信号。

同轴电缆曾经广泛应用于局域网，它的主要优点如下：与双绞线相比，同轴电缆在长距离数据传输时所需要的中继器更少。

同轴电缆比非屏蔽双绞线贵。但比光缆便宜。然而同轴电缆要求外导体层妥善接地，这加大了安装难度。正因如此，虽然它有独特的优点，现在也不再被广泛应用于以太网。

（3）光纤

光纤是一种传输光信号的传输媒介。光纤的结构如下：处于光纤最内层的纤芯是一种横截面积很小、质地脆、易断裂的光导纤维，制造这种纤维的材料既可以是玻璃也可以是塑料，纤芯的外层裹有一个包层，它由折射率比纤芯小的材料制成。正是由于在纤芯与包层之间存在折射率的差异，光信号才得以通过全反射在纤芯中不断向前传播。在光纤的最外层则是起保护作用的外套。通常都是将多根光纤扎成束并裹以保护层制成多芯光缆。

光纤可分为石英光纤、塑料光纤、玻璃光纤等；根据传输模式不同，光纤可分为多模光纤和单模光纤；根据纤芯折射率的分布不同，光纤可分为突变型光纤和渐变型光纤；根据工作波长的不同，光纤可分为短波长光纤、长波长光纤和超长波长光纤。

单模光纤的带宽最宽，多模渐变光纤次之，多模突变光纤的带宽最窄：单模光纤适于大容量远距离通信，多模渐变光纤适于中等容量中等距离的通信，而多模突变光纤只适于小容量的短距离通信。

在实际光纤传输系统中，还应配置与光纤配套的光源发生器件和光检测器件。目前最常见的光源发生器件是发光二极管和注入激光二极管，光检测器件是在接收端能够将光信号转化成电信号的器件，目前使用的光检测器件有光电二极管和雪崩光电二极管，光电二极管的价格较便宜，然而雪崩光电二极管却具有较高的灵敏度。

光纤与一般的导向性通信介质相比，具有以下优点。

① 光纤支持很宽的带宽，其范围大约为 1 014 ～ 1 015 Hz，这个范围覆盖了红外线和可见光的频谱。

② 具有很快的传输速率，当前限制其所能实现的传输速率的因素来自信号生成技术。

③ 光纤抗电磁干扰能力强，由于光纤中传输的是不受外界电磁干扰的光束，而光束本身又不向外辐射，因此它适用于长距离的信息传输及安全性要求较高的场合。

④ 光纤衰减较小，中继器的间距较大。采用光纤传输信号时，在较长距离内可以不设置信号放大设备，从而减少了整个系统中继器的数目。

2. PLC 数据通信方式

（1）并行通信与串行通信

数据通信主要有并行通信和串行通信两种方式。

① 并行通信是以字节或字为单位的数据传输方式，除了 8 根或 16 根数据线、一根公共线外，还需要数据通信联络用的控制线。并行通信的传送速度非常快，但是由于传输线的根数多，导致成本高，一般用于近距离的数据传送。并行通信一般位于 PLC 的内部，如 PLC 内部元件之间、PLC 主机与扩展模块之间或近距离智能模块之间的数据通信。

② 串行通信是以二进制的位（bit）为单位的数据传输方式，每次只能够传送一位，除了地线外，在一个数据传输方向上只需要一根数据线，这根线既作为数据线又作为通信联络控制线，数据和联络信号在这根线上按位进行传送。串行通信需要的信号线很少，最少的只需要两三根线，比较适用于距离较远的场合。计算机和 PLC 都备有通用的串行通信接口，通常在工业控制中一般使用串行通信。串行通信多用于 PLC 与计算机之间、多台 PLC 之间的数据通信。

在串行通信中，传输速率常用比特率（每秒传送的二进制位数）来表示，其单位是比特 / 秒（bit/s）或 bps，传输速率是评价通信速度的重要指标。常用的标准传输速率有 300 bps、600 bps、1 200 bps、2 400 bps、4 800 bps、9 600 bps 和 19 200 bps 等。不同的串行通信的传输速率差别极大，有的只有数百 bps，有的可达 100 Mbps。

（2）单工通信与双工通信

串行通信按信息在设备间的传送方向又分为单工、双工两种方式。

① 单工通信方式只能沿单一方向发送或接收数据。双工通信方式的信息可沿两个方

向传送，每一个站既可以发送数据，也可以接收数据。

② 双工通信方式又分为全双工和半双工两种方式。数据的发送和接收分别由两根或两组不同的数据线传送，通信的双方都能在同一时刻接收和发送信息，这种传送方式称为全双工方式；用同一根线或同一组线接收和发送数据，通信的双方在同一时刻只能发送数据或接收数据，这种传送方式称为半双工方式。在 PLC 通信中常采用半双工和全双工通信。

（3）异步通信与同步通信

在串行通信中，通信的速率与时钟脉冲有关，接收方和发送方的传送速率应相同，但是实际的发送速率与接收速率之间总是存在一些微小的差别，如果不采取一定的措施，在连续传送大量的信息时，将会因积累误差造成错位，使接收方收到错误的信息。为了解决这一问题，需要使发送和接收同步。按同步方式的不同，可将串行通信分为异步通信和同步通信。

① 异步通信的信息格式是发送的数据字符由一个起始位、7～8 个数据位、1 个奇偶校验位（可以没有）和停止位（1 位、1.5 位或 2 位）组成。通信双方需要对所采用的信息格式和数据的传输速率作相同的约定。接收方检测到停止位和起始位之间的下降沿后，将它作为接收的起始点，在每一位的中点接收信息。由于一个字符中包含的位数不多，即使发送方和接收方的收发频率略有不同，也不会因两台机器之间的时钟周期的误差积累而导致错位。异步通信传送附加的非有效信息较多，它的传输效率较低，一般用于低速通信，PLC 一般使用异步通信。

② 同步通信以字节为单位（一个字节由 8 位二进制数组成），每次传送 1～2 个同步字符、若干个数据字节和校验字符。同步字符起联络作用，用它来通知接收方开始接收数据。在同步通信中，发送方和接收方要保持完全的同步，这意味着发送方和接收方应使用同一时钟脉冲。在近距离通信时，可以在传输线中设置一根时钟信号线。在远距离通信时，可以在数据流中提取出同步信号，使接收方得到与发送方完全相同的接收时钟信号。由于同步通信方式不需要在每个数据字符中加起始位、停止位和奇偶校验位，只需要在数据块（往往很长）之前加一两个同步字符，所以传输效率高，但是对硬件的要求较高，一般用于高速通信。

3. 数据通信形式

（1）基带传输

基带传输是按照数字信号原有的波形（以脉冲形式）在信道上直接传输的方式，它要求信道具有较宽的通频带。基带传输不需要调制解调，设备花费少，适用于较小范围的数据传输。基带传输时，通常要对数字信号进行一定的编码，常用数据编码方法包括非归零码 NRZ、曼彻斯特编码和差动曼彻斯特编码等。后两种编码不含直流分量、包含时钟脉冲、便于双方自动同步，所以应用非常广泛。

（2）频带传输

频带传输是一种采用调制解调技术的传输方式。通常由发送端采用调制手段，对数字信号进行某种变换，将代表数据的二进制“1”和“0”，转换成具有一定频带范围的模拟信号，以便于在模拟信道上传输；接收端通过解调手段进行相反变换，把模拟的调制信号复原为“1”和“0”，常用的调制方法有频率调制、振幅调制和相位调制。具有调制、解调功能的装置称为调制解调器，频带传输较复杂，传送距离较远，若通过市话系统配备调制解调器，则传送距离将不会受到限制。

在 PLC 通信中，基带传输和频带传输两种传输形式都是常见的数据传输方式，但是大多采用基带传输。

4. 数据通信接口

（1）RS-232C 通信接口

RS-232C 通信接口是由 RS-232 发展而来，是美国电子工业联合会在 1969 年公布的通信协议，至今仍在计算机和其他相关设备通信中得到广泛使用。当通信距离较近时，通信双方可以直接连接，在通信中不需要控制联络信号，只需要 3 根线，即发送线（TXD）、接收线（RXD）和信号地线（GND），便可以实现全双工异步串行通信。工作在单端驱动和单端接收电路。计算机通过 TXD 端子向 PLC 的 RXD 发送驱动数据，PLC 的 TXD 接收数据后返回到计算机的 RXD 数，由系统软件通过数据线传输数据：如“三菱”PLC 的设计编程软件 FXGP/WIN-C 和“西门子”PLC 的 STEP7-Micro/WIN32 编程软件等可方便实现系统控制通信。其工作方式简单，RXD 为串行数据接收信号，TXD 为串行数据发送信号，GND 为接地连接线。其工作方式是串行数据从计算机 TXD 输出，PLC 的 RXD 端接收到串行数据同步脉冲，再由 PLC 的 TXD 端输出同步脉冲到计算机的 RXD 端，反复同时保持通信。从而实现全双工数据通信。

（2）RS-422A/RS-485 通信接口

RS-422A 通信接口采用平衡驱动、差分接收电路，从根本上取消信号地线。平衡驱动器相当于两个单端驱动器，其输入信号相同，两个输出信号互为反相信号。外部输入的干扰信号是以共模方式出现的，两根传输线上的共模干扰信号相同，因此接收器差分输入，共模信号可以互相抵消。只要接收器有足够的抗共模干扰能力，就能从干扰信号中识别出驱动器输出的有用信号，从而克服外部干扰影响。在 RS-422 A 通信接口工作模式下，数据通过 4 根导线传送，因此，RS-422 A 通信接口是全双工工作方式，在两个方向同时发送和接收数据。两对平衡差分信号线分别用于发送和接收。

RS-485 通信接口是在 RS-422 A 通信接口的基础上发展而来的，RS-485 通信接口许多规定与 RS-422 A 通信接口相仿；RS-485 通信接口为半双工通信方式，只有一对平衡差分信号线，不能同时发送和接收数据。使用 RS-485 通信接口和双绞线可以组成串行通信网络。工作在半双工的通信方式，数据可以在两个方向上传送，但是同一时刻只限于一个方向传送。计算机端发送 PLC 端接收，或者 PLC 端发送计算机端接收。

（3）RS-232C/RS-422A（RS-485）接口应用

① RS-232C 接口。RS-232C 的前身是 RS-232。RS-232 数据线接口简单方便，但是传输距离短，抗干扰能力差。为了弥补 RS-232 的不足，改进发展成为 RS-232C 数据线，典型应用有：计算机与 Modem 的接口，计算机与显示器终端的接口，计算机与串行打印机的接口等。主要用于计算机之间通信，也可用于小型 PLC 与计算机之间通信，如三菱 PLC 等。

② RS-422A 接口。RS-422A 是 RS-422 的改进数据接口线，数据线的通信口为平衡驱动，差分接收电路，传输距离远，抗干扰能力强，数据传输速率高等，广泛用于小型 PLC 接口电路，如与计算机链接。小型控制系统中的可编程序控制器除了使用编程软件外，一般不需要与别的设备通信，可编程控制器的编程接口一般是 RS-422A 或 RS-485，用于与计算机之间的通信；而计算机的串行通信接口是 RS-232C，编程软件与可编程控制器交换信息时需要配接专用的带转接电路的编程电缆或通信适配器。网络端口通信，如主站点与从站点之间、从站点与从站点之间的通信可采用 RS-485。

③ RS-485 接口。RS-485 是在 RS-422A 基础上发展而来的，主要特点：①传输距离远，一般为 1 200 m，实际可达 3 000 m，可用于远距离通信；②数据传输速率高，可达 10 Mbit/s；接口采用屏蔽双绞线传输。注意平衡双绞线的长度与传输速率成反比；③接口采用平衡驱动器和差分接收器的组合，抗共模干扰能力增强，即抗噪声干扰性能好；④ RS-485 接口在总线上允许连接多达 128 个收发器，即具有多站网络能力。注意，如果 RS-485 的通信距离大于 20 m 时，且出现通信干扰现象时，要考虑对终端匹配电阻的设置问题。RS-485 由于性能优越被广泛用于计算机与 PLC 数据通信。除普通接口通信外，还有如下功能：一是作为 PPI 接口，用于 PG 功能、HMI 功能 TD200 0P S7-200 系列 CPU/CPU 通信。二是作为 MPI 从站，用于主站交换数据通信。三是作为中断功能的自由可编程接口方式用于同其他外部设备进行串行数据交换等。

7.4.2 PLC 网络的拓扑结构及通信协议配置

1. 控制系统模型简介

PLC 制造厂常常用金字塔结构来描述它的产品所提供的功能，表明 PLC 及其网络在工厂自动化系统中，由上到下，在各层都发挥着作用。这些金字塔的共同点是：上层负责生产管理，底层负责现场控制与检测，中间层负责生产过程的监控及优化。

ISO 对企业自动化系统的建模进行了一系列的研究，提出了 6 级模型。它的第 1 级为检测与执行器驱动，第 2 级为设备控制，第 3 级为过程监控，第 4 级为车间在线作业管理，第 5 级为企业短期生产计划及业务管理，第 6 级为企业长期经营决策规划。

2. PLC 网络的拓扑结构

由于 PLC 各层对通信的要求相差很远，所以只有采用多级通信子网，构成复合型拓扑结构，在不同级别的子网中配置不同的通信协议，才能满足各层对通信的要求。而且采用复合型结构不仅使通信具有适应性，而且具有良好的可扩展性，用户可以根据投资和生产的发展，从单台 PLC 到网络，从底层向高层逐步扩展。

3. PLC 网络各级子网通信协议配置规律

通过典型 PLC 网络的介绍，可以看到 PLC 各级子网通信协议的配置规律如下。

（1）PLC 网络通常采用 3 级或 4 级子网构成的复合型拓扑结构，各级子网中配置不同的通信协议，以适应不同的通信要求。

（2）PLC 网络中配置的通信协议有两类：一类是通用协议；另一类是专用协议。

（3）在 PLC 网络的高层子网中配置的通用协议主要有两种。

一种是 MAP 规约（MAP3.0）；另一种是 Ethernet 协议，这反映 PLC 网络标准化与通用化的趋势。PLC 间的互联、PLC 网与其他局域网的互联将通过高层协议进行。

（4）在 PLC 网络的低层子网及中间层子网采用专用协议，其最底层用于传递过程数据及控制命令，这种信息很短，对实时性要求较高，常采用周期 I/O 方式通信；中间层负责传递监控信息，信息长度居于过程数据和管理信息之间，对实时性要求比较高，其通信协议常采用令牌方式控制通信，也可采用主从式控制通信。

（5）个人计算机加入不同级别的子网，必须根据所联入的子网要求配置通信模板，并按照该级子网配置的通信协议编制用户程序，一般在 PLC 中无须编制程序。对于协议比较复杂的子网，可购置厂家提供的通信软件装入个人计算机中，将使用户通信程序的编制变得比较简单方便。

（6）PLC 网络低层子网对实时性要求较高，通常只有物理层、链路层、应用层；而高层子网传送管理信息，与普通网络性质接近，但考虑到异种网互联，因此，高层子网的通信协议大多为 7 层。

4. PLC 通信方法

在 PLC 及其网络中存在两大类通信：一类是并行通信；另一类是串行通信。并行通信一般发生在 PLC 内部，它指的是多处理器之间的通信，以及 PLC 中 CPU 单元与各智能模板的 CPU 之间的通信。PLC 网络从功能上可以分为 PLC 控制网络和 PLC 通信网络。PLC 控制网络只传送 ON/OFF 开关量，且一次传送的数据量较少。如 PLC 的远程 I/O 链路，通过 Link 区交换数据的 PLC 同位系统。它的特点是尽管要传送的开关量远离 PLC，但 PLC 对它们的操作，就像直接对自己的 I/O 区操作一样简单、方便迅速。PLC 通信网络又称为高速数据公路，这类网络传递开关量和数字量，一次传递的数据量较大，类似于普通局域网。

（1）“周期 I/O 方式”通信

PLC 的远程 I/O 链路就是一种 PLC 控制网络，在远程 I/O 链路中采用“周期 I/O 方式”交换数据。远程 I/O 链路按主从方式工作，PLC 的远程 I/O 主单元在远程 I/O 链路中担任主站，其他远程 I/O 单元皆为从站。主站中负责通信的处理器采用周期扫描方式，按顺序与各从站交换数据，把与其对应的命令数据发送给从站，同时，在从站中读取数据。

（2）“全局 I/O 方式”通信

全局 I/O 方式是一种共享存储区的串行通信方式，主要用于带有连接存储区的 PLC 之间的通信。

在 PLC 网络的每台 PLC 的 I/O 区中各划出一块来作为链接区，每个链接区都采用邮箱结构。相同编号的发送区与接受区大小相同，占用相同的地址段，一个为发送区，其他皆为接收区。采用广播方式通信。PLC1 把 1# 发送区的数据在 PLC 网络上广播，PLC2、PLC3 把它接收下来存在各自的 # 接收区中；PLC2 把 2# 发送区的数据在 PLC 网络上广播，PLC1、PLC3 把它接收下来存在各自的 2# 接收区中；以此类推。由于每台 PLC 的链接区大小一样，占用的地址段相同，数据保持一致，所以，每台 PLC 访问自己的链接区，就等于访问了其他 PLC 的链接区，也就相当于与其他 PLC 交换了数据。这样链接区就变成了名副其实的共享存储区，共享存储区成为各 PLC 交换数据的中介。

全局 I/O 方式中的链接区是从 PLC 的 I/O 区划分出来的，经过等值化通信变成所有 PLC 共享，因此称为全局 I/O 方式，通过这种方式，PLC 直接用读写指令对链接区进行读写操作，简单、方便、快速，但应注意：在一台 PLC 中对某地址进行写操作时，在其他 PLC 中对同一地址只能进行读操作。

（3）主从总线 1 ∶ *N* 通信方式

主从总线通信方式又称为 1 ∶ *N* 通信方式，这是在 PLC 通信网络上采用的一种通信方式。在总线结构的 PLC 子网上有 *N* 个站，其中只有 1 个主站，其他皆是从站。这种通信方式采用集中式存取控制技术分配总线使用权，通常采用轮询表法，轮询表即是一张从机号排列顺序表，该表配置在主站中，主站按照轮询表的排列顺序对从站进行询问，看它是否要使用总线，从而达到分配总线使用权的目的。

为了保证实时性，要求轮询表包含每个从站号不能少于一次，这样在周期轮询时，每个从站在一个周期中至少有一次机会取得总线使用权，从而保证了每个站的基本实时性。

（4）令牌总线 *N* ∶ *N* 通信方式

令牌总线通信方式又称为 *N* ∶ *N* 通信方式。在总线结构上的 PLC 子网上有 *N* 个站，它们地位平等，没有主从站之分。这种通信方式采用令牌总线存取控制技术，在物理上组成一个逻辑环，让一个令牌在逻辑环中按照一定方向依次流动，获得令牌的站就取得了总线使用权。

热处理生产线 PLC 控制系统监控系统中采用 1 : 1 式 I/O 周期扫描的 PLC 网络通信方法，即把个人计算机联入 PLC 控制系统，计算机是整个控制系统的超级终端，同时也是整个系统数据流通的重要枢纽。通过设计专业 PLC 控制系统监控软件，实现对 PLC 系统的数据读写、工艺流程、质量管理，以及动态数据检测与调整等功能，通过建立配置专用通信模板，实现通信连接，在协议配置上采用 9 600 bps 的通信波特率、FCS 奇偶校验和 7 位的帧结构形式。

这样的协议配置和通信方法的选用主要是根据该热处理生产线结构较简单、PLC 控制点数不多、控制炉内碳势难度不大和通信控制场所范围较小的特点选定的，是通过 RS485 串行通信总线，实现 PLC 与计算机之间的数据交流的，经过现场生产运行，证明该系统的协议配置和通信方法的选用是有效、切实可行的。

项目工单

【实训名称】

PLC 控制系统安装与调试实训

【实训目的】

1. 掌握现场 FCS 的基础操作流程。

2. 加深对 FCS 在工业控制网络中作用的理解。

【实训步骤】

步骤一：分组与任务分配

（1）将学生分为若干小组，每组分配一套 PLC 控制系统实验装置。

（2）每组学生需根据给定的控制要求，设计 PLC 控制系统的硬件连接和程序逻辑。

步骤二：硬件安装与接线

（1）学生按照 PLC 控制系统的安装规范，进行硬件设备的安装和接线工作。

（2）教师巡回指导，解答学生在安装过程中遇到的问题。

步骤三：程序编写与调试

（1）学生使用 PLC 编程软件，根据设计好的控制逻辑编写程序。

（2）在实验装置上进行程序下载和调试，观察控制系统的运行情况。

步骤四：故障排查与修复

（1）教师人为设置一些故障点，如接线错误、程序错误等。

（2）学生根据故障现象，进行故障排查和修复工作，锻炼其解决问题的能力。

步骤五：成果展示与总结

（1）每组学生展示其 PLC 控制系统的安装与调试成果，包括硬件连接、程序逻辑及运行结果。

（2）学生分享在实训过程中的收获和体会，教师进行总结点评。

【实训工单】

请学生在实训过程中认真对待每一项任务，并根据考核评价表内容进行自我评价和相互评价，以便更好地了解自身在实训中的表现和进步空间。教师将根据实训表现给出最终评价。考核评价表如表 7-1 所示。

表 7-1　考核评价表

项目名称	评价内容	分值	评价分数		
			自评	互评	师评
职业素养考核项目（40%）	提前预习相关理论知识，准备好实验材料	10 分			
	积极参与实验操作和讨论，记录实验数据和结果	10 分			
	组内成员分工明确，互相配合，共同完成任务	10 分			
	严格遵守实验安全操作规程，确保实验安全	10 分			
专业能力考核项目（60%）	硬件安装与接线能力	10 分			
	程序编写与调试能力	10 分			
	故障排查与修复能力	10 分			
	成果展示与总结能力	10 分			
	理论知识应用能力	10 分			
	实验数据记录与分析能力	10 分			
合计：综合分数______自评（20%）+ 互评（20%）+ 师评（60%）		100 分			

项目小结

本项目主要介绍了自动化控制与 PLC 控制技术的相关知识。首先介绍了 PLC 的基本原理、发展历程、硬件组成以及功能特点，让学生对 PLC 有了全面的认识；其次介绍了 PLC 在自动化控制系统中的重要地位和应用价值，并列举了其在多个领域的具体应用；接着介绍了软 PLC 技术的产生背景、工作原理、系统组成以及发展趋势，使学生了解到这一新兴技术的优势和应用前景；最后介绍了 PLC 控制系统的安装与调试步骤，以及 PLC 通信及网络的相关知识，包括通信介质、数据通信方式、网络拓扑结构等内容。通过本项目的学习，学生能够深入理解 PLC 控制技术，掌握其应用方法，为从事自动化控制领域的工作奠定坚实的基础。

课后练习

一、填空题

1. PLC 由________和________两个部分组成。

2. ________是以微处理器为基础的功能部件。

3. ________是 PC 内部用来测量扫描时间的一个定时器。

4. 通信介质就是在通信系统中位于________之间的物理通路。

5. 数据通信主要有________和________两种方式。

二、简答题

1. 可编程序控制器特点有哪些？

2. 简述软 PLC 的基本概念。

项目8　自动化控制系统的应用

项目导读

随着电子信息技术和互联网智能技术的飞速发展，工业自动化技术逐渐成熟并广泛应用于社会生产和生活的各个方面。这一技术不仅提高了生产效率，降低了生产成本，还推动了社会经济的持续发展。本项目旨在通过深入研究工业自动化控制系统的应用现状与发展趋势，探讨其在不同领域中的创新应用，为培养适应新时代需求的自动化人才提供理论与实践支持。

学习目标

◎知识目标

1. 掌握自动化控制在工业应用中的基本原理、技术和方法。
2. 掌握自动化控制技术在电力系统中的应用原理和方法。
3. 掌握冶金工业自动化技术的基本原理和应用方法。

◎能力目标

1. 能够进行工业设备的自动化改造和升级；调试、运行和维护工业自动化系统。
2. 能够进行电力系统的监测、控制和保护；故障排查和维修；分析和解决实际问题。
3. 能够进行生产设备的自动化改造和升级；调试、运行和维护冶金工业自动化系统。

◎素质目标

1. 培养学生严谨的工作态度、创新意识和实践能力；树立环保意识。

2. 培养学生在自动化技术领域的创新意识和实践能力，鼓励探索新技术、新方法的应用。

3. 培养学生精益求精的精神和创新意识；树立环保意识。

思政目标

1. 通过介绍自动化技术在国家经济发展中的重要作用，激发学生的爱国情怀和社会责任感。引导学生将个人发展与服务国家、社会相结合，为实现中国梦贡献力量。

2. 培养学生精益求精、追求卓越的工匠精神，对待自动化技术工作严谨认真、一丝不苟。提升学生的职业道德素养，遵守行业规范，诚信为本，为客户提供优质的产品和服务。

任务 8.1　工业自动化概述

任务描述

在日常生活和工作中，从电力系统的稳定供电到钢铁生产的自动化流程，再到航空航天领域的智能控制，自动化技术无处不在。那么，这项技术究竟是如何在工业生产中发挥作用的？本任务将学习自动化在工业中的应用。

任务分析

工业电气系统不得不进行与时俱进的改革，而自动化技术正是这场改革的重要推手。本任务将深入探讨工业自动化技术的应用现状、发展趋势，以及在不同领域中的具体应用。

任务实施

20 世纪中叶，在电子信息技术、互联网智能技术发展的影响下，工业自动化技术初步应用于社会生产管理中，经过半个多纪的发展，工业自动化技术的发展日臻成熟，逐渐应用于社会生产、生活的方方面面，对于电子信息时代的发展具有至关重要的时代意义。进入信息化时代以来，人们的生产、生活观念同步变化，对工业电气行业的发展提出更高的要求，工业电气系统不得不进行与时俱进的改革。同时，随着自动化技术水平的日益完善，自动化技术在工业电气系统的发展已成为必然趋势，具有跨时代的研究价值，对于社会经济的发展有着十分重要的推动意义，可以进一步推动国家的发展。

8.1.1 自动化控制工业应用发展现状

工业自动化的应用能够促进现代工业的发展，它可以有效节约资源，降低生产成本，为我国带来更大的经济效益和社会效益。工业自动化技术能够有效提升我国电气化技术的使用水平，有效缩短我国在工业自动化方面与国外发达国家之间的差距，促进我国国民经济的快速发展。很多 PLC 厂商依照可编程控制器的国际标准（IEC 61131），推出很多符合该标准的产品和软件。在工业自动化领域，自动化技术的应用为工业领域添加了新活力，可以通过现场总线控制系统连接自动化系统和智能设备，解决系统之间的信息传递问题，对工业生产具有重大的意义。现场总线控制系统与其他控制系统相比具有很多优势和特点，如智能化、互用性、开放性、数字化等，已被广泛应用于生产的各个层面，成为工业生产自动化的主要方向。

1. 工业生产与日常生活的技术革命

科技的不断发展推动了自动化的快速发展，使得自动化被广泛应用于工业生产中，各类自动化机械正逐步替代人工进行工作，或是做着一些由于环境危险人工无法完成的工作，有效节约了生产成本和时间，提升了工作效率，为企业带来了更大的经济效益。同时，工业自动化技术也被广泛应用于人们的日常活动中。为了给社会培养更多自动化人才，我国很多高校都开设了自动化专业。我国自动化专业最早出现于 20 世纪 50 年代，各高校开展自动化专业仅经过半个多世纪的发展就取得了显著的成就，再加上自动化有专业面宽、适用性广的特点，经过国家几次大规模调整，自动化技术仍然具有蓬勃的发展前景。近年来，随着电子科技的不断发展，推动了工业自动化技术在各个工业生产领域和人们日常活动中的应用，并取得了显著成效。纵观工业自动化的发展历程，信息技术的快速发展直接决定了工业电气的自动化发展，并为工业自动化的发展提供了基础，同时，也推动了工业自动化技术的应用。大规模的集成电路为工业自动化的应用提供了设备依赖，使物理科学固体电子学对工业自动化的发展产生了重要影响。

2. 自动化控制工业的具体应用与国家标准（IEC 61131）的推动作用

自动化控制工业具体应用。随着时代的发展，工业自动化推动了现代工业的发展。提升了我国自动化技术的水平，增强了我国工业实力。国家标准（IEC 61131）的颁布为 PLC 设计厂商提供了可编程控制器的参考，为工业自动化技术的应用增添了新的活力。可以实现现场总线控制系统与智能设备、自动化系统的连接，以此解决各个系统之间信息传递存在的问题。对工业生产具有重要影响。例如，数字化、开放性、互用性、智能化的自动化发展方向，逐渐在工业生产中实现，在对其系统结构设置时也广泛应用到生产活动的各个层面中。

设备与化工厂之间的信息交流在现场总线控制系统建立的基础上逐渐加强，为它们之间的信场总线控制系统还可以根据具体的工业生产活动内容设定，针对不同的生产工作需求，建立不同的信息交流平台。

8.1.2 自动化控制工业应用发展策略

1. 统一自动化控制系统标准

自动化工业控制体系的健全和完善，与拥有有效对接服务的标准化系统程序接口是分不开的，在自动化实际应用过程中，可以依据相关技术标准规范、计算机现代化科学技术等，推动自动化工业控制体系的健康发展和科学运行，不仅能够节约工业生产成本、降低自动化运行的时间、减少工业生产过程中相关工作人员的工作量，还能够简化自动化在工业运行中的程序，实现生产各部之间数据传输、信息交流、信息共享的畅通。例如，在有效对接相同企业的 EMS 实践系统、E 即体系的过程中，可以通过自动化技术与计算机平台科学处理生产活动中的各类问题，统一办公环境的操作标准，另外在统一自动化控制系统标准还能够推动创建自动化管理的标准化程序的进程，解决不同程序结构之间的信息传输问题，因此，可以将其作为自动化控制工业的未来发展应用主体结构类型。

2. 架构科学的网络体系

架构科学的网络体系，有利于推动自动化控制工业的健康化、现代化、规范化发展，发挥积极的辅助作用实现现场系统设备的良好运行，促进计算机监控体系与企业管理体系之间交叉数据、信息的高效传递。同时企业管理层还可以借用网络控制技术实现对现场系统设备操作情况的实时监控，提高企业管理效能。而且随着计算机网络技术的发展，在自动化控制网络体系中还要建立数据处理编辑平台，营造工业生产管理安全防护系统环境，因此，建立科学的网络体系，完善自动化控制工业体系，发挥自动化的综合运行效益。

3. 完善自动化系统工业应用平台

完善自动化系统工业应用平台则需建立健康、标准化、统一的应用平台，对自动化控制体系的规范化设计、服务应用具有重要作用和影响。良好的自动化系统工业应用平台能够为自动化控制工业项目的应用、操作提供支撑保障，并发挥积极的辅助作用在系统运行的各项工作环节中，有效地缓解工业生产中自动化设备的实践、应用所消耗的经济成本，同时还可以提升电气设备的服务效能和综合应用率，满足用户的个性化需求，实现独特的运行系统目标。在实际应用中，可以根据工业项目工程的客户目标、现实状况、实际需求等运行代码，借助计算机系统中 CE 核心系统、操作系统中的 NT 模式软件实现目标化操作。

8.1.3 工业自动化控制技术的意义与前景

工业自动化技术在工业电气领域的应用，其意义通常在于对市场经济的推动作用和生产效率的提升效果两方面。在市场经济的推动作用方面，工业自动化技术的应用在实现各类电器设备最大化使用价值的同时，有效强化工业电气市场各个部门之间的衔接，保证工业电气管理系统的制度性发展，以工业电气管理系统制度的全面落实确保工业电气系统的稳定快速发展，切实提升工业电气市场的经济效益，进而促进整体市场经济效益的提升。在生产效率的提升效果方面，工业自动化技术的应用可以提升工业自动化管理监督的监控力度，进行市场资源配置的合理优化和工业成本的有效控制，同时给生产管理人员提供更加精确的决策制定依据，在降低工业生产人工成本的同时，提升工业生产效率，促使工业系统的长期良性循环发展。

通过工业自动化的发展，可以有效地节约在现代工业、农业及国防领域的资源，降低成本费用，从而取得更好的经济和社会效益。随着我国工业自动化水平的提高，可以实现自主研发，从而推动国民经济的发展。我国的工业自动化企业应完善机制和体制，确立技术创新为主导地位，通过不断地提高创新能力，努力研发更好的自动化产品和控制系统。通过加强我国自动化的标准化和规范化生产，以科学发展观为指导思想，学习先进的技术和经验，充分发挥人的积极性，从而加快企业转变经济增长方式，使我国的工业自动化技术和水平得到发展和提高。

为了实现工业自动化生产的规模化和规范化，应当不断规范我国电气传动自动化技术领域的相关标准。同时，为了进一步推动我国工业自动化技术的发展，提升工业自动化技术的自主研发能力，应当进一步完善相关体制、机制和环境政策，为企业自主研发自动化系统和产品提供发展空间，通过不断地提高我国工业自动化技术的创新能力，推动工业自动化生产企业经济增长方式的改变和工业自动化技术科学发展的新局面。通过相关的分析可知，我国工业自动化会不断朝着分布式信息化和开放式信息化的方向发展。

8.1.4 工业自动化技术的应用

扫一扫

工业自动化技术的应用

1. 工业自动化技术的应用现状

在互联网信息技术的推动下，现有的工业自动化技术以包括计算机网络技术、多媒体技术等的信息技术为核心，例如，结合计算机 CAD 软件技术等人工智能技术，进行工业电气系统的故障实时监测和诊断，进行工业电气系统的全面有序控制，逐步实现工业电气系统的管理优化和完善。同时，当前形势下，工业自动化技术的应用关键在于工业电气仿真模拟系统的实现，以工业电气仿真系统辅助相关工作人员进行工业电气数据的事前勘测，为相关工作人员提供更加先进的电气研究系统，进而深入进行工业电气系统的研究。此外，当前的工业自动化技术以（IEC 61131）为标准，运用计算机操作系统，建立工业电气系统的开放式管理平台，操作灵活，管理有效，维护有序，工业电气系统的自动化发展初见成效。

2. 工业自动化技术的应用改革

在工业电器系统的发展中，工业自动化技术的应用改革关键在于计算机互联网技术的应用和可编程逻辑控制器技术的应用。在工业自动化的计算机互联网技术应用中，计算机互联网技术的关键作用在于控制系统的高效性，进行工业电气配电、供电、变电等各个环节的全面系统性控制，实现工业电气配电、供电、变电等的智能化开展，配电、供电、变电等操作的效益更加高效，工业电气系统的综合效益得以有效提高。同时，工业自动化技术的应用可以实现。

工业电气电网调度的自动化控制，进行电网调度信息的智能化采集、传送、处理和运作等环节，工业电气系统的智能化效果更加显著，最大化经济效益得以实现。在工业自动化的 PLC 技术的应用中，借由 PLC 技术的远程自动化控制性能，自动进行工业电气系统工作指令的远程编程，有效地过滤工业电气系统的采集信息，快速高效地进行工业电气过滤信息的处理和储存，在工业电气系统的温度、压力、工作流等方面的控制效果明显，可以进行工业电气系统性能的全面完善，提高工业电气系统的工作效益，进而实现市场经济效益的全面提升，加快我国国民经济和社会经济的发展进程。

任务 8.2　自动化电力系统的应用

任务描述

小赵是一名自动化工程师，受聘于一家拥有先进生产设备和高度自动化生产线的钢铁企业。该企业为了提高生产效率、降低成本并增强市场竞争力，决定对其生产流程进行全面的自动化控制技术升级。本任务将了解自动化在电力系统的应用。

任务分析

自动化技术的出现和发展，不仅极大地提高了生产效率，节约了生产成本和时间，还为企业带来了更大的经济效益。同时，也推动了社会经济的整体发展，对于电子信息时代的发展具有至关重要的时代意义。本任务将深入探讨自动化控制技术在电力系统中的应用。

任务实施

科学技术的日益进步和信息化的快速发展是电力系统不断前进的根本推力。随着计算机技术在电力系统中不断向前发展，电力行业突飞猛进，自动化控制技术的发展已成为我国目前电力系统发展的主要问题。在这种趋势下，传统的运行模式已满足不了人们日益增长的需求。为了解放劳动生产力、节约劳动时间、降低劳动成本和促进资源的合理利用，自动化控制技术便应运而生，而传统的模式便退出舞台。自动化就成为电力行业的霸主。自动化主要是利用现如今最先进的科技成果和顶尖的计算机技术对电力系统的各个环节和进程进行严格的监管和把控，从而保证电力系统的稳定和安全。目前，自动化技术已渗透至各个领域，所以对自动化技术的深入了解和分析对国民经济的发展有跨时代意义。

8.2.1 电力系统中应用自动化控制技术的应用概述

1. 电力系统中应用自动化控制技术的发展现状

随着我国经济社会发展进程的日益推进，各行各业和家庭生活中对于电力的需求量与日俱增，我国电网系统的规模也在日趋增大，传统的供变电和输配电控制技术必然无法满足现阶段日益增高的电力生产和配送的要求。由于自动化控制技术具有高效、快捷、稳定、安全等优势，符合我国电力系统的发展更多元、更复杂、更广泛的特点，能够切实降低电力生产成本、提高电力生产和配送效率、保障电力供应安全稳定，进而对提升电力企业的竞争力和企业价值具有非常重要的促进作用，因而自动化控制技术在我国电力系统中得到了非常广泛的应用。目前，我国的电力系统中对于自动化控制技术的应用已日趋成熟和完善。

2. 电力系统中自动化控制技术的作用和意义

近些年来，我国科学技术日益进步，尤其是在计算机技术领域和 PLC 技术领域不断取得崭新的科技成果，使得我国的自动化技术也获得了飞速发展。

计算机技术称得上是电力系统中自动化技术的核心。其重要作用在供电、变电、输电、配电等电力系统的各个核心环节均有体现。正是得益于计算机技术的快速发展，我国涉及各个区域、不同级别的电网自主调动系统才得以实现。同时，正是依赖于计算机技术，我国的电力系统才实现了高度信息化的发展，大大提高了我国电力系统的监控强度。

PLC 技术是自动化控制技术中的另一项至关重要的技术。它是对电力系统进行自动化控制的一项技术，使得对于电力系统数据信息的收集和分析更加精确、传输更加稳定可靠，有效降低了电力系统的运行成本，提高了运行效率。

3. 电力系统中自动化控制技术的发展趋势

现阶段，自动化控制技术很大幅度提高了电力系统的工作效率还有安全性，改变了传统的发电、配电、输电形式，减少了电力工作人员的负荷，并对其安全起到了积极的作用。同时，该技术改变了电力系统的运行，让电力工作人员在发电站内就可以监测整个电力网络的运行并可以实时采集运行数据。以后的自动化控制会在一体化方面有所突破，现阶段的电力系统只能实现一些小故障的自主修理，对于一些稍微大一点的故障计算机还是束手无策。在人工智能化逐渐提高的未来，相信这一难题也会被攻克。实现电力系统的检测、保护、控制功能三位一体化，电力系统将会更加安全和经济。

随着经济的日益发展，自动化控制技术在电力系统中得到了越来越广泛的应用。随着我国科技的不断进步，自动化控制技术也将向水平更高、技术更多元的方向发展，诸如信息通信技术、多媒体信息技术等科学技术，也将被纳入自动化的应用范畴。具体说来，可大致分为以下几个方面。

① 我国电力系统中自动化技术的发展已趋于国际标准化。我国电力行业为了更好地与国际接轨、开拓国际市场，也对我国的自动化的技术研发实施了国际统一标准。

② 我国电力系统中自动化技术的发展已趋于控制、保护、测量三位一体化。在电力系统的实际运行中，将控制、保护、测量三者的功能进行有效的组合和统一，能够有效提高系统的运行稳定性和安全性，简化工作流程、减少资源重复配置、提高运行效率。

③ 我国电力系统中自动化技术的发展已趋于科技化。随着自动化在我国电力系统中的应用范围的不断扩宽，其对计算机技术、通信技术、电子技术等科学技术的要求也不断提高。将先进的科学技术成果，不断应用到电力系统的实际工作中，将是自动化技术在我国电力系统中发展的另一大趋势。

8.2.2 自动化控制技术在电力系统中的应用

1. 自动化控制的仿真技术

我国的自动化控制技术不断和国际接轨。随着我国科技的进步和自主创新能力的增强，电力系统中关于自动化技术的研究逐渐深入，相关科研人员已经研究出了达到国际标准的可直接利用的仿真建模技术，大大提高了数据的精确性和传输效率。仿真建模技术不仅能对电力系统中大量的数据信息进行有效的管理，还能够构建出符合实际状况的模拟操作环境，进而有助于实施对电力系统的同步控制。同时，针对电气设备产生的故障，还能够有效地进行模拟分析，从而排除故障，提高系统的运行效率。另外，该项技术还有利于对电力系统中电气设备进行科学合理的测试。

仿真技术在实际的应用中需要诸多技术的支持，其核心技术是信息技术，以计算机及相关的设备作为载体，综合应用了系统论、控制论等一系列的技术原理，实现对系统的仿真，从而实现对系统的仿真动态试验。应用仿真技术能够有效地对不同的环境进行模拟，从而在正式的试验之前预先进行仿真试验，进一步确保电力系统运行的稳定与可靠。通常情况下，仿真试验会作为项目可行性论证阶段的试验，只有确保仿真试验通过以后才能够正式进行实验室试验。采用仿真技术，电力系统就可以直接通过计算机的 TCP/IP 协议对电力系统运行中的信息和数据进行采集，然后通过网络传送到发电厂的数据信息终端中，具备一定仿真模拟技术的智能终端设备就可以快速地对电力系统运行过程中的各项信息数据进行审核评估。通过将仿真技术应用电力系统运行当中，电力系统在运行性中可以直接采集运行的信息和数据并做出判断，确保电力系统在运行过程中能够及时发现故障。

2. 自动化控制的人工智能控制技术

人工智能是以计算机技术为基础，通过对程序运行方式进行优化，从而让计算机实现对数据的智能化收集与分析，通过计算机来模拟人脑的反应与操作，从而实现智能化运行的一种技术。人工智能技术最主要的核心技术还是计算机技术，其在运行的过程中依赖于先进的计算机技术与数据处理技术，其在电力系统中的应用能够有效地提高电力系统的运行水平。通过人工智能技术应用到电力系统中，大大提高了设备和系统的自动化水平，实现了对电力系统运行的智能化、自动化和机械化的操作和控制。电力系统中采用人工智能技术主要是对电力系统中的故障进行自动检查并将故障信息进行反馈，从而使电力系统发生故障时能够得到及时的维修。当电力系统出现故障后，其主要工作方式是由人工智能技术中的馈线自动化终端对电力系统故障进行分析，并将故障数据信息通过串口 232 或 485 和 DTU 的终端进行连接，然后在 3G 或 2G 基站的作用下通过路由器上传至电力系统中发电场的检测中心进行检测。最后检查中心在较短的时间内对故障数据信息进行检测从而发现发生故障的原因，进而能够及时地对电网系统进行维修。

人工智能控制技术极大地促进了我国电力系统的安全性、稳定性和可控性。对于复杂的非线性系统而言，智能控制技术具有无法替代的重要作用。电力系统中智能控制技术的应用，不但提高了系统控制的灵活性、稳定性，还能增强系统及时发现和排除故障的能力。在实际运行中，只要电力系统的某个环节出现故障，智能控制系统都能及时发现并做出相应的处理。同时，工作人员还能够利用智能控制技术对电网系统进行远程控制，这大大提高了工作的安全性，增强了电力系统的可控性，进而提高了电力系统整体的工作效率。

3. 自动化控制的多项集成技术

电力系统中运用自动化的多项集成技术，对系统的控制、保护与测量等工程进行有机的结合，不仅能够简化系统运行流程，提高运行效率，节约运行成本，还能够提高电力系统的整体性，便于对电力系统的环节进行统一管理，从而更好地满足不同客户的用电需求，提升电力企业的综合竞争力。

4. 自动化控制技术在电网控制中的应用

电网的正常运行对于电力系统输配电的质量有着关键性的作用。自动化控制技术能够实现对电网运行状况的实时监控，并能够对电网实行自动化调度。在有效保障输配电效率的同时，促进了电力企业改变传统生产和配送模式，不断走向现代化，提高了企业的生产和经营效率。电网技术的发展离不开计算机技术和信息化技术的飞速进步。电网技术包括对电力系统中的各个运行设备进行实时监测，在提高对电力系统运行数据信息的收集效率、使得工作人员能够实时掌控设备运行情况的同时，更能够自动、便捷地排除故障设备，并且已经可以自动维修一些故障设备，大大提高了对电气设备的检修、维护的效率，加快了电力生产由传统向智能化转变的进程。

5. 计算机技术的应用

从技术层面来分析，自动化控制技术取得成功最重要的就是和计算机技术结合并在电力系统中得到广泛的利用。电子计算机技术被应用在电力系统的运行检修、报警、分配电力、输送电力等重要环节，它可以实现控制系统的自动化。计算机技术中应用最广泛的就是智能电网技术了，运用计算机技术我们可以利用复杂的算法对各个电网分配电力。智能电网技术代替了人脑对配电等需要高强度计算的作业，被广泛应用在发电站和电网之间的配电和输电过程中，减轻了电力工作人员的负担而且降低了出错的概率。电网的调度技术在电力系统中也是很重要的一个应用，它直接关系到电力系统的自动化水平，它的主要工作是对各个发电站和电网进行信息收集，然后对信息进行分类汇总，让各个发电站和电网之间实现实时沟通联系，进行线上交易，同时它还可以对电力系统和各个电网的设备进行匹配，提高设备的利用率，降低电力的成本。同时它还有记录数据的功能，可以实时查看电力系统的各项运行状态。

6. 电力系统智能化

就现在的科技水平而言，已经在电力系统设备的主要工作原件、开关、警报等设备方面实现了智能化。这意味着我们能通过计算机控制危险设备的开关、对主要的发电设备进行实时监测并实现报警功能。智能化技术在运行过程中可以收集设备的运行数据，方便我们对电力系统的监控和维护，而且可以通过数据分析出设备存在的问题，起到预防的作用。在以后的智能化试验中，我们应着力研究输电、配电等设备的智能化。

传统的电力系统需要定期指派人员进行检测和检修工作，在电气自动控制之后，电力系统可以实现实时在线监控，记录设备运行过程中的每一个数据，并且能够实现有效地跟踪故障因素，通过对设备记录数据的研究和分析及时发现设备存在的隐患，并鉴别故障的程度，如果故障程度较低可以实现自我修复，如果较高可以起到警报作用。这一技术不仅提高了电力系统的安全性，而且还降低了电力设备的检修成本。

7. 变电站自动化技术的应用

电力系统中最重要的一环就是变电站，发电站和各个电网之间的联系就是变电站。变电站的自动化主要是在计算机技术应用的基础上。要实现电力系统整体的电气控制自动化，不可缺少的环节就是实现变电站自动化。在变电站自动化中，不仅一次设备比如变压器、输电线或者光缆实现了自动化、数字化，它的二次设备也部分实现了自动化，比如某些地区的输电线已经升级为了计算机电缆、光纤来代替传统的输电线。电气自动控制技术可是在屏幕上模拟真实的输电场景，并记录每个时刻输电线中的电压，不仅对输电设备进行了监控，还对输电中的数据进行了实时记录，如图 8–1 所示。

图 8–1 自动化在变电站的应用

8. 数据采集与监视控制系统的应用

数据采集与监视控制系统的简称为 SCADA 系统，是以计算机为基础的分布控制系统与电力自动化监控系统，在电网系统生产过程实现调度和控制的自动化系统。其主要是对在电网运行过程中对电网设备进行监视和控制，进而实现对电网系统的采集、信号的报警、设备的控制和参数的调节等功能，在一定程度上促进了电网系统安全稳定运行。在电网系统中加入 SCADA 系统，不仅能够有效地保障电力调度工作，还能够使电网系统的运行更加智能化和自动化。SCADA 系统的应用，能够有效地降低电力工作人员的工作强度，保障电网的安全稳定运行，从而促进电力行业的发展。

任务 8.3 冶金工业自动化

任务描述

从自动加热控制技术到钢卷库管理系统的物流合理化，每一项技术都让人们深刻感受到了自动化为冶金工业带来的巨大变革。本任务将学习自动化在冶金工业中的应用。

任务分析

在冶金工业自动化的发展进程中，生产线的实时监控和高效维护一直是行业关注的重点。本任务将深入冶金自动化生产线的远程监控与维护系统。

任务实施

8.3.1 冶金自动加热控制技术

1. DCS 在冶金加热炉中的应用

DCS 是一种在功能上分散，管理上集中的新型控制系统，与常规仪表相比具有可靠性高，控制功能丰富，自动化整体性能好等优点。随着微电子技术的发展，DCS 的控制功能更加完善。DCS 双交叉温度控制系统用于冶金加热炉燃烧控制，较好地解决了传统温度控制燃料热损失大、热效率低、环境污染严重的缺点，提高了劳动生产率、降低了能源消耗，极大地提高了生产的自动化水平和管理水平。

2. DCS 在连续式加热炉中的应用

为实现控制分散、危险分散、操作与管理集中的目的，系统采用集散控制方式。根据加热炉结构，控制系统由一台管理监控计算机 MC 和若干台智能数字控制器 SDC 组成。

管理监控计算机可对控制系统中各项控制参数及加热炉的各项过程参数进行管理、操作和监视。通过各种外设提供的与炉内各段温度、燃料流量及空气流量有关的数据、图像、曲线、报表等资料为操作人员实时掌握炉内燃烧状态并进行正确的操作提供了依据，同时为生产管理人员统计分析加热炉的生产技术指标带来极大的方便。

各台 SDC 通过组合形成加热炉内各加热段和均热段的温度自动控制系统。为提高系统的动、静态指标和抗干扰能力，各段控制均采用双闭环结构。内环由两个并行的回路组成，即燃料流量调节回路和空气流量调节回路，分别对燃料流量和空气流量进行控制。外环为温度环，实现对炉内各段温度的控制，从而保证各段的温控精度及升降温速度。由于内环的调节作用使系统对燃料流量与空气流量的波动有较强的抑制作用，从而大大减小了由于二者的波动而引起的温度波动，提高了系统的温控精度及抗干扰能力。

3. 对冶金系统转炉、连铸、连轧机的基础自动化和过程自动化控制系统

（1）转炉自动化控制系统

氧气转炉冶炼周期短、产量高、反应复杂，但用人工控制钢水终点温度和含碳量的命中率不高，精度也较差。为了充分发挥氧气转炉快速冶炼的优越性，提高产量和质量，降低能耗和原料消耗，需要完善的自动化系统对它进行控制。典型的氧气转炉自动化系统由过程控制计算机、微型计算机和各种自动检测仪表、电子称量装置等部分组成。按设备配置和工艺流程分为供氧系统，主、副原料系统，副枪系统，煤气回收系统，成分分析系统和计算机测控系统。转炉基础自动化系统的控制范围包括：散状料、转炉本体、汽化冷却、烟气净化及风机房五部分。有些大型的转炉自动化系统除了有转炉本身的控制系统外，还包括有铁水预处理系统、钢水脱气处理系统和铸锭控制系统等。

（2）连铸自动化

连铸自动控制系统主要由生产管理级计算机、过程控制级计算机、设备控制计算机、各种自动检测仪表和液压装置等组成。它能完成 7 种控制功能：中间罐和结晶器液面控制；结晶器保护渣装入量控制；二次冷却水控制；拉坯速度控制；铸坯最佳切割长度控制；铸坯跟踪和运行控制；连铸机的自动起铸和停止控制。

（3）连轧机控制系统

随着人们对产品质量和产量的要求日益提高，如轧制每卷重 45 t 的冷连轧薄带钢卷，要求厚度公差为 ±（5 ～ 50）μm，冷连轧机最高轧速达 40 m/s 以上，热连轧年产量达 5 000 000 t 以上，冷连轧年产达 100 000 t 以上，对连轧机控制系统提出了更高的要求。按功能来分，整套轧机控制系统分为速度调节系统、压下位置控制系统、轧制力调节系统、张力调节系统、厚度调节系统，以及自动制动系统、弯程数字控制系统、板型控制系统、侧导板自动控制系统、自动换辐系统、进出料自动控制系统等。从上卷、穿带、轧制参数设定直到轧制厚度控制和数据记录打印等已全部实现自动化。

8.3.2 水资源自动循环利用与分析技术

1. 炼钢 RH 精炼装置循环水系统

梅钢一炼钢 2 号 RH 精炼装置软水闭路循环水系统主要为 RH 精炼装置的顶枪、预热枪、真空槽、气冷器、液压站等主体设备提供冷却水，水质为软水，供水量为 250 m^3/h，供水压力 1.0 MPa。经上述设备使用后的水仅提高了水温，循环冷却回水利用余压经过蒸发空气冷却器冷却，冷却后的水通过 3 台循环供水泵（二用一备）加压后送用户使用。蒸发空

气冷却器自带喷淋泵和风机，自成喷淋循环水系统。整个闭路循环水系统补水量为 8 m^3/h，通过两台补水泵（一用一备）向循环供水泵吸水管内补充软水。为确保系统的水质稳定，系统中设置自动加药装置，给系统投加缓蚀剂。

顶枪、预热枪、真空槽、气冷器等设备事故用水的水质、水压要求均不同。真空槽、气体冷却器事故用水要求：水质为生产新水、压力 0.3 MPa、供水量 70 m^3/h，这部分事故水采用室外生产新水管网直接供水方式，接管管径为 150 mm，停电时迅速打开管路气动阀即可安全供水。顶枪、预热枪事故用水要求：水质为软水、压力 0.3 MPa、供水量为 80 m^3/h，这部分事故水采用安全水箱的供水方式，此水箱既作为安全水箱又作为系统的稳压水箱，水箱设置高度 40 m，有效容积 45 m^3，其中 35 m^3 作为事故状态 30 min 用水，5 m^3 作为闭路系统水量膨胀变化用水，停电时迅速打开管路气动阀即可安全供水。事故水箱一般设置在室外水处理区域，本工程事故水箱设置在 2 号 RH 精炼装置的加料及抽真空系统主厂房屋顶（标准高度 40 m）上。

2. 浊循环水系统

例如，梅钢一炼钢 2 号 RH 精炼装置浊循环水系统主要为其蒸汽冷凝器提供冷却水，冷却水经过冷凝器后温升 16 ℃，悬浮物平均增加量为 70 mg/L。本系统循环供水量为 1 400 m^3/h，回水量 1 430 m^3/h（含 30 m^3/h 蒸汽冷凝水）。冷凝器回水通过直径 700 mm 回水管从主厂房重力流至室外浊循环水系统热水池，热水池的水经上塔扬送泵组送冷却塔冷却，冷却后的水回冷水池，再通过系统供水泵组送至冷凝器。为满足用户对水质的要求，系统设置 2 台处理能力为 800 m^3/h 的高速过滤器进行全过滤。为减少冷却塔水池中的细菌和藻类，在浊循环水泵房内设置一套加药装置。

3. 水仪表

水处理系统所用的仪表大致可以分为两大类：一类属于检测生产过程物理参数的仪表，如检测温度、压力、液位、流量的热电阻，压力变送器，液位变送器和流量计；另一类属于检测水质的分析仪表，如检测水的浊度、酸碱度、电导率的浊度仪，PH 仪和电导率仪以及检测有机碳和氧化还原的 TOC 计和 ORP 计，如图 8-2 所示。

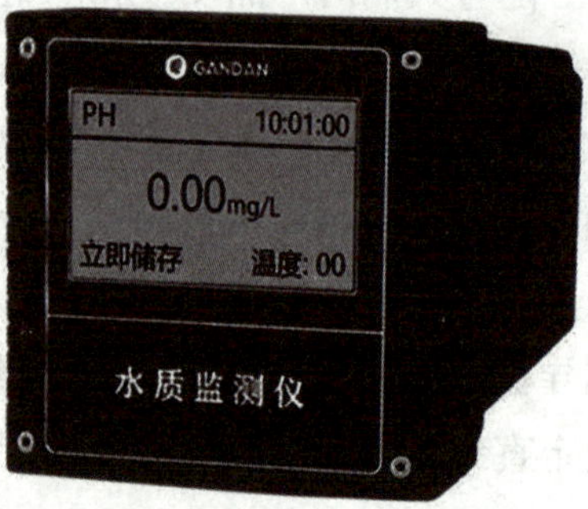

图 8-2　水质检测分析仪表

8.3.3 钢卷库管理系统物流合理化

钢卷库管理系统是钢厂制造执行系统的子系统，主要负责对钢卷库内进行物流管理、作业管理和设备跟踪和控制。

钢卷库的物流主要是钢卷从入库到发货经过钢卷下线、卸车、检验、保管、包装、捡出、装车、发运等作业环节，整个作业在计算机管理系统的控制下进行。在热轧生产线下线的钢卷经过称重和喷印后，轧线过程控制计算机系统立即向钢卷库管理系统传送钢卷的信息。操作人员根据钢卷的属性（原料卷或直发卷）、取样状态和去向，对钢卷进行垛位的预约。库工选择运输钢卷入库的车辆，制定运输单。运载车辆司机根据运输单，将车停靠在钢卷垛位所在的区域。库内指车工根据库内天车任务量，指派天车将钢卷放入垛位。任务完成后以批量处理的方式更新系统信息。同一批次入库的钢卷进行取样质检，质检合格的钢卷信息存入生产库。生产库的库工对库内的钢卷进行巡查，判断钢卷的外形和包装是否合格以及垛账信息与实物信息是否对应，然后对钢卷进行打捆、贴标签，将钢卷信息转入销售库。

我国钢铁企业生产状况、技术装备水平和企业管理水平各不相同，建设能源管理中心时，现代化水平也不应强求一致。所以必须结合企业的装备、管理等实际情况，分别建设动力集中监测中心、动力集中监控中心、能源集中监测管理中心、在线能源监控中心等，逐渐提高管理装备水平，使企业能源管理逐步趋于最优。复兴的中国发展以数学模型为核心的自动化技术，是落实“科技创造未来”的具体体现，也是我国钢铁工业实现新的腾飞的助推器。我们在过程控制数学模型的研发与应用上，应实现重点突破，开发出有中国特色的数学模型产品与技术，走出一条“研制一批，储备一批，生产一批”、以科研促生产、以生产出产品、以产品保应用的新的可持续发展之路来。

任务 8.4 人工智能在航天领域的应用

任务描述

想象一下，在医疗领域，人工智能如何通过大数据分析，辅助医生进行疾病诊断，提高治疗方案的精准度；在航空航天领域，人工智能如何助力宇航员完成复杂的太空任务，确保航天器的安全飞行；在金融领域，人工智能如何通过智能风控、智能投顾等技术，提升金融服务的效率和安全性？本任务将了解人工智能在航天领域的应用。

任务分析

从医疗健康、航空航天到金融服务、城市管理，人工智能正以前所未有的速度渗透到我们生活的方方面面。本任务将学习人工智能技术在除工业、电力系统之外的更多领域中的创新应用。

任务实施

8.4.1 人工智能在航天飞机上的应用

1. 人–机接口

采用人工智能技术，在地面站与飞船，航天飞机与机械手之间（人与操作对象间）建立起完美的人–机接口，利用通信回路把由人控制的直接控制系统和采用遥控方式控制操作对象的遥控系统连接起来。

2. 航天飞机上用的专家系统

在航天飞机的检测、发射和应用等过程中大量地采用了专家系统，包括加注液氧用的专家系统（LEX）；执行飞行任务和程序修订用的专家系统（Expert）：发射应用系统（L–PS–2）；采用知识库的自动检测装置（K–ATE）；发射及着陆时的飞行控制（NAVE–X）；推理决策用的信息管理系统等。

8.4.2 人工智能在空间站计划等的应用

NASA 的先进技术咨询委员会认为空间站中有三个方面必须采用人工智能技术，才能实现高度自动化，确保可靠性。

1. 空间站分系统

空间站应用，利用空间站在空间进行各种实验时的监控、故障诊断、舱外活动、交会对接、飞行规划等的专家系统。

2. 空间结构物的组装

从航天飞机上卸下和移动补给物资手段的智能化是人工智能在空间站领域的又一重要应用。在传统的空间作业中，物资的装卸和移动往往需要宇航员进行大量的手动操作，不仅效率低下，而且存在一定的安全风险。而人工智能技术的引入，改变了这一现状。

3. 卫星服务和空间工厂设备维修

卫星服务和空间工厂设备维修用的远距离操纵器，机器人空间工厂设备控制和操作等用的专家系统，该先进技术咨询委员会还确定了适用于空间站初始阶段和发展阶段的自动化和仿真机器人学的目标，事实上在初始阶段专家系统是作为支援系统使用，而在发展阶段将作为一种综合性的信息和控制系统的控制部件使用。当前，正在积极地开发以下系统用于美国国际空间站上。

（1）监视和故障诊断系统

这一研究以环境控制 / 生保分系统和电力分系统为中心，NASA 约翰逊空间中心开发了一种用电化学方式清除飞船内二氧化碳气体的增加可靠性故障诊断用的专家系统，构筑在 LISP 计算机上，与这一系统有关的知识库和诊断规则，以及与程序有关的知识库均用框架形式表现，采用这系统后故障减少了一半以上（样机评价结果）。

（2）远距离操纵器 / 仿真机器人学

NASA 喷气推进研究所正研制在空间站周围完成组装、服务、检查和维修等各种作业的遥控机器人。该机器人分系统由高级专家系统组成，遥控机器人则是一个能协调动作的复台式专家系统，它将逐渐发展成一种高智能的自主机器人，NASA 埃姆斯研究所和兰利研究中心还分别研制由分布式黑板模型构筑空间站用机器人所必需的多种协调式专家系统和由地面操作人员支援空间飞行器用机器人的专家系统，如图 8–3 所示。

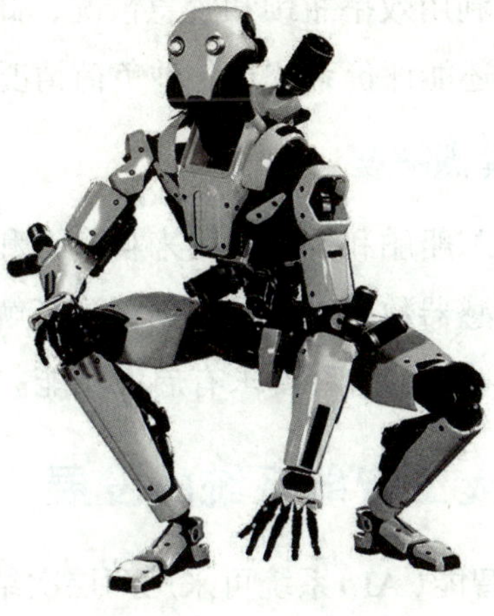

图 8–3　仿生机器人

8.4.3 其他一些航空和航天应用

关于其他一些航空和航天的应用如下。

1. 嵌套式系统的软件配置

这种应用考虑如何对各种嵌套式计算机系统配置所包含的程序和数据。它可将作业和数据分配给程序段，并受数据和段的长度以及作业中可用的寄存器个数的约束。当作业是搜索问题时，其组合形式要求利用启发方式来削减搜索途径，并减少重复，利用图形显示来观察操作中的各种算法和策略，这样可以引起开发者得到启发的直觉感受。

2. 发射安排

这种应用是由帮助安排发射操作的工作站和为发射活动分配时间的计划人员组成的。工作站在一种带日历图形的显示器上显示出当前的或假定的分配方案，使调度人员了解整个情况。由系统回答的典型问题（即由系统推算出的建议）是：什么时候安排下一次任务

A？任务 B 具有什么样的优先级而不得不保证安排在最近的 7 天之内？时间分配计算可以是一种简单的树形搜索，也可以带有专家启发，取决于分配条件的复杂性。

3. 防卫探测区的雷达定位

这种应用同上述两种应用一样是确保达到规定探测要求的雷达最佳定位的搜索问题。只要具体的可选位置在地形上是固定的，配置适当数量的雷达使用穷尽搜索法就是可行的。

4. 用于吞吐量分析的嵌套式系统的模拟

这种应用与工厂地面模拟是一样的。在这种情况下，对嵌套式系统和相应的数字信息通信进行模拟以确定吞吐量，利用效率瓶颈和紧急情况，此系统是一种工作站，它能使用户对交替配置进行试验，并且还能评价系统在各种负荷情况下的性能。

5. 船舶跟踪和监测的模糊解答

这种应用是用来监测和跟踪船舶和其他使用来自多源和有多种解释数据的台站。系统可以保持有多种矛盾解释的传感器数据，直到数据得到了解答为止。此系统主要是专家系统而不是工作站，这是由于传感器的解释要求有启发功能。

8.4.4 未来航空航天中人工智能系统的发展

在初期，航空航天中人工智能（AI）系统可采用两层次结构，航天员位于指挥、管理层，各种人工智能子系统则位于执行层次。相互作用主要发生在航天员与 AI 之间，不同的 AI 子系统之间没有或只有少量的信息交换。显然，这样的系统较为松散。

随着 AI 技术和功能的发展，就会出现具有管理功能的 AI 子系统，它负责各种 AI 单元或子系统的监控和协调，航天员也应当有明确的分工，于是形成多层次的结构。在这种系统中，位于顶层的指令长，是整个系统的核心，既负责航天员的协调管理，也密切关注担负管理职能的 AI 子系统。人与 AI 的各种信息接口是航天中 AI 系统能够有效工作的关键环节。信息接口包括听觉，视觉，触觉信号和遥测信号。语言交流是最有效的一种信息交换方式，所以无论是智能管理系统还是航天机器人，都应当具有人类语言的理解能力。当然，航空航天中人工智能系统不仅要考虑其功能的完善性，更要注重其运行可靠性，所以，发展的策略应当是在可靠的基础上由简单到复杂地逐步进化，最终发展为以航天员为核心的智能性很强的，能完成各种航天任务的人工智能系统。这种技术的发展不仅使载人航天出现一个崭新的局面，还必然会促进地面人工智能理论和技术以及人类智能研究的发展。

任务 8.5 人工智能在自动化领域的应用

任务描述

人工智能在自动化领域的应用正深刻改变着各个行业的运作模式。本任务旨在深入剖析人工智能如何融入自动化流程。

任务分析

在科技飞速发展的当下，自动化与人工智能已成为推动各行业进步的核心力量。自动化旨在利用技术手段实现任务的自动执行，减少人力干预，提升效率与准确性；人工智能则赋予机器模拟人类智能的能力，使其能学习、推理和决策。二者的融合，为各领域带来了前所未有的变革，开启了智能自动化的新纪元。

任务实施

8.5.1 自动化与人工智能的融合优势

1. 增强适应性与灵活性

传统自动化系统多基于预设规则运行，面对复杂多变的环境往往力不从心。而人工智能的融入，使自动化系统具备了学习与适应能力。通过对大量数据的分析，系统能够实时调整策略，灵活应对各类场景。例如，在智能工厂中，生产设备可依据原材料特性、订单需求等因素，自动优化生产参数与流程，极大提升了生产的灵活性与适应性。

2. 提升决策能力

人工智能的数据分析与深度学习能力，让自动化系统能够从海量数据中挖掘有价值的信息，做出更精准的决策。在智能物流领域，配送系统可综合考虑交通状况、订单紧急程度、车辆负载等因素，利用算法规划最优配送路线，提高配送效率与资源利用率。

3. 实现预测性维护

借助人工智能的预测分析技术，自动化设备能够提前检测潜在故障，实现预测性维护。通过对设备运行数据的实时监测与分析，系统可预测设备部件的剩余使用寿命，提前安排维护计划，避免突发故障导致的生产中断，降低维护成本。

8.5.2 人工智能在自动化领域的具体应用

1. 工业自动化

（1）智能生产调度

在制造业中，生产流程复杂，涉及众多设备与工序。利用人工智能技术，可构建生产调度模型，根据订单需求、设备状态、原材料供应等信息，实现生产任务的智能分配与调度，提高生产效率与资源利用率。例如，青岛科技大学副校长李少远教授团队将人工智能与自动化技术相结合，在柔性制造生产调度中实现了生产流程的智能调度与产品质量的精准控制，显著提升了生产效率与产品合格率。

（2）质量检测

工业视觉技术作为人工智能在质量检测中的重要应用，能够快速、准确地检测产品缺陷。通过对产品图像的分析，系统可识别产品表面的瑕疵、尺寸偏差等问题，检测准确率高达 99.7% 以上，有效保障了产品质量。

（3）智能仓储与物流

在智能工厂的仓储与物流环节，人工智能技术助力实现货物的自动存储、检索与配送。自动导引车在算法的控制下，能够自主规划路径，完成物料搬运任务，提高仓储与物流的自动化水平。

2. 智能交通

（1）自动驾驶

自动驾驶技术是人工智能在交通领域的典型应用。通过传感器、摄像头等设备采集车辆周围环境信息，利用深度学习算法进行分析与决策，实现车辆的自动行驶、避障、超车等操作。目前，自动驾驶技术已在部分地区进行试点应用，有望改变未来交通出行方式。

（2）智能交通管理

利用人工智能对交通流量数据进行实时分析，交通管理系统能够实现信号灯的智能控制，根据路况动态调整信号灯时长，缓解交通拥堵。同时，还可对交通违法行为进行智能监测与预警，提高交通管理效率。

3. 医疗自动化

（1）医疗影像诊断

人工智能在医疗影像诊断中的应用，能够帮助医生快速、准确地识别影像中的病变信息。通过对大量医疗影像数据的学习，AI 模型可检测出肿瘤、心血管疾病等病症，为医生提供辅助诊断建议，提高诊断准确率与效率。

（2）智能护理设备

智能护理设备借助人工智能技术，能够实现对患者生命体征的实时监测与预警。例如，智能床垫可监测患者的睡眠质量、心率、呼吸等数据，一旦发现异常，立即通知医护人员，提升护理服务的质量与安全性。

4. 家居自动化

（1）智能家电控制

通过智能家居系统，用户可利用手机 APP 或语音指令对家电设备进行远程控制。人工智能技术使家电设备能够根据用户的使用习惯自动调节工作模式，实现节能与舒适的平衡。例如，智能空调可根据室内温度、湿度及用户偏好，自动调整制冷或制热模式。

（2）安防监控

智能安防系统利用人工智能技术实现对家庭安全的实时监控。摄像头可识别异常行为，如闯入、火灾等，并及时向用户发送警报信息，保障家庭安全。

8.5.3 挑战与展望

1. 操作更简单

开发“傻瓜式”编程工具将成为现实。例如，农民只需用手机简单绘制一个流程图，果园机器人就能迅速学会修剪枝条的复杂操作。这意味着即使毫无编程经验的普通人，也能轻松驾驭智能自动化设备。同时，语音控制会得到全面普及，诸如“调整传送带速度”“检查 3 号机床”等指令，使用者只需对系统说出指令，设备便能精准响应并执行，极大地降低了操作门槛，提升了工作效率。

2. 应用更广泛

在社区服务领域，AI 自动化将发挥巨大作用。比如，快递柜可实现 AI 自动分发，快速准确地将包裹派送至指定位置，节省人力与时间。同时，系统能够实时识别独居老人的异常作息，一旦发现异常，立即通知社区工作人员，为老年人的生活安全增添保障。在环境保护方面，智能垃圾桶能够自动对垃圾进行分类，提高资源回收效率。并且，针对填埋场，智能设备可实时监测沼气浓度，提前预防自燃等危险情况的发生，助力环保事业迈向新高度。

3. 跨界融合

未来，跨界融合将成为人工智能自动化发展的一大亮点。以元宇宙工厂为例，工程师戴上 VR 眼镜，便能仿佛身临其境般远程调试远在非洲矿场的设备，打破地域限制，实现高效协作。而在助残领域，脑机接口技术将取得重大突破，残疾人通过思维便能直接控制智能假肢，重新获得行动自由，极大地改善生活质量。

项目工单

【实训名称】

讨论自动化在现代的应用

【实训目的】

1. 增进学生对自动化技术在现代生活与工业中广泛应用的理解。
2. 培养学生批判性思维和口头表达能力，通过讨论分享个人见解。

【实训步骤】

步骤一：开场与导入

（1）教师简述自动化技术的定义及其在现代社会中的重要性。

（2）展示几个典型的自动化应用案例，激发学生兴趣。

步骤二：小组研究与资料收集

（1）各小组根据分配的主题，利用网络资源、书籍或教师提供的资料进行研究。

（2）小组内讨论，整理出自动化在该领域的关键应用、优势、挑战及未来趋势。

步骤三：小组汇报与讨论

（1）每组选派一名代表上台，利用 PPT、视频或实物展示研究成果。

（2）其他小组成员和教师可以提问，进行互动交流。

（3）教师适时引导讨论方向，确保讨论深入且有序。

步骤四：全班总结与反思

（1）教师总结各小组汇报的亮点，归纳自动化技术在现代社会的广泛应用。

（2）引导学生思考自动化技术对个人生活、工作乃至整个社会可能带来的长远影响。

【实训工单】

请学生在实训过程中认真对待每一项任务，并根据考核评价表内容进行自我评价和相互评价，以便更好地了解自身在实训中的表现和进步空间。教师将根据实训表现给出最终评价。考核评价表如表 8–1 所示。

表 8–1　考核评价表

项目名称	评价内容	分值	评价分数		
			自评	互评	师评
职业素养考核项目（40%）	提前预习相关理论知识，准备好实验材料	10 分			
	积极参与实验操作和讨论，记录实验数据和结果	10 分			
	组内成员分工明确，互相配合，共同完成任务	10 分			
	严格遵守实验安全操作规程，确保实验安全	10 分			

续表

项目名称	评价内容	分值	评价分数		
			自评	互评	师评
专业能力考核项目（60%）	独立或在小组内有效收集和分析资料	10 分			
	清晰地展示研究成果，并进行有效沟通	10 分			
	对自动化技术的应用提出建设性的见解和批判	20 分			
	对自动化技术的未来趋势进行合理预测	20 分			
合计：综合分数______自评（20%）+ 互评（20%）+ 师评（60%）		100 分			

项目小结

本项目主要介绍了自动化控制系统在工业、电力系统、冶金工业和航天领域的应用。首先介绍了工业自动化的发展现状、策略、意义前景及技术应用，强调其对生产效率和经济的推动作用；其次介绍了自动化控制技术在电力系统中的应用概述、具体应用及发展趋势，指出其对电力系统安全稳定运行的重要性；再次介绍了冶金工业自动化中的加热控制技术、水资源循环利用技术和钢卷库管理系统物流合理化；最后介绍了人工智能在航天领域的应用及未来发展。通过本项目的学习，学生能全面了解自动化控制系统在不同领域的应用情况，掌握相关技术和方法，为培养适应新时代需求的自动化人才提供理论与实践支持。

课后练习

一、填空题

1. 工业自动化技术在工业电气领域的应用，其意义通常在于对________的推动作用和生产效率的提升效果两方面。

2. 科学技术的日益进步和信息化的快速发展是________的根本推力。

3. ________是自动化控制技术中的另一项至关重要的技术。

4. 连铸自动控制系统主要由________、________、________、________等组成。

5. 电网的正常运行对于________的质量有着关键性的作用。

二、简答题

1. 简述 DCS 的含义。

2. 自动化控制技术在电力系统中的应用非常广泛，请列举两个你知道的两个应用。

参考文献

[1] 胡祝兵 . 自动控制原理与系统 [M]. 北京：中国电力出版社，2024.
[2] 陈渝光，孔凡才 . 自动控制原理与系统 [M].5 版 . 北京：机械工业出版社，2024.
[3] 黄琦，于春梅 . 自动控制原理 [M].2 版 . 北京：科学出版社，2024.
[4] 王军，刘栋博，宋潇潇，等 . 自动控制原理 [M].2 版 . 北京：机械工业出版社，2024.
[5] 郭艳萍，冯凯 . 电气控制与 PLC 应用：活页式：微课版 [M].4 版 . 北京：人民邮电出版社，2023.
[6] 吉红，韩睿群 . 自动化控制技术 [M]. 天津：天津大学出版社，2023.
[7] 魏海翔，王湛，谢巍，等 . 自动化控制技术 [M]. 北京：北京工业大学出版社，2023.
[8] 陈继文，杨蕊，杨红娟，等 . 机械自动化装配技术 [M].2 版 . 北京：化学工业出版社，2023.
[9] 张桂香，张桂林 . 电气控制与 PLC 应用 [M].3 版 . 北京：化学工业出版社，2023.
[10] 赵英宝，刘新建，李红卫 . 电气工程自动化控制技术 [M]. 重庆：重庆出版社，2022.
[11] 宁艳梅，史连，胡葵 . 电气自动化控制技术研究 [M]. 长春：吉林科学技术出版社，2022.
[12] 张兵，蔡纪鹤 . 电气控制与 PLC 技术 [M]. 北京：机械工业出版社，2021.